FIERCE SELF-COMPASSION

终于想起来爱自己

［美］克里斯汀·内夫 著
Kristin Neff

王 毅 译

天地出版社 | TIANDI PRESS

图书在版编目（CIP）数据

终于想起来爱自己 /（美）克里斯汀·内夫著；王毅译. —成都：天地出版社，2025.1. —ISBN 978-7-5455-8506-3

Ⅰ.B844.5-49

中国国家版本馆CIP数据核字第2024PS8511号

FIERCE SELF-COMPASSION: How Women Can Harness Kindness to Speak Up, Claim Their Power, and Thrive
Copyright © 2021 by Kristin Neff
Published by arrangement with HarperWave, an imprint of HarperCollins Publishers
Simplified Chinese language edition © Beijing Huaxia Winshare Books Co., Ltd.
All rights reserved.

著作权登记号　　图进字 21-24-139

ZHONGYU XIANG QILAI AI ZIJI
终于想起来爱自己

出 品 人	杨　政
著　　者	［美］克里斯汀·内夫
译　　者	王　毅
责任编辑	孟令爽
责任校对	卢　霞
封面设计	日　尧
内文排版	麦莫瑞
责任印制	王学锋

出版发行	天地出版社
	（成都市锦江区三色路238号　邮政编码：610023）
	（北京市方庄芳群园3区3号　邮政编码：100078）
网　　址	http://www.tiandiph.com
电子邮箱	tianditg@163.com
经　　销	新华文轩出版传媒股份有限公司

印　　刷	北京天宇万达印刷有限公司
版　　次	2025年1月第1版
印　　次	2025年1月第1次印刷
开　　本	880mm×1230mm　1/32
印　　张	11.75
字　　数	349千字
定　　价	59.80元
书　　号	ISBN 978-7-5455-8506-3

版权所有◆违者必究
咨询电话：（028）86361282（总编室）
购书热线：（010）67693207（营销中心）

如有印装错误，请与本社联系调换。

推荐序

我非常欣喜,我亲密的朋友内夫老师的书即将和中国的读者见面了。

早在3年前,我与"静观自我关怀"培训项目的两位创始人克里斯汀·内夫和克里斯托弗·杰默在美国相聚。内夫老师当时赠予我她的新书 Fierce Self-Compassion,我读后非常喜欢,我也很喜欢这本书中文版的书名《终于想起来爱自己》。太多人一生都在为别人付出,不懂得关怀自己、爱自己,尤其是我们女性,一直在扮演着好女儿、好妻子、好妈妈的角色,根本无暇顾及自己。读罢内夫老师这本书,若是在有生之年,你终于想起来爱自己,也就无憾了。

内夫是一位自由、独立的女性,她勇敢,洒脱,很有力量;她也是一位伟大的母亲,养育了一个患有孤独症的孩子,何其不易;她还是一位卓越的科学家,在她职业生涯的后20年,一直致力于研究自我关怀对人,尤其是对女性心理健康的帮助,教会我们如何更好地放过自己、善待自己、爱上自己。她把自我关怀作为一个研究领域和终身研究方向,并成为这一领域的先驱人物,发表了大量学术论文,并在世界各地演讲及授课。她的《自我关怀的力量》是"自我关怀"理论的奠基之作,她与"静观自我关怀"另一位创始人杰默博士合著的《静观自我关怀:勇敢爱自己的51项练习》以及《静观自我关怀(进阶版)》(Teaching the Mindful Self-

Compassion Program），帮助和影响了很多人。2018年，克里斯汀·内夫来到中国，我们一起在北京联合教授"静观自我关怀"核心课程，还去北京大学和中国人民大学开展"静观自我关怀"讲座，深受大家喜欢。

在这本新书中，内夫向我们有力地传递一个掷地有声的观点：我们生来都是温柔的女神和勇猛的战士！自我关怀中有温柔和强悍两面，也就是我们常说的自我关怀中的阴和阳。温柔的自我关怀可以滋养自己，抚平伤痛，自我接纳；强悍的自我关怀可以减轻痛苦，坚守边界，捍卫权利，就如凶悍的熊妈妈身上有一种非凡而令人敬畏的力量，这种力量可以保护孩子，保护自己，表达自己的需求，满足自己的需要，维护迟到的正义，等等。

这本书既有静观自我关怀的核心观点、理论研究、实验依据，也有大量的实操练习，帮助女性挖掘出内在那位强悍的勇士，激发她们奋起去改变这个世界。总体来讲，这本书不仅可读性很强，实用性也非常强。此外，书中还有内夫自己的生命故事，她在一次次苦痛中觉醒、成长，她一路艰难跋涉，发现人类因为脆弱而相连，因为共通人性而不再孤单，而自我关怀是走出泥淖的希望。她希望借由这本书和自我关怀帮助越来越多的女性走出对现状不满的困境，在自我关怀中找寻反转生活的力量，找到人生的意义和使命。

我这60多年的岁月，见证了许许多多从伤痛中绽放的生命，让我相信每个人都有内在的关怀、智慧、力量和爱，足以解决自己的忧闷与痛苦。我也深切地知道，这一生从出生到离世，能够不离不弃陪伴你的人只有自己。只要自己不放弃自己，就没人能放弃你；只要自己爱自己，就不会没人爱你。只有在真正关怀和爱自己的基础上，我们才会真正地关怀和爱别人，否则，都是或多或少变了相的索取和讨要。生命很短，唯有善待自己和他人，才会过得幸福快乐。我们要记得在来得及的时候，了解自己，关怀自己，爱上自己。

这本书值得细细品鉴！

感谢内夫为我们、为世界带来这么棒的礼物！

愿你、愿我、愿她，都活出生命的真我风采；愿我们都走在宁静和谐、自由快乐、充满热情和希望的路上。

海蓝博士[1]

2024年8月

---

[1] 海蓝幸福家创始人兼首席专家督导，静观自我关怀全球首位中国师资培训师，情绪管理与关系梳理专家，著有畅销书《不完美，才美》和《接纳孩子的不完美》。

Contents 目 录

序言 /001

测试 1　你的自我关怀水平 /014

PART1 女性需要强悍的自我关怀

第一章　了解自我关怀

练习 1　身处困境时，我会如何对待朋友和自己 /023

自我关怀的三要素 /025

自我关怀的好处 /030

自我关怀的生理学基础 /032

练习 2　抚慰和支持的触摸 /035

自我关怀的困难 /036

练习 3　感受脚底 /039

自我关怀不是"娘娘腔" /040

自我关怀中的"阴"与"阳" /041

练习 4　自我关怀的手势 /045

阴阳平衡 /047

第二章　这和性别有什么关系

三只"性别歧视"的小猪 /055

性别歧视的生物学基础 /059

性别地图 /061

我是谁 /064

测试 2　你的性别角色 /067

性别与自我关怀 /069

超越性别限制 /071

练习 5　呼吸阴阳 /074

第三章　愤怒的女性

黑人女性与愤怒 /079

愤怒、性别和权力 /081

女性、愤怒和幸福 /082

愤怒的礼物 /083

破坏性愤怒和建设性愤怒 /085

愤怒与社会正义 /087

自我关怀与愤怒 /089

练习 6　了解你的愤怒 /093

愤怒的关怀力量 /095

我的愤怒之旅 /098

练习 7　处理愤怒 /101

第四章　女性面对的现实问题

练习 8　你所遭受的性骚扰经历 /108

伤痕累累 /109

一个来自得克萨斯州的骗子 /110

如何制止掠夺性行为 /122

自我关怀的角色 /124

练习 9　给自己写一封关怀的信 /126

采取行动 /129

PART2　如何做到自我关怀

第五章　温柔地拥抱自我

爱 /135

联结 /138

存在感 /140

练习 10　温柔的自我关怀训练 /143

自我关怀与自尊 /145

应对痛苦 /151

自我关怀悖论 /154

宝贵的一课 /155

练习 11　面对负面情绪 /158

自我接纳还是自我满足 /162

第六章　女性爱自己的勇气

勇气 /168

力量 /170

洞察力 /173

练习 12　保护性自我关怀 /175

划清界限 /178

保护自己，免受伤害 /180

幸存者创伤 /181

童年创伤的幸存者 /184

练习 13　挚友冥想 /186

勇敢面对内心的恶霸 /188

从虐待中获得疗愈 /190

练习 14　应对伤害 /191

保护还是敌对 /194

自我关怀与社会正义 /196

强悍的自我关怀与反种族歧视 /197

第七章　满足自我

满足 /204

平衡 /206

真实 /207

练习 15　满足性自我关怀训练 /209

发展我们的潜能 /211

现代社会中的女性需求 /214

发现什么会让我们幸福 /218

练习 16　充实生活 /221

自我关怀还是自我放纵 /224

自我关怀还是自私自利 /225

第八章　成为最好的自己

鼓励 /230

智慧 /231

远见 /233

练习 17　激励性自我关怀训练 /234

为什么我们对自己如此苛刻 /236

爱，而不是恐惧 /239

练习 18　用关怀推动改变 /242

设定正确的目标 /246

我会不会失去动力 /248

想做就做 /249

自我激励还是完美主义 /252

女性所面临的挑战 /255

PART3　强悍的自我关怀

第九章　职场平等与平衡

失衡的职场 /261

兼顾家庭和工作 /264

对于胜任力的理解 /268

测试 3　你对职场女性的隐性偏见程度 /270

反弹效应 /271

在职场中整合 /275

温柔的自我关怀能有什么帮助 /277

强悍的自我关怀能有什么帮助 /279

练习 19　职场中的自我关怀训练 /285

我的职业生涯 /286

第十章　关心他人而不失去自我

片面关怀 /291

测试 4　你是片面关怀者吗 /294

女性的价值 /295

对别人说"不",对自己说"是" /297

练习 20　我现在需要什么 /300

共情之痛 /302

防止倦怠 /305

照顾罗文 /309

保持平和 /312

练习 21　平静关怀 /313

自我关怀与照顾者适应力 /315

第十一章　为爱而生

亲密关系中的自我关怀 /321

练习 22　用自我关怀面对亲密关系中的挑战 /325

爱与性别权利 /330

是否唯有亲密关系才能让我们幸福 /334

与自己建立亲密关系 /336

我的完整之旅 /340

练习 23　我在渴望什么 /347

后记 /351

致谢 /359

Preface 序言

> 有一件事是确定的。我们若融仁慈于权力，融权力于正义，则会让爱成为我们的遗产，使我们后代与生俱来的权力得到改变。
>
> ——阿曼达·戈尔曼，首届美国青年桂冠诗人得主

空气中，有种东西正在弥漫——

"我们受够了，我们愤怒了，我们已经做好了改变的准备。"每一位和我谈话的女性都可以清晰地感觉到这种东西的存在。传统的性别角色始终在限制着女性全面自我表达的能力，从而使她们一直在付出巨大的代价。

在人们的心目中，"可以接受"的女性形象往往是柔弱、优雅且温和的。如果一个女人太"凶"——例如脾气太大或太过于强势——人们就会把一个个难听的词（像"巫婆""丑八怪""泼妇""坏女人"……这些还都是我能想到的比较好听的词）像扣帽子一样扣到她头上。

女性如果希望打破男性的统治，在权力的圆桌上占据一席之地，她们就需要重新夺回"强悍"的权利。这也是今天，面对这个世界上根深蒂固的贫困、系统性的种族主义、失败的医疗体系以及气候变化等诸多问题，女性想要做出改变的前提。

我写这本书的目的，就是要帮助女性做到这一点。

自我关怀这一心理学概念可以帮助我们理解女性如何才能做出更富有成效的改变。

关怀是一种伸出援手的冲动，一种想要主动去关心他人的心理感受，也是人类对那些身陷苦难的同胞发自内心的一种关照本能。关怀的目的是减轻痛苦，虽然大多数人天生都会关怀他人，但要把这种本能用到我们自己身上却是难上加难。

在职业生涯的后20年里，我一直致力于研究自我关怀对于人们心理健康的益处，并教导人们如何去更好地善待自己、支持自己。与我亲密的同事克里斯托弗·杰默博士一起，我们开发了一个名为"静观自我关怀"的培训项目，并在全球范围内进行推广。但为了充分实现自我关怀的好处，我们还需要同时开发出自我关怀中"强悍"和"温柔"的各自独立的一面。

直到最近，我才真正注意到了这个问题。

过去，每当我在主持自我关怀工作坊时，为了说明正念和自我关怀如何能够帮助我们处理类似愤怒这样"困难"的情绪，我经常会给参与者们讲下面这个有趣的真实故事。

在我儿子罗文大约6岁的时候，有一次我带他去动物园观看鸟类表演。当我们刚在座位上安顿下来，我这患有孤独症的儿子就开始有点儿"坐不住"了——他并没有发出尖叫或挥舞手臂，而是不停地大声说话，并且从椅子上站起来，坐下去，又站起来。坐在我们前面的那个女人，旁边坐着她两个举止得体的乖女儿，她不停地回过头来"嘘"罗文。可罗文怎么会因为她的"嘘"而安静下来！我也试图帮助他保持安静，但他实在是太兴奋了，完全控制不住自己。在她"嘘"了三次都不起作用后，那个女人突然转过身来，带着一种近似疯狂的眼神冲着罗文大喊："安静点儿，我们正在看节目呢！"

刹那间,罗文满是困惑。他立刻转向我,惊恐地问:"妈妈,她是谁呀?"

一旦有人对我儿子做出任何威胁或挑衅的事,我就会立刻变成一头"熊妈妈"。而这一次,我是真的被激怒了,于是我对罗文说:"她是……"这么说吧,当时我用了一个以"b"打头的词,但绝对不是熊(bear)。

鸟类表演刚一结束,那位女士就立刻转过身来冲着我怒目而视。

"你怎么敢骂我!"她说。"那你又怎么敢恶狠狠地吼我儿子!"我回击得毫不示弱。两个宝妈剑拔弩张,鸟类表演现场的一场女人大战即将上演。值得庆幸的是,我毕竟做过很多正念练习(当然,我知道这听起来不免有点儿讽刺),于是我立刻换成了一种相对平静的语气:"我刚才实在是太生气了。"那个女人回应道:"那你告诉我点儿我不知道的事。"对于我来说,那是一个关键时刻,因为我没有再任由自己继续陷入愤怒的情绪。我有意识地觉察到了它,平息了它,然后带着儿子转身离开了。

作为一个生动的教学故事,它证明了像"正念"这样的技术可以帮助我们把自己从应激性情绪失控的边缘拉回来。但是多年来,我却始终没有认识到这件事背后真正的价值:那种凶悍熊妈妈的本能力量。我一直把这种出于母性保护而产生的愤怒视为理所当然,并认为这是我个人性格缺陷导致的问题。

但实际上,它体现出了一种非凡和令人敬畏的力量。

著名漫画家杰克·科比[①]曾经目睹一场车祸,当看到一位母亲

---

① 杰克·科比:原名雅各布·库兹伯格,美国著名漫画家、编辑、编剧,是现代美国漫画界最著名、最多产的漫画家,被称为"美国漫画艺术大师",有"国王"的绰号。

徒手抬起一辆将近3000磅重的汽车以解救她那被困在车下面的孩子时，他被彻底震惊了——"绿巨人"①这一漫画形象由此诞生。其实，我们天性中"凶悍"的那一面本身并不是问题所在，事实上，它蕴含着一种超能力，那是一种值得我们为之"欢呼"而不仅仅是有意识"接受"的巨大力量。我们不仅可以利用这种力量来保护我们的孩子，也可以用它来保护我们自己、满足我们自己的需要，还可以利用它来维护正义。

我写这本书的目的，就是要帮助女性发掘出她们内心的那位强悍勇士，从而激发她们奋起去改变这个世界。

关怀的力量

今天的女性依然生存艰难，这就需要我们利用我们能得到的所有工具努力生活，但同时也要保证我们自己毫发无伤。在我们的"军火库"中，最强大的武器就是关怀。温柔的自我关怀利用"滋养"的力量来平复伤痛，而强悍的自我关怀则利用"行动"的力量来减轻痛苦——"滋养"与"行动"的力量水乳交融，就表现为一种关怀的力量。

女性的力量在"关怀"的时候更有效，是因为"关怀"将力量与爱结合在一起了。这正是圣雄甘地、特蕾莎修女以及纳尔逊·曼德等推动社会变革的伟大领袖向我们传达出的信息。正如马丁·路

---

① 绿巨人：本名布鲁斯·班纳，是漫威漫画中的超级英雄。本是一名物理学家，因意外接受大量放射线辐射，身体发生变异。变异后即绿巨人浩大多。由斯坦·李与杰克·科比联合创作，是漫威旗下众多受欢迎的漫画人物之一。

德·金在呼吁结束越南战争时所说的那样:"当我说爱的时候,我不是在谈论一些感伤和软弱的情绪反应。我说的是一种力量……那是我们生命的最高准则。"

幸运的是,这种关怀的力量既可以对外又可以对内。

在为正义而战的同时,我们也可以利用它来推动我们个人的成长与治愈。因为我们每个人都是相互联系的,任何的不公正都会影响我们每一个人,因此,推动社会正义的行动本身也算是一种自我关怀(而不仅仅是关怀他人)行为。

我曾经认为,"强悍"是我需要克服的性格缺陷。直到今天我才意识到,正是这种"强悍"帮助我在生活中获得了成功。

2003年,在发表了第一篇关于自我关怀定义的学术论文之后,我于同年创建了自我关怀量表(Self-Compassion Scale,缩写为SCS),以衡量人们的自我关怀水平,也正是我最先通过研究揭示出,SCS得分越高的人幸福感越强。在最初的几年里,除了我本人,主要从事自我关怀研究的人并不多。但从那以后,这个研究领域得到了快速的发展,目前已经有超过3000篇相关学术论文被正式发表,而且每天都会有许多新的研究成果出炉。

我怀疑,如果没有那种时常会给我带来麻烦(比如在看鸟类表演时当着孩子的面出口成"脏")的勇士精神,我当年可能就没有勇气踏入这个未知的领域。

圆满的旅程

揭示出自我关怀中"强悍"和"温柔"的两面是我最新的研究

成果，也是我至今还没有详细写过的东西。与此同时，这一概念逐渐形成的过程也贯穿了我整个职业生涯。

在加州大学伯克利分校，我跟随一位名叫艾略特·图里尔①的学者学习，获得了道德发展领域的博士学位。他是劳伦斯·科尔伯格②的学生，而正是这位著名的理论家提出了"道德发展阶段"理论。根据科尔伯格的理论，道德发展的第一阶段在儿童时期，其主要关注个人需求的满足；第二阶段在青春期，其主要关注满足他人的需求；而最后阶段（如果有的话）则出现在成年后，其更加关注公平地考虑每个人的权利和需求。科尔伯格在20世纪60年代的研究发现，女性更多地倾向于基于关怀做出道德判断③，男性则更多地基于权利和正义做出道德判断。这也被他解释为，女性在道德发展水平上不如男性。

毫不意外，这种观点招致了许多女权主义者的愤怒，并认为它带有严重的性别偏见。例如颇具影响力的著作《不同声音》的作者卡罗尔·吉利根就因此反驳说，"关怀"和"正义"只不过是男人和女人观察世界并各自做出道德判断的两种不同伦理视角。即使视角不同，女性视角也绝不逊色于男性视角④。虽然她提出的理论旨

---

① 艾略特·图里尔：美国道德认知发展理论的当代领军人物之一。
② 劳伦斯·科尔伯格：美国教育心理学家、儿童发展心理学家。
③ 道德判断：运用个体已有的道德概念及道德认识对自己或别人的行为进行判断和推论的过程，其水平是不断发展的。道德判断有不同的形式，主要包括评价判断、规范判断以及命令判断。——译者注
④ 卡罗尔·吉利根认为，科尔伯格太过强调理性的作用。而共情这一女性具备的更加突出的特点则在他的道德心理学研究中被忽略了。她认为女性更强调人际关系，避免伤害他人，对他人负责任，这说明女性在道德判断上是"关怀他人导向"，而男性则更多是"维护公平导向"。——译者注

在反对女性在道德发展水平上不如男性的观点，但具有讽刺意味的是，这次她又把女性描绘成了不尊重正义的形象。

对于上述这两种观点，我都不赞同，认为它们各有各的性别歧视之处。最终，艾略特·图里尔通过论证处于所有发展阶段的男性和女性都可以基于自主性、关怀和公正做出道德判断，从而终结了上述争论。

图里尔的研究表明，几乎每个人，即使年龄、性别或文化不同，都一致认为：第一，关心帮助他人比伤害他人更好；第二，人们应该能够在某些个人问题上做出自主决定；第三，正义很重要。事实上，小孩子们最先做出的道德判断就是喊出："这不公平！"

同时，图里尔的研究还表明，社会环境在人们如何做出道德判断上同样扮演着重要的角色。处于支配地位的人往往拥有更多自主决策的能力，而处于从属地位的人则通常会对他人给予更多的关怀。从定义上说，拥有权力的一个核心特征就是你能做你想做的事，而处于从属地位的一部分特征则是你不得不去满足那些拥有权力的人所提出的要求（稍后详述）。

当我从国外回到加州大学伯克利分校开始我的论文写作的时候，我才开始了解和学习自我关怀。正如我在我的第一本书《自我关怀的力量》中所写的那样，我的自我关怀之旅充满了痛苦。

就在我出国开展研究之前，我离开了自己的丈夫，和另一个男人走到了一起（让我感到恐惧和羞愧的是，我本来一直以为自己是一个非常有爱心和道德的人）。这个男人本来说好要和我一起去印度，但最终他却没有为了我而离开他的伴侣，也再没有出现过。不仅如此，当我再次回到家的时候，我才知道他患了脑癌，并且在我回来后不久就去世了。

为了收拾这破碎生活的一地鸡毛,我开始加入一个团体练习冥想。这个团体遵从一行禅师①的教导,强调关怀自己就像关怀他人一样必要。与此同时,我也拜读了一些西方佛教先行者的著作,比如莎伦·萨尔茨伯格的《仁爱》和杰克·康菲尔德②的《踏上心灵幽径》。在这些著作中,他们都强调了自我关怀的重要性。

随着不断阅读和练习冥想,我开始试着以一种更"温暖"的方式对待自己,并给予自己更多的支持。我不再为自己过去的所作所为不断自责了,因为只有停止自责我才能说服自己:我还是个好人(尽管我曾经恨自己是个多么坏的人)。我也开始试着去理解和原谅自己。当然,一开始这么做时我不免觉得尴尬。每当我试着告诉自己"人都会犯错"的时候,另一个声音就会跳出来说"你这就是在找借口"。但慢慢地,随着我开始真正承认由自己造成的伤害所带来的痛苦的时候,那个反对的声音逐渐平息了下来。

我对自己说:"每个人都想得到幸福,你也一样。我知道,如果可以,你会用不同的方式去处理婚姻中遇到的挫折,但当时你没有能力。"我不再纠结于自己过去曾经犯的错误,而是开始学会欣赏自己那不完美的人性,以及它将我与更大的整体联系起来的那种方式。我会时常把手放在心口上,并对自己说:"我知道你受到了伤害,但一切都会好起来的。我接受你的全部,包括你所有的缺

---

① 一行禅师:越南人,现代著名的佛教禅宗僧侣、诗人、学者及和平主义者。——译者注

② 杰克·康菲尔德:美国最受欢迎的内观禅修大师,擅长将禅修思想与现代心理学结合,并将其落实于日常生活中。——译者注

点。"这样做既可以让我为自己所做的事情承担起全部责任（尽管这很痛苦），又不至于让我在这个过程中再不断无情地惩罚和鞭笞自己。

通过练习，我学会了如何用爱来控制自己的羞耻感，而这彻底改变了我的生活。

研究生毕业后，我又跟随丹佛大学的苏珊·哈特教授做了两年博士后研究，她是美国自尊研究领域的领军人物之一。自尊可以被定义为对自我价值的积极评价，几十年来，它一直是心理学家所定义的关于幸福感的主流概念。但研究人员也逐渐开始认识到，尽管自我积极评价的确会让人感到更幸福，但同时，它也有可能把人们引入"自恋"和"攀比"这样的陷阱和死胡同。

此外，自尊往往也过于依赖社会的认可，例如一个人看起来是否具有吸引力，或一个人是否成功。自尊就像一位只能同甘不能共苦的朋友，当一切进展顺利的时候，它总会在那里陪伴着你；而一旦事情开始恶化，就在你最需要它的时候，它却会对你弃而不顾。

在我看来，自我关怀可以说是自尊的完美替代品。和自尊相比，它并不需要你感觉自己比别人好，也不需要别人喜欢你，甚至都不需要你一定要把一切都做好。拥有自我关怀的能力，你所需要做的只是像其他人那样做个不完美的平凡人。

说到底，与自尊相比，自我关怀才是那位可以为我们提供持久支持与庇护的真朋友。

当我最初在得克萨斯大学奥斯汀分校担任教职的时候，一方面，我继续研究权利对于亲密关系中自主、关怀和正义的影响。另一方面，我也在继续整理和发掘自己关于自我关怀的一些想法，并把它当作一种比自尊更健康的自我认知方式记录下来。在这期间，我开始为它着迷，以至于后面逐渐放弃了其他研究方向。

从此，自我关怀就成了我主要的研究方向和关注领域。直到最近，我才开始重新审视自己在自我关怀方面早期研究中这相当有趣的一部分。

温柔的自我关怀通常会表现出一种对自己的关心和滋养，而强悍的自我关怀则会驱使我们坚持自我、捍卫权利。一旦二者实现平衡，我们就能够做到公平和公正。与此同时，男尊女卑的传统权利结构与性别视角也影响着强悍与温柔的自我关怀的不同表达方式，而性别平等也驱使着我们将自我关怀的两面结合起来。

于是，我之前职业生涯中看似毫不相干的几块内容，就像拼图一样凑在了一起。

为什么写给女性，为什么是现在

自我关怀对所有人都有用，而且我过去写的大部分内容也都是不带性别倾向的。但现在我认为，在今天这一历史时刻，自我关怀对于女性来说尤为必要。

今天的女性，是时候获得公平的报酬，在各个领域中拥有同样的机会了。强悍的自我关怀，尤其是当它能够与温柔的自我关怀相互平衡的时候，可以帮助女性争取实现个人价值的机会。

长久以来，女性一直把遭受家暴的经历藏在地毯下面。我们害怕一旦说出真相却得不到保护，反而会给我们自己带来更多的伤害。但随着法律制度的健全和社会对女性的关注，这种情况发生了改变。

在本书的后面,我将会详细描述我的故事如何引起全球无数女性共鸣的过程。

值得庆幸的是,自我关怀使我能够应付一次又一次残酷事实被揭露所带给我的恐惧和伤害。温柔的自我关怀帮助我疗愈伤痛,而强悍的自我关怀则激励我说出真相,并承诺不再让伤害继续下去。

对女性自我关怀的关注给了我们进入社会专业领域的机会。但要想取得成功,我们就必须表现得像个男人,抑制自己身上那些在男人的世界里被贬低的温柔品质。但与此同时,我们又会因为表现得过于激进或自信而不受欢迎。这就给我们留下了一个必须面对的错误选择:是成功却被鄙视,还是被喜欢却被剥夺机会。在工作中,为了证明自己,女性往往承受着更大的压力,同时还会面临遭受性骚扰的威胁以及被迫接受更低薪酬的不公平待遇。

我相信,通过发展、整合强悍和温柔的自我关怀,女性将能够更好地实现真实的自我,并影响我们周围的世界。

当今世界,性骚扰、薪酬不平等、健康不平等……所有这些紧迫的问题都要求女性马上采取行动。

请原谅我,在我的作品中我也可能会带有无意识的偏见。尽管我会尽最大的努力去涵盖所有女性的不同经历,但我的努力肯定还是不够的。我衷心希望本书能够提炼出一些普遍性的原则,并以一种有意义的方式与所有身份不同却有着相同经历的人进行交流。

所有的女人都不一样,她们所遭受的痛苦也各不相同。但我相信,强悍且温柔的自我关怀与所有人都相关,它就是我们用以对抗性别歧视、种族歧视、残障歧视和其他形式压迫的关键武器。

自我关怀的实践应用

自我关怀不仅仅是个好想法,它还可以指导我们在生活中加以实践。

我们可以通过训练我们的大脑来建立一种新的思维方式,以关怀来回应我们在身体和精神上所感受到的痛苦。研究表明,我们不仅可以学会自我关怀,还可以利用自我关怀从根本上改变我们的生活,让它变得更美好。

针对自我关怀,本书将介绍其相关概念、研究成果,并帮助你逐步培养出一种"温柔且强悍"的自我关怀能力。同时,我们还将教会你如何将二者结合起来,创造出一种关怀的力量,并将它应用于你生活中的那些关键领域(例如婚姻恋爱、照顾他人以及职场工作)。

在本书中,我还将提供一些工具来帮助你了解你正在阅读的内容。

我会给出一些经过实证的性格评估量表,例如自我关怀、性别刻板印象或关系类型等——这些都是我们在研究中经常用到的表格。现在你也可以利用这些工具对自己进行同样的研究了!我还会提供一些具体的练习来帮助你锻炼自我关怀的"肌肉"。

虽然这些练习里面多多少少会包含一些冥想的内容,但这并不是一本冥想指南。作为一名科学家而非精神导师,我告诉你:当你在进行深入的自我关怀练习的时候,它的确算得上是一种精神体验。

这本书中的大多数练习都是来自我和克里斯托弗·杰默共同开发并经过事实验证的"静观自我关怀（MSC[①]）"项目。

虽然"静观自我关怀"并不是一种专注于治愈过去造成的某一特定创伤的治疗方法，但作为主要帮助我们在日常生活中采用一种更加积极的方式来对待自己的工具，它非常有效。

在一项关于"静观自我关怀"有效性的早期研究中，我们发现，经过8周的训练，参与者的自我关怀水平平均提高了43%。经过训练，参与者称，他们对他人更加专注、更富有同情心；自我的抑郁、焦虑、压力和情绪逃避有所减少；同时也感到自己对生活满意度更高，更幸福。

更重要的是，从那时起，自我关怀就会成为你一个靠得住的朋友。事实证明，从"静观自我关怀"项目中获得的自我关怀水平以及幸福感的提高可以持续至少1年的时间。

当然，最终从这个项目中受益多少也和人们练习的次数有关。出于这个原因，我鼓励你每天至少花20分钟来有意识地练习自我关怀。虽然研究表明这些工具是有效的，但唯一能够证明它们有效的方法还是你亲自去试一试。

[①] MSC：Mindful Self-Compassion，静观自我关怀。

测试1　你的自我关怀水平

你如果想了解自己的自我关怀水平，就可以填写下面这个自我关怀量表的简短版本（大多数自我关怀研究都使用这个量表）来进行自我测试。为了好玩，你可以记录下你目前的分数，然后在读完本书后再做一次测试，看看你的自我关怀水平是否发生了变化。你会注意到在目前的测试中并不会区分"强悍"和"温柔"的自我关怀。虽然我将来可能会改进量表来反映自我关怀的这两个方面，但目前的自我关怀量表仍然是一种衡量这种特质的普适方法。

▶▶ **练习指导**

请在回答前仔细阅读每一条陈述，并在每一项的左边写下你的行为频率。请根据你的真实体验，而不是依据你所认为的经验来回答。

对于第一组题目，请使用从1（代表几乎从不）到5（代表几乎总是）或介于两者之间的某个数值来填写：

_____对于自己性格中那些我不喜欢的方面，我会试着去理解并保持耐心；

_____当痛苦的事情发生时，我能够试着以一种平常的心态来看待；

_____我会试着把我个人的失败看作人类共同处境的一部分；

_____在经历一段非常艰难的时期的过程中，我会给予自己所需要的关怀和温柔；

_____当有事情让我心烦的时候,我会尽量保持情绪稳定;

_____当我在某些方面感到不足的时候,我会试着提醒自己,大多数人都有这种感觉。

对于接下来这组题目,请使用从1(代表几乎总是)到5(代表几乎从不)或介于两者之间的某个数值来填写。注意,这里的评分系统被颠倒了,分值越高表示频率越低:

_____当我在某件对我来说很重要的事情上失败时,我就会被一种力不胜任的感觉吞噬;

_____当我情绪低落的时候,我总会觉得大多数人可能都比我幸福;

_____当我在某件对我来说很重要的事情上失败时,我总会感到孤独;

_____当我情绪低落的时候,我总会沉溺于所有错误的事情当中;

_____我会反对并批判自己的缺点和不足;

_____对自己性格中那些我不喜欢的方面,我总是缺乏宽容和耐心。

总分(12项合计)=_____

平均分(总分/12)= _____

通常来说,你可以将2.75到3.25之间的分数视为平均水平,低于2.75的分数为低,高于3.25的分数为高。

慢慢来

当你再读这本书的时候，你有时候可能会产生一种"不舒服"的感觉。这很正常，因为当我们练习自我关怀的时候，这些感觉自然而然地就会出现。

当我们开始爱自己的时候，我们可能立刻就会想起过去所有那些我们没有被爱的时刻，或者会想到那些不被爱的方式。举例来说，当你试图与一个对你的身材评头论足的男同事划清界限的时候，你可能立刻就会想起青春期的时候，你父亲曾经因为你的穿着而羞辱你的那段经历。或者当你因为一段失败的亲密关系而试图安慰自己的时候，你可能马上会被一种旧的恐惧淹没，担心自己不够有趣，不够吸引人。

其实这些都是好的迹象，因为它们表明你已经打开了你的心扉，那些曾经被你深埋在潜意识深处的痛苦正被释放到阳光下。

给予旧的伤口空间和温暖，它们就可以慢慢愈合。

然而，这些感觉有时候的确会让人不堪重负。因此，你应该以一种相对安全的方式来练习自我关怀，否则那就不是自我关怀了。特别是对于有过创伤史的女性来说，重要的是要按照自己的节奏慢慢来，你感觉不舒服的时候就从练习中解脱出来，以后再练习，甚至你还可以在治疗师或其他心理健康专家的指导下进行练习。在不堪重负的情况下，你无法学习任何新东西。所以你如果觉得某项练习太难或让你心里不踏实，那就停下来。请你一定要为自己的情绪安全负责，不要强迫自己去做一些在当时感觉不对的事情。

强悍与温柔的自我关怀，这两者通常是不平衡的，学习如何整合它们非常重要。而无论是利用强悍还是温柔的自我关怀形式，本书旨在帮助你最大程度地释放自我关怀的潜力。

自我关怀会让你获得内在的力量,促使你成长并获得幸福。这将帮助你变得更加真实,并获得更多内在的满足,从而推动你成为社会进步的有效推动者。

关怀自我,一切皆有可能。

PART 1
女性需要 强悍的自我关怀

第一章

了解自我关怀

> 我们需要坚强的女性多些温柔……强悍的女性多些关怀。
> ——卡维塔·朗姆达斯，全球妇女基金会前负责人

自我关怀本身并不是什么复杂的事，也不是需要经过多年的冥想练习才能达到的一种高深莫测的心理状态。

从根本上说，自我关怀就是要求我们成为自己的好朋友。

这可真是个振奋人心的好消息！

因为我们大部分人都知道应该怎么做个好朋友，起码知道如何做他人的好朋友。每当身边亲近的人因为失落或面临艰难的生活挑战时，多年的生活经验已经教会了我们应该这样说："很遗憾听到这个消息。你现在需要什么帮助吗？我能帮上什么忙吗？"我们都知道在这时候该如何把声音放柔和，让语调更温暖，使身体更放松。我们也懂得如何用肢体语言来传达出自己对他人的关怀，比如一个拥抱或紧紧地握住对方的手。在某些关键时刻，我们甚至还会为我们所爱的人挺身而出，打抱不平。当我们所关心的人因受到威胁而需要保护，或者当他们被人踢上一脚需要应对挑战的时候，我们就会感觉到"熊妈妈"的能量在我们体内升腾起来。人类的智慧早就教会了我们眼下应当做些什么。

但可悲的是，当我们自己陷入困境时，我们却几乎不会对自己

给予同样的关怀和怜悯。

在这种情况下,我们做得更多的是"做出判断""解决问题",或者干脆"直接崩溃",而不是停下来问问自己需要什么帮助,安慰、支持自己一下。比如,你在开车上班的路上打翻了咖啡,结果又一走神出了车祸。我敢打赌,你当时最典型的内心独白一定会是这样的:"白痴!看看你自己干的好事!赶快给保险公司打电话,立刻告诉老板你赶不上开会了。我敢打赌,你一定会被炒了!"

想想看,在同样的情况下,你也会这样和你所关心的人说话吗?估计不大可能。但我们经常就是这样对待自己的,我们可以对自己刻薄,甚至比对那些我们讨厌的人还要刻薄。

更可怕的是,我们还认为这是件好事。

英国谚语说:像你希望别人对你那样去对待别人(Do unto others as you would have others do unto you.)。这里我们还应该补充一点:可别像对待自己那样去对待别人(Do not do unto others as you do unto yourself.),否则你一定会变成孤家寡人。

因此,学会自我关怀,最重要的第一步就是去对比一下,在陷入困境的时候,你是怎么对待自己的,又是怎么对待你所关心的人的。

这里的试验对象,我劝你最好挑一个和你比较亲近的朋友——说实话,有时候我们对待自己的孩子、伴侣以及其他家人可真不像我们自己想的那样具有同情心,因为他们和我们实在是太亲密了。我们更愿意在和朋友相处的时候给彼此多留一些空间,也不大会认为朋友之间的友情是理所当然的,因为我们都清楚,这一切都是彼此自愿的。

这也意味着,在亲密的朋友面前,我们经常会展现出最好的自己。

练习1　身处困境时，我会如何对待朋友和自己

看看你对朋友的关怀程度和对自己的关怀程度，一定会让你大开眼界。为后面学习自我关怀做好准备，我们将以这次测试开始我们的MSC课程。

现在，请拿出你的纸和笔，这是一个书面练习。

▶▶ 练习指导

你先设想一下会让你的好朋友遭受痛苦的几种不同情况：也许她正在为自己所犯下的错误感到内疚，也许她在工作中被人欺负了，或者她因为照顾孩子而疲惫不堪，又或者她正在害怕自己所面临的挑战。

现在请写下你对以下问题的回答：

· 在这种情况下，你通常会如何回应你的朋友？你会说些什么？你会用什么语气说？你的姿势是什么样的？你会使用哪些肢体语言？

· 在这种情况下，你通常会如何回应你自己？你会说些什么？你会用什么语气说？你的姿势是什么样的？你会使用哪些肢体语言？

· 注意到你对朋友和自己的反应有什么不同了吗？（比如，也许你对待自己总是小题大做，对待朋友却会有更多的宽容和理解。）

· 如果你开始像对待朋友那样对待自己，你觉得会发生什么

呢？它又会对你的生活产生什么影响呢？

　　做完这个练习，许多人都会震惊于他们对待自己和对待朋友的方式竟然会有这么大的差异；意识到我们竟然会如此恶劣地对待自己，可能会有点儿令人不安。但值得庆幸的是，我们还可以利用关怀他人的丰富经验来教会自己如何与自己相处。

　　一开始我们会觉得用对待朋友的方式来对待自己会有点儿奇怪，那是因为我们已经习惯了把自己当作敌人一样对待。但它的确是个我们可以随手拈来的模板，时间长了，就会变得更加自然。我们最先需要做的就是允许自己把那些在他人身上磨炼过的关怀技巧用在自己身上。

　　当然，在我们前进的道路上也会有很多绊脚石：自我批评的习惯、毫无价值的感觉以及羞耻感，这些都是很难改变的。还有人会担心，自我关怀也许对我们并没有什么好处，反而会把我们变成懒惰、自私、自我放纵的失败者。在接下来的章节中我会试着来解决这些问题，当然你也可以通过阅读《自我关怀的力量》或《静观自我关怀：勇敢爱自己的51项练习》更加深入地了解如何跨越这些障碍。

　　当然，除了阅读，不断的练习和实践也很重要。

　　"练习可以使我们更完美"，或者像我们在自我关怀的世界里常说的那样，"练习也可以使我们不完美"。通过练习，我们可以更加有技巧地去接受我们作为人类的局限性；与此同时，我们也可以去学习如何采取行动让人生变得更美好。正如杰克·康菲尔德所说："修行的意义不在于使你自己变得完美，而是让你的爱更加完善。"

爱，才是强悍和温柔自我关怀的核心驱动力。

自我关怀的三要素

虽说自我关怀意味着我们要像对待好朋友一样善待自己，但它需要的远不止善待自我。

如果仅仅是善待自我，我们很容易就会变得自私或自恋。

善待自我是不够的，我们还需要能够看到自己的缺点，承认自己的失败，并且重新审视我们曾经的经历。同时，我们也需要将自己的奋斗与他人的奋斗联系起来，超越渺小的自我，认识到自己在更大的图景中所处的位置。

根据我的研究结论，自我关怀主要由三个元素组成：静观觉察（亦被称为正念，mindfulness）、共通人性（common humanity）以及善待自我（kindness）。作为一个整体，这三个元素既相互独立又相互作用，只有当三个元素同时出现在自我关怀中，才能保证它的健康和稳定。

静观觉察

拥有一种能够有意识地直面我们的痛苦并承认它的能力，是实现自我关怀的基础。

静观觉察，不加评判，能够让我们看清楚自己所犯下的错误或遭受的失败，而不去"忽视"或者"夸大"这种痛苦。这意味着我们既不会再去压抑自己的痛苦，假装它不存在，又不会为它去编造一个戏剧性的故事情节。

对自己的消极状态静观觉察，可以使我们勇于面对那些伴随着痛苦产生的负面情绪，如悲痛、恐惧、哀伤、愤怒、犹豫、后悔等。静观觉察还可以让我们聚焦当下，意识到我们不断变化的思想、情绪和感受。

作为自我关怀的基础，静观觉察能够让我们知道自己何时正在遭受痛苦，并及时以善意作为回应。如果我们忽视自己的痛苦，或者完全被它吞噬，我们就无法对自己说出"哇，压力太大了，我需要一点儿支持"，并从中得到解脱。

静观觉察虽然不难，但也具有一定的挑战性，因为实际上它违背了某种自然规律。大脑功能性核磁共振的扫描结果显示，当一个人在做白日梦或无所事事的时候，大脑中的某些特定区域会一直处于活跃状态。这些特定区域就是被神经科学家们称为"默认模式网络"的一组相互关联的大脑区域。它之所以被称为默认模式，是因为科学家们认为它是大脑在没有主动专注于某一具体任务的情况下产生的一种默认正常状态。

"默认模式网络"具有三个基本功能：第一，它会创造一种自我意识，并将自我投射到过去或未来中；第二，它会对外部环境不断地进行监视；第三，它同时会对问题不断地进行扫描。正因为如此，我们才总会不由自主地迷失在对未来的担忧，以及对过去的后悔中。

从进化的角度来看，这种模式对人类的发展是有益的，因为这样我们就可以从过去所经历的失败中吸取经验，预测未来对我们的生存可能存在的威胁，并去设想我们该怎样做才能过得更好。

然而，这也意味着，当我们在现实中遭受痛苦的时候，我们却通常意识不到我们正在苦苦挣扎；或者当我们试图去解决眼前的问题时，我们却又总是会迷失在过去或未来中。只有有意识地提升专注度，我们才会使这种默认模式失效，这也意味着，只有在我们能够"感受"到痛苦的时候，我们才能够去"面对"它。

静观觉察就像一池静水，可以清晰地映射出我们身边正在发生的一切，且不会使其发生扭曲。我们也因此可以对自己和自己的生活拥有一种全新的认识，之后才能明智地针对帮助自己的最佳行动方案做出决定。

面对痛苦并承认它的确需要勇气，但如果我们希望敞开心扉来应对痛苦并从中得到解脱，这种勇气就是不可或缺的。

不能感受痛苦，痛苦就无法治愈。因此，静观觉察正是自我关怀的灵魂之所在。

共通人性

对共通人性的认识也是构成自我关怀的核心组成部分。

事实上，这也是"自我关怀"与"自我怜悯"的根本区别。"关怀（compassion）"这个词在拉丁语中的意思是"一起（com）受苦（passion）"。联结性是关怀本身所固有的，把这种关怀从他人转向我们自身，就意味着我们需要承认所有人都是不完美的，所有人都在过着不完美的日子。

这听上去不是挺显而易见的吗？但我们还是会经常掉进"兔子洞"里——我们总认为一切就应该顺利进行，一旦事情没有按照我们的想象发展下去，麻烦就要来了；我们总是觉得别人都好好的，唯有我们自己是倒霉蛋，会摔在地上，打破杯子，割伤拇指神经，然后举着裹得像一块粉色奶酪一样的手，四处晃悠3个月（这可是真事）。

雪上加霜的是，这个过程中我们不仅感到痛（我们不得不忍受伤痛），还感到苦（那种心理上孤独和被孤立的感受）。这种与世隔绝的感觉的确让人害怕，正如在进化生物学中人们常说的那样——一只孤独的猴子就是一只死亡的猴子。

但如果我们能够意识到痛苦是人类共同经历的一部分，我们就能从那个自怨自艾的"兔子洞"里逃出来。

当我们学会尊重人类共同的受苦本性，我们就不再总会咧着嘴叫唤："为什么就我最倒霉！"当然，造成痛苦的原因以及每个人的痛苦程度是大相径庭的。那些被不公平的体制或根深蒂固的贫困所压迫的人们，比起那些享有特权的人们，肯定会遭受更多的痛苦。但事实是，没有人能够完全逃脱来自身体或精神上的苦难。

"一切有情生命，都理应受到人道的对待"，关怀正是建立在这样的思想基础之上的。当我们拒绝对自己好，却对他人关爱有加时；当我们重视一个群体的需求而忽视另一个群体的需求时——实际上，我们就是在践踏这样一个基本的真理——"我们每个人都是一个更大的、相互依存的整体的一部分"。你我的行为总在相互影响，"己所不欲，勿施于人"表达的就是这个意思。与此同时，我们对待自己与对待他人的方式也在相互作用。我们对待他人的方式影响着我们和自己的互动，同时，我们对待自己的方式也影响着我们对待他人的方式。

在这个地球上，不理解相互依存所造成的后果随处可见：各种因种族、宗教、政治紧张关系所滋生的暴力四处蔓延；美国所奉行的政策在一些国家播下了经济绝望的种子，而移民又从那些国家逃到美国；地球变暖的速度如此之快，将来也许会使这个星球不再适合人类居住。

唯有那种深刻认识"共通人性"，意识到我们是命运共同体的智慧，才能够让我们看到更大的图景。

善待自我

对于减轻痛苦的渴望，就是自我关怀的核心动机。

从个人体验上来讲，关怀的欲望就是一种帮助他人的冲动。当人们陷入生活的泥沼举步维艰时，关怀就是一种温暖、友好和支持的态度。可事实上，当我们自己在受苦的时候，很多人宁愿把自己击倒在地，也不愿意伸出援手拉自己一把。那些对待别人一直很友善的人，甚至也常常把自己当废物一样看待。

唯有善待自我才可以扭转乾坤，让我们可以真正地对自己好。

当我们意识到自己犯了错误的时候，善待自我意味着我们可以对自己给予宽容和理解，而不是严厉地批评和指责，并鼓励自己下次做得更好；当我们听到坏消息或直面生活中的困难时刻，善待自我意味着我们可以主动敞开心扉，让自己被自己的痛苦打动；善待自我能够让我们暂时停下脚步，并对自己说："这真是太难了，现在我该怎么照顾我自己一下呢？"

每个人都不可能十全十美，在生活中必然有所挣扎。当我们对痛苦做出善意的回应，爱和关怀就会对我们产生积极的影响。善待自我为我们提供了对付困难的武器，也使痛苦变得更容易忍受。

善待自我是一种有益且充实的情感，它让我们能够深切地体会到"生活虽苦，我有蜜糖"。

自我关怀的好处

已经有成千上万的研究被用来验证自我关怀和幸福感之间的关系。目前关于自我关怀的研究通常有三种方法，这三种研究方法往往会产生相同的结果。

第一种方法是最常见的方法，即利用自我关怀量表来确定其自我关怀得分高低是否与类似幸福这样的积极结果水平呈现正相关，而与类似抑郁这样的消极结果水平呈现负相关。

第二种方法是实验性地诱导出一种自我关怀的心态，通常是让人们自己写下生活中的困难，同时唤起静观觉察、共通人性和善待自我。在实验中参与者被随机分配到两组中，一组是自我关怀组，另一组是对照组。在自我关怀组中，如上所述，参与者被要求写下生活中的困难；而在对照组中，参与者将被要求写下一些比较中性的东西，如她们的个人爱好等。接下来，研究人员将在诸如为考试而学习的动机等行为方面对两组进行比较。

第三种方法也是越来越普遍的方法，即先通过"静观自我关怀"等项目培养人们的自我关怀，然后观察她们的幸福感在接受培训前后是否会有所变化。

关于更多自我关怀的研究我将在本书后面进行讨论，在这里我首先把结论简要地总结一下。研究显示，那些更懂得自我关怀的人：

她们往往感觉更快乐，更有希望，也更乐观；

她们对自己的生活更满意，对自己所拥有的一切也更感恩；

她们焦虑、沮丧、紧张和恐惧的感觉更少，自杀、滥用药物和酗酒的可能性也更小；

她们的智商和情商更高,能够更有效地调节自己的负面情绪;

她们的形体看上去更健康,很少会受到饮食失调的困扰;

她们会更多地做出一些对自己的健康有益的行为,如锻炼、合理饮食和定期看医生;

她们睡得更好,很少感冒,免疫力更强,身体更健康;

她们更有动力,更有责任心,对自己更负责;

她们在面对生活的挑战时更有韧性,能够以更大的勇气和决心去实现她们的目标;

她们与朋友、家人和恋人的关系更亲密、更正常,性生活满意度也更高;

她们更宽容,更有同理心,也更能接受别人的观点;

她们对别人更有同情心,但在照顾别人的同时也不会让自己精疲力竭。

怎么样?这一切听起来是不是很棒!而你要做的,就是像对待好朋友一样对待自己,多么简单。

懂得自我关怀的人,她们的自尊心通常比较强,但她们并不会陷入盲目追求高度自尊的陷阱。自我关怀与高度自尊不同,它与自恋无关,也不会导致持续的社会攀比或自我防御。自我关怀所带来的自我价值感并不依赖于你如何看待自己,你是否成功,或你是否能够得到别人的认可。它是无条件的——这就意味着,随着时间的推移,来自自我关怀的价值感会更加稳定。

自我关怀的确会给我们带来巨大的好处,再加上它是一种可以学习的技能,这也就解释了现在有这么多研究人员开始关注它的原因。我的好朋友兼研究员肖娜·夏皮罗曾经写过一本关于静观觉察和自我关怀的书，书名叫作《早上好，我爱你》。她总是喜欢说："自我关怀是生活的秘诀。"

是的，自我关怀会让一切都变得更好。

自我关怀的生理学基础

就像我之前说过的一样，大多数人对自己并不像对别人那样富有同情心，尤其是当我们失败或觉得自己不够好的时候。

其实，这里面有一部分原因是和我们人类神经系统中的自动反应机制有关的。

当我们在生活中犯了错误或遇到困难的时候，我们就会本能地感到一种危险。"什么地方出问题了！"于是，我们对于感知到的危险会立刻做出一种"威胁防御反应"——这是我们的大脑对于外界危险最快速、最容易触发的一种反射性反应。

当大脑接收到威胁信号时，我们的交感神经系统就会被激活，杏仁核开始行动，释放出皮质醇和肾上腺素，我们的身体就做好了战斗、逃跑或僵住的准备。面对一棵突然在身旁倒下的树或一条咆哮的狗，这样的神经系统功能可以很好地保护我们的身体免受威胁；但如果这样的威胁是来自"我真是个失败者"或者"我穿这条裙子看起来胖吗"这样的内心想法时，问题就会出现。

当我们受到自我评价的威胁时，危险实际上源于我们的内心。这时候，我们既是"袭击者"又是"被袭击者"。于是，我们就会利用自我批评来对抗自己，希望它能迫使我们做出改变，从而摆脱软弱；我们还会在心理上逃避他人，因羞愧而回缩到一种毫无价值的遗忘状态中。有时候，我们还会像身体"僵住"一样，陷入一种沉思的状态，不断地去重复那些消极的想法，好像如果想到第三十次就会让问题消失一样。这种持续的应激反应状态将会导致压力、焦虑和抑郁的产生，因此，我们对自己各方面要求太苛刻于健康有害。当然了，最重要的是，我们首先不要因为这些反应的产生而批评自己，因为它们只不过是我们人类对安全的一种单纯渴望。

与此同时，我们还可以采取另外一种方式——利用哺乳动物的照护系统来增强我们的安全感。与爬行动物相比，哺乳动物的进化优势在于，哺乳动物的幼崽在出生时非常不成熟，它们往往需要较长的发育时期来适应周边的环境。而在所有的哺乳动物中，人类则是需要最长时间来达到成熟的物种（由于我们惊人的神经元可塑性，人类大脑前额叶皮层的发育需要25到30年的时间）。在这个漫长的发育期里，为了保护脆弱的未成年下一代的安全，人类的"互助友好系统"就进化了。

动物们在面对应激反应时，不只是战斗、逃跑或僵住，它们还有可能会彼此团结起来。例如，在面对危险时，鹿会集结成群，雌鼠会相互紧紧地抱成一团。和动物们一样，在面对洪水、龙卷风或其他自然灾害时，居住在同一个地区的人们也会互相团结起来共同面对灾难。科学家们将这种应激反应理论命名为"互助友好理论"。该理论认为，在产生应激反应的过程中，除了战斗、逃跑或僵住，人类还可能会通过建立社会联盟关系和抚养行为来共同应对灾难。

这种反应在女性群体中尤为常见。"互助友好系统"会促使人类父母和子女保持一种亲密的抚养关系，并通过社会联盟来寻求安全感。当这样的照护系统被激活时，催产素（一种被称为"爱的化学物质"的激素）和内啡肽（一种天然的能够让人感觉良好的麻醉剂）就会被释放出来，我们的安全感也就随之增强了。

虽然这种"互助友好"的应激反应多是在我们照顾他人时本能地产生，但我们也可以学着将它用在我们自己身上。除了照顾他人，我们也可以照顾自己，成为自己的朋友，从而为自己提供一种安全感、稳定感和幸福感。

当这样做的时候，我们的副交感神经系统就会启动，导致心率变异性①增加，从而使我们更加开放和放松；而交感神经活动的减少则会让我们不再那么紧张。事实上，自我关怀的三要素——静观觉察、共通人性和善待自我，直接对抗的就是作为威胁防御反应一部分的反刍式思维、自我孤立和自我批评。实际上，我们正在通过增加一种应激反应（互助友好系统），减少另一种应激反应（威胁防御反应），来促进人类这两种高度进化的本能行为之间的平衡，因为这两种行为都是为了确保我们的安全而存在的。

既然自我关怀可以在生理层面发生，那么身体接触就可以成为一种在关爱我们自己时非常有效的方法。我们的身体几乎立刻就能对触碰做出反应，从而很快地帮助我们体会到一种被支持的感觉。触碰可以激活我们的副交感神经系统，从而使我们变得平静和专注。在人类进化的过程中，我们的身体已经被"精心设计"成将触摸理解为一种释放关心的信号。就像在婴儿出生后的头两年里，

---

① 心率变异性：反映自主神经系统活性、定量评估心脏交感神经与迷走神经张力及其平衡性，从而判断其对心血管疾病的病情及预防，可能是预测心脏性猝死和心律失常性事件的一个有价值的指标。其数值降低为交感神经张力增强，可降低室颤阈，属不利因素；其数值升高为副交感神经张力增强，提高室颤阈，属保护因素。

父母会通过触摸向婴儿传达安全感和爱一样，我们也可以这样对待自己。

· · ·

练习2　抚慰和支持的触摸

在MSC项目中，我们会将抚慰和支持的触摸作为自我关怀的一种基本练习教给学生。当我们在感到心烦意乱的时候，我们有时候会因为压力过大而忘记了应该如何对自己好好说话。在这种时候，像轻抚这样的动作可以让我们把注意力从大脑中快速地转移到我们的身体上。

这种行为在我们处境艰难的时刻会非常有效。

▶▶ **练习指导**

你可以尝试一些不同类型的触摸，看看它们分别会带给你什么样的感觉。你需要保持每一种触摸大约15秒，并让自己完全沉浸在这种体验中。看看它们对你的身体会产生怎样的影响，你最好能够找到一种让你感到安慰的触摸方式，以及另一种能让你感到强大、有力和支持的触摸方式。每个人的反应各不相同，所以你要不断尝试，直至找到最适合自己的那种方式为止。

温柔舒缓的触摸方式包括：

· 将单手或双手放在自己的胸口上；

· 用双手捂着脸；

· 轻轻地抚摸你的手臂；

· 交叉双臂，并轻轻挤一下；

- 拥抱自己，然后轻轻地前后摇晃。

强劲有力的触摸方式包括：

- 将一只手攥拳放在胸口上，另一只手攥拳放在它上面；
- 单手或双手放在你的太阳神经丛，也就是你的能量中心上（太阳神经丛位于腹腔正中，相当于第十二胸椎至第一腰椎段，体表位置在腹前壁的剑突与肚脐之间）；
- 将一只手放在胸口上，另一只手放在太阳神经丛上；
- 握紧自己的双手；
- 将双臂牢牢地放在臀部。

这样做的目的是帮助你找到一种在紧张或困难的情况下可以自动使用的直接的身体触摸方式。现在就选择一对触摸方式（温柔的和强烈的），并试着在你感到情绪不佳或身体不舒服的时候去使用它们。有时候我们会因为思虑太重而无法思考，但是我们可以通过触摸向自己的身体传达自己的关怀。

这是一种简单而有效的方法，可以让我们鼓励自己撑下去。

自我关怀的困难

有些人天生就比别人更懂得自我关怀，这与我们的成长方式不同有关。

如果父母在我们小时候就一直精心养育并善待我们，那么我们作为哺乳动物的照护系统就能够充分地得到响应并发挥良好的功能，长大以后我们也就更有可能将这种支持的态度内化。但如果我们从小就受到养育者的严厉批评、忽视或虐待，那么在这种情况下，自我关怀对于我们来说就更具有挑战性。

我们与父母之间的安全感被称为我们的依恋类型。

那些具有安全型依恋关系的人——也就是那些父母一直给予他们温暖和关怀，并且总是能够满足他们需求的人——往往会觉得自己更值得安慰和支持，成年后也会对自己更加友善。

而对于那些忽冷忽热的父母，他们的孩子有时候在情感上能够被接受，有时候却不能被接受。这样的孩子以及那些完全被忽视的孩子则更有可能觉得自己不值得被爱，也不招人喜欢。这使得自我关怀对于这些人来说变得更加困难。

而对于那些长期遭受情感或身体虐待的孩子来说，恐惧可能会与关怀交织在一起。在这种情况下，自我关怀会让他们感到非常害怕。

我的同事克里斯托弗·杰默是一位临床心理学家，也是颇有见地的《通向自我关怀的静观觉察之路》一书的作者，他在来访病人中经常会观察到这种情况。他借用了一个消防术语，将这种情况称为"回燃"。当火灾在封闭或通风不良的房间里肆虐的时候，消防队员通常会小心翼翼地打开房门来灭火。如果屋内的氧气被火耗尽了，而门突然被打开，新鲜的氧气一旦快速涌入，火势就会进一步加大，并很可能有引发爆炸的危险。

有时候，同样的情形也会发生在自我关怀的过程中。如果我们曾经不得不紧闭心灵之门来应对童年早期的痛苦，一旦敞开心扉，当爱的"新鲜空气"突然涌入时，我们就会突然意识到那困在内心深处已久的痛苦。在这种情况下，有时候我们的情绪会以令人不安的方式爆发出来，使人无法承受。

不是只有经历过心理创伤的人才会经历"回燃"，那些习惯于把封闭自己作为负面情绪管理方式的人，在第一次开始练习自我关怀的时候，也很可能会出现同样的体验。实际上，这是一个好现象，因为这意味着他们的愈合过程已经开始了。

另一个相对温和的比喻是，当我们在外面铲雪，手会被冻得发僵。而进屋暖手的时候，手却会疼得要命。就像冻僵的手一样，我们希望自己冰封已久的心灵也能够"解冻"——尽管会痛，但这是件好事。

咱们不用太着急。你看，消防员为了防止"回燃"的发生，总会随身携带消防镐，并用它在着火的建筑物周边挖洞，从而使空气进入得更慢。同样的道理，为了避免引发过于强烈的刺激，有时候我们也需要像消防员那样：让关怀慢慢发生。

换句话说，我们要用自我关怀的方式来练习"自我关怀"。

当我们问自己需要什么的时候，有时候答案可以是暂时转移注意力，利用一些更间接的方式照顾一下自己，例如洗澡、散步、遛狗或喝杯茶。这样做非常有效，因为它可以让我们自己得到照顾，满足我们的需求，还可以帮助我们养成关怀的习惯。一旦我们感觉状态稳定了，我们就可以再回到直接敞开心扉的练习中。

静观觉察在处理"回燃"问题时非常有效。任何时候，只要我们把注意力集中在一件事情上，它就会让我们平静下来。这就是有意识地呼吸能让人平静的原因之一，因为这时候我们会把注意力集中在呼吸上，而不是我们的想法上。另一个有效的练习是单纯感受我们脚底与地板的接触，这样可以帮助稳定我们的意识并让我们感觉更加踏实。

练习3　感受脚底

研究发现，这个练习可以帮助人们在心烦意乱的时候进行自我调节并集中精力。它也是我们在MSC课程中关于"回燃"所教授的核心练习，通常需要我们站着练习，当然，你也可以把它改成坐姿。

▶▶ 练习指导

·你站起来，从注意脚底接触地板的感觉开始；

·为了更好地感受脚底，你先试着轻轻地前后摇晃你的脚，然后试着用你的膝盖画小圈，去感受脚底的变化；

·你去感觉地板如何支撑着你的整个身体；

·如果你开始走神，就把注意力重新集中到你的脚底；

·现在开始慢慢地走，你注意脚底感觉的变化，注意抬起一只脚，向前迈步，然后让脚落在地板上的感觉；

·你现在换另一只脚，做同样的动作，然后交替继续；

·当你慢慢向前走的时候，你试着去欣赏一下——你每只脚的面积那么小，却把你的整个身体稳稳地支撑在地面上，虽然你通常认为这是理所当然的，但如果你愿意，你就可以为你的脚所做的努力而感激片刻；

·你可以想象，每走一步，地面都在向上支撑着你；

·你继续慢慢地走，去感受你的脚底；

·现在你重新站直，把意识扩展到你的整个身体——让自己去感受，并让你做回本来的自己。

自我关怀不是"娘娘腔"

对于自我关怀,我们的文化有时候可能会使我们出现一种误读。

它会这样告诉我们:"自我关怀是一种放纵的行为,它会削弱我们的动力,让我们变得软弱。"我还记得当《纽约时报》第一篇介绍我工作的文章发表的时候,很多读者的评论都是负面的,这让我真的很惊讶。其中有一条让我印象特别深刻:"太好了,这就是我们所要的,一个满是'娘娘腔'的国家。"于是,我发现,实际上大多数人并不理解自我关怀的强大本质。因为一旦沾上"关怀"和"温柔",很多人就认为这是一种软弱或被动的行为。

但是关怀本身也可以是强大并充满活力的行为。

就像救援人员冒着生命危险把人们从飓风中解救出来;为了让孩子有饭吃,父母可能要同时打好几份工;低收入的教师可能会坚持在农村艰苦工作,以帮助学生摆脱贫困的循环。这些,都是伟大的关怀行为。

在佛教教义中,这种以行动为导向的强大关怀被称为"大悲心"。它是一种可以抵抗伤害和不公的强大力量。莎朗·萨尔茨伯格将其描述为一种严厉的爱,它集合了善待自我、洞察、力量、平衡和行动。佛教学者鲍勃·瑟曼将其描述为"一种强大的能量,可以用来……培养内在的力量和决心"。

为了减轻我们自己的痛苦,为了在那一刻给予自己真正需要的东西,我们需要唤起我们所拥有的各种反应——无论是强悍的还是温柔的。

为了进一步帮助我们理解自我关怀中的这两方面,接下来,我们将利用中国传统文化中的"阴、阳"来做一个生动的比喻。

自我关怀中的"阴"与"阳"

阴、阳的概念来自古代中国哲学。从辩证的角度,古代思想家把宇宙万事万物概括为"阴""阳"两个对立的范畴,并以双方变化的原理来说明整个物质世界的运动和变化。

动为阳,静为阴;阳代表了一种坚定的、有力的、支配的、目标导向的能量,而阴则代表了一种柔软的、顺从的、接受的、滋养的能量。

历史上,阴通常与女性联系在一起,而阳则与男性联系在一起。但无论性别,两者都被认为是构成人类生命的本质。阴、阳相互补充,共同构成了代表生命活力的"气"。在中医理论里,"气"被普遍认为能够激发人体的生长发育,促进人体脏腑、经络及组织的生理功能发展,对于人类的健康发挥着至关重要的作用。

事实上,从这个角度来看,各种疾病的产生就是源于阴、阳这两种能量的不平衡。正如我们在熟悉的阴阳符号中所看到的那样,黑暗代表极阴,光明代表极阳,同时阴中有阳,阳中有阴,代表着一种非二元论的世界观。用阴和阳的比喻可以形象地解释我们所说的"强悍"与"温柔"自我关怀的核心区别。虽然自我关怀通常不会从这个角度来进行讨论,我也不是研究古代中国哲学的专家,但作为一个有用的理论框架,我还是希望带着尊重、谦逊的心态去借鉴它。

在温柔的自我关怀中,"阴"代表着一种"与自我共存"的自我接纳之道。它使得我们可以去安慰自己,让自己相信我们并不孤单,并去直面我们的痛苦。这是自我关怀所带给我们的治愈力量。关于温柔的自我关怀,一个很好的例子就是一位母亲用摇篮摇着她哭泣的孩子。当我们感到受伤或无力的时候，我们也可以这样去安慰自己，接纳自己的痛苦，拥抱本来的自己。我们能够将关爱的能量轻易地注入我们所爱的人身上，我们也可以把它注入自己的内心。

当我们表现出温柔的自我关怀时，"善待自我、共通人性和静观觉察"这三种元素就可以被描述成"爱、联结和存在感"。当我们怀着善意拥抱痛苦，我们就会感受到爱；当我们想起人类的共通人性，我们就会感到彼此相连；当我们意识到自己的痛苦，就意味着我们正活在当下。一旦拥有了这种"爱、联结和存在感"，我们的痛苦就开始变得没有那么难忍，同时也就开始了慢慢的转化。

在强悍的自我关怀中，"阳"则与为了减轻痛苦而"采取行动"紧紧联系在一起。它往往根据不同的需求表现得各不相同，但通常来说都会涉及保护、支持和自我激励。这就像熊妈妈在受到威胁时会勇猛地去保护它的幼崽；在幼崽们饿了的时候，它会抓鱼喂幼崽们吃；而当熊妈妈的领地资源枯竭，它则会带着孩子们去寻找一个能够提供更多资源的新家。

就像温柔的力量可以向内转化一样，熊妈妈的凶猛能量也可以向内转化。

关于自我关怀，人们最常见的问题往往是"我现在需要做些什么"，更具体地说，应该是"现在我需要做什么才能减轻我的痛苦"。这个问题的答案会根据具体情况的不同而不同。

有时候，我们需要做的是接受自己的人性缺陷，在这种情况下，我们需要的就是更多温柔的自我关怀。

然而，当我们需要保护自己免受潜在伤害的时候，自我关怀的三种元素就会以不同的方式体现出来。在这种情况下，善待自我意味着勇气——我们需要勇气坚定地说不，让自己像钢铁一样坚强；共通人性可以帮助我们认识到，在人生的这场战斗中我们并不是孤军作战，所有人都应该得到公正的待遇，我们通过与他人合作和坚持做正确的事情而被赋予力量；而静观觉察则使我们能够清晰、果断地采取行动——看到真相，说出真话。

当自我关怀是为了保护自己免受伤害的时候，我们就被赋予了一种勇气、力量和洞察力。

而当我们的目标是满足我们对于幸福的追求的时候，自我关怀的表现形式又一次发生了变化。在这种情况下，善待自我意味着我们从身体上和精神上去满足自己——我们采取行动来满足我们自己的需要，是因为我们知道这些需要很重要；共通人性使我们能够以公平的方式满足自己和他人——我们并不自私，但我们也不会让自己受委屈，我们尊重每个人的愿望——其中当然也包括我们自己的愿望；而静观觉察则使我们变得真实——了解了我们内心深处的真正需求，我们就能对自己付出，并坚持我们的价值观。

当自我关怀的目的是帮助自己的时候，我们就体现出一种充实且平衡的真实性。

最后，当我们的目标是激励自我实现目标或推动改变的时候，我们就又需要另一种形式的自我关怀了。善待自我要求我们鼓励和支持自己去做一些不同的事情——就像教练激励他们的运动员或父母激励他们的孩子一样，那些建设性的批评和反馈可以帮助我们做到最好；认识到共通的人性使我们能够从失败中吸取教训——我们用智慧来决定如何采取纠正措施，明白犯错误总是难免的，并希望从中得到成长；而静观觉察则给了我们一种远见，可以让我们意识到我们需要做什么，承认什么对我们没有帮助，并采取对我们更好的行动，我们从中可以清楚地看到我们的下一步，并专注于我们的目标。

当自我关怀是为了激励自我的时候，我们就体现出了一种鼓舞人心、聪明睿智的远见卓识。

自我关怀的不同表达			
目的	善待自我	共通人性	静观觉察
温柔（联结）	爱	联结	当下
强悍（保护）	勇气	力量	洞察
强悍（支持）	满足	平衡	真实
强悍（激励）	鼓励	智慧	远见

就像千手观音的每只手臂都持有不同的法器来缓解世间的痛苦一样，上面的表格也为我们展示出了一些不同形式的、可供我们借鉴的自我关怀方法。我们将在接下来的章节中详细讨论这些方法，所以不用担心你现在还一时接受不了太多。

有些人想知道为什么强悍的自我关怀会有三种形式，而温柔的自我关怀只有一种形式。那是因为"与我们的痛苦同在"意味着静止，它需要以一颗开放的心来接受事物的本来面目。尽管我们可能会以略微不同的方式来表达这颗开放的心（如身体上的抚慰、语言上的安慰等），但这一切都是在基于温柔自我关怀的大背景下发生的。

而通过采取行动来减轻我们的痛苦则包含很多种形式（事实上，可能不止三种）。自我关怀在行动中的表现形式就像我们人类的需要一样多样。尽管如此，保护、支持和激励这三种主要形式还是抓住了一些最基本的方法，让我们可以通过采取强悍自我关怀的行动减轻我们的痛苦。

练习4　自我关怀的手势

自我关怀的三要素在满足不同需求时带给我们的感觉也不同。实际上，我们可以在身体中分别体验它们的能量。我们在MSC项目中教授这一练习，主要是为了帮助参与者分别获得强悍和温柔的自我关怀的感觉。这个练习最好是站着做，但你也可以坐着做。

▶▶练习指导

你要通过做出一系列的手势来帮助你感受身体中自我关怀的各种表达。开始之前，重要的是你要先了解一下缺乏自我关怀的感觉：

・**握紧拳头并贴近你的身体**。当你握紧拳头时，你看看自己会产生什么情绪。你可能会注意到自己感到紧张或受压迫——这暗示着当我们与自己斗争、抵抗痛苦或忽视自己的需求时，那种自我批判、自我抵抗所带来的感觉。但不幸的是，我们大部分时间都在无意识地这么做。

好了，现在你可以探索一下温柔的自我关怀是什么感觉了：

・**向上张开你的手掌**。和刚才握紧拳头相比，这让你有什么感觉？很多人都注意到他们感觉更放松、平和、冷静和接受自己——这暗示了当我们以开放、宽广的心态接受所发生的事情时，温柔自我关怀中的静观觉察所带给我们的感觉。它让我们"与痛苦同在"，并承认我们的痛苦。

· 现在向外伸展你的手臂，象征性地向别人伸出手。你可以想象自己要去给朋友或爱人一个拥抱。这让你感觉如何？你是否能够感觉到一种联结感、归属感或扩张感？这暗示了当我们超越自己、包容他人时，温柔自我关怀中的共通人性所带给我们的感觉，也就是那种当我们安慰自己我们并不孤独时的感觉。

· 现在将一只手放在另一只手上，慢慢地将两只手放在胸部的中央。你感受手掌向心脏传递的温暖和轻柔的压力，轻轻地呼吸。这让你感觉如何？人们经常说，当他们做这个动作时，他们会感觉到安全、舒缓、温暖和放松。这暗示了当我们给予自己爱时，温柔自我关怀中的善待自我所带给我们的感觉，它会让你感觉很舒服（除非你正在经历"回燃"，但这也没关系）。

· 你将上面的动作合在一起，举起手掌，向上伸出，然后把手放在胸口。这就是温柔的自我关怀作为一个整体所带来的"爱、联结和存在感"。

强悍的自我关怀的表现方式各不相同，具体取决于它的目的。

· 如果可以的话，请你站起来，采用武术中所谓的"骑马蹲裆式"站好。双脚分开与臀部同宽，膝盖轻微弯曲，骨盆向前倾斜（你也可以直接坐直）。"骑马蹲裆式"是一种重心较低、平衡且稳定的姿势。在这种情况下，我们可以采取任何必要的行动。

有时候，我们需要保护我们自己：

· 你在面前坚定地伸出一只手臂，向上举起手掌，清晰而大声地说"不"。这样做三次。

你看看自己是否能感受到一种沿着脊柱上下移动的能量，感觉如何？人们常说这样做会让他们觉得坚强、有力、勇敢。拥有了这种强悍的自我关怀，我们就会体现出一种勇气、力量和洞察力。

有时候，我们需要支援自己，给自己一些能够让我们感到幸福的东西。

- 伸出双臂，假装收集你所需要的东西，把手放在你的太阳神经丛，也就是你的能量中心上。手心向内，然后说："是的！"这样做三次。

你看看自己是否能感觉到这种肯定、激励你的身体的过程。用这种方式宣示主权的感觉如何？这可能让人觉得有点儿傻，但同时也能让人感到满足。通过这种强悍的自我关怀，我们体现出了一种充实且平衡的真实性。

有时候，我们需要激励自己去做些感觉困难的事情。只有支持和提升自己，我们才能做出改变。

- 一边来回挥舞拳头，一边热情地说三次："你能做到！"

你看看自己是否能感受到一股向前冲的支持能量，感觉如何？积极向上，充满希望，鼓舞人心？通过这种强悍的自我关怀，我们体现出一种鼓舞人心、聪明睿智的远见卓识。

这些手势并不是为了在日常生活中重复使用而设计的，它们更像一种示范，帮助你理解和体验各种形式的自我关怀。但如果你发现其中某个动作特别有帮助，你完全可以用它来唤起那一刻你所需要的自我关怀。

阴阳平衡

为了充分利用自我关怀的力量，阴、阳需要时刻相伴，且处于一种平衡的状态。否则,自我关怀就会存在一种不健康的风险。

在佛教中,"近敌"一词被用来形容那些和美德非常相似的情绪。①因为相似,所以我们会说它"近",但也正因为非常相似而会让人混淆,从而得不到那些真正的美德,因此我们才称它为"敌"。当阴阳失衡的时候,每一种形式的自我关怀都会幻化为一个"近敌"。

例如,当"阴"所代表的自我接纳发生的时候,如果"阳"不愿意采取行动,它就会变成一种被动和自满。虽然我们爱自己,并接受当下的自己很重要,但这并不意味着我们就想要一直保持当下的样子。试想当一群野牛正向你蜂拥而来,这可不是安于现状的时候。如果我们正在做出某种有害的行为,如赌博,或处于某种糟糕的情况下,如在情感上遭受虐待,我们不只想接受我们的痛苦,我们肯定还想去做些什么。

同样的道理,如果当"阳"所代表的保护力量出现,而"阴"却无法获得爱的感觉,感受到联结的存在,它就会转变为一种对他人的敌意和攻击性。我们会把自己和他人对立起来,如"我是对的,你们是错的"。关怀必须始终是关怀——它可以是激烈和勇敢的,但它不应该是带有侵略性的;它可以充满力量,但它不应该让人难以承受。同样的道理,说真话也不代表自以为是。缺乏"阴"的能量,满足自我需求就会演变成自私,自我激励也会在不知不觉间滑向一种完美主义。

我们稍后会更详细地探讨这些问题。在这里,我只想说,只有当阴阳平衡且彼此交融的时候,自我关怀才具有建设性。放弃那

---

① 出自[美]杰克·康菲尔德的《踏上心灵幽径》。

些对我们无益的行为模式，采取行动让事情变得更好，并不意味着我们不能够接纳自我。而正是因为我们关心自己，我们才不想让自己再遭受痛苦的折磨。在这种无条件的自我接纳中，我们越是感到安全，就越会获得更多的能量来保护自我，满足自我，并超越自我。

杰西，我的一个好朋友。我在搬到得州后不久就遇到了她。在和我进行了大约一年的自我关怀练习后，她说她觉得自己好像变成了另外一个人。

杰西和我差不多大，她的儿子比利患有严重的多动症，平时她也经常练习冥想，因此我们有很多共同之处。温柔的自我关怀帮助她缓解了许多因为她儿子的神经疾病所遭受的痛苦。每当比利发作的时候，温柔的自我关怀可以帮助她善待自己并给予自己支持。同样地，利用温柔的自我关怀，她也能更容易地接受自己为人父母所犯下的错误，让自己相信自己只是个尽了最大努力生活的普通人。

然而，这一切却并不足以帮助她去对付另一个更具有挑战性的人：她的母亲，萨曼莎。

别误会，杰西一直深爱着她的母亲，但萨曼莎也足以让她抓狂。作为家中的长辈，萨曼莎总觉得，当她的中年女儿做错事的时候，她有权利告诉女儿该如何改正。萨曼莎这么做可不仅仅是越界，她甚至根本就不承认界限的存在。尽管杰西知道母亲是真的关心她，但她总是觉得自己被冒犯了。"为什么她就不能让我犯我自己的错误，而不要总是来干涉我呢？"

杰西和她母亲之间典型的相处模式是：在很长一段时间内保持和平，杰西解释说她听到了母亲所说的话，并感谢母亲的关心，但她会自己做决定。天哪！她多年的冥想练习终于得到了回报。但问题在于,她的怨恨始终还在心里一直发酵,在某个点上(通常是为了一些小事),最终还是会爆发。例如,在一次感恩节晚餐中,就在萨曼莎巧妙地建议她不用再加第二种馅料的时候,杰西脱口而出:"去你的!"然后她就气冲冲地离开了桌子。事后她觉得自己真的是太糟糕了,也为自己会这么生气而感到羞愧——这本该是家庭感恩的日子!她甚至开始感到绝望,即使经过了这么多年的冥想练习,她还是会因为一道菜而失去理智。

当我们开始谈论强悍的自我关怀时,我问她,如果她不是试图去控制她的愤怒,而是去庆祝它的存在,那会是什么感觉?如果她真的感激她内心的熊妈妈在她的界限被侵犯时能够站出来保护她,会发生什么呢?"听起来挺吓人的,"她说,"我可能真的会因为失去理智而说出一些无法收回的话。我爱我妈妈,我也知道妈妈是真心想帮忙。"

"我想知道,你之所以会有这么大的反应,是不是因为你始终在评判和贬低自己的这个非常重要的部分?"我说,"如果你能够欣然接受你内在的勇士,同时依然保持你善良和有爱的一面,又会发生什么呢?"杰西决定去试一试。

一开始,事情进展得很不顺利。每当萨曼莎试图在每周的午餐时间告诉杰西该做什么的时候,杰西就会试图用关怀的力量来划定界限,但她还是总会被"触发",有时还会去攻击母亲。过了一段时间,在她能够把这两种能量结合在一起之后,事情就开始进展得顺利一些了。

有一次,她打电话给我,说她为自己成功处理了萨曼莎的另一次越界行为而感到特别自豪。"当我告诉她我是怎么处理比利在学校遇到的麻烦时,她说我应该用不同的方式处理这件事。这时,从我内心深处传来一个强烈的声音,'不!你不能告诉我应该怎么管教我的儿子!' 我们都被这'说不'的力量吓了一跳,但这件事就这样干脆地被解决了,再没有什么好说的了。"午餐结束后大约一个小时,萨曼莎打来电话向杰西道歉。"你说得对,"她说,"这的确不是我该说的。你和比利相处得很好。我很抱歉。"

杰西因为自己能够以如此强大的力量去对抗她的母亲而感到兴高采烈,而且在这个过程中她也没有刻薄地去贬损萨曼莎。

我相信,无论是强悍的自我关怀还是温柔的自我关怀,都是我们改变生活的一种方式。它们可以帮助我们解决造成我们大部分痛苦的失衡问题。幸运的是,自我关怀不仅仅是个理论,它还可以去练习和实践。作为女性,当我们希望主张用我们的权利去应对当今世界中我们所面临的挑战的时候,我们可以学习如何去发展并融合自我关怀的这两个方面。

作为女性,人们总是认为我们应该尽量避免去惹恼别人,而不是发脾气或动怒。但今天,我们不能再为了避免惹是生非而去被动接受这样的"社会定义"了。

这艘船需要被摇晃!

自我关怀是一种我们随时都能获得的超能力,而且它就藏在我们的衣兜里。

我们只需要记住——我们具有这种超能力,然后允许自己去使用它。

第二章

这和性别有什么关系

> 为什么人们总会说："有点儿种！像个男人一样！"男人就全部很厉害吗？事实上，女人的抗压能力和心理柔韧度更强。
>
> ——贝蒂·怀特，喜剧演员[①]

推动女性强悍自我关怀发展的一个至关重要的原因在于：我们希望以一种更有意义的方式帮助女性在社会发展中增加内心安全感、提升个人价值感。

长期以来，女性的表达一直受到性别刻板印象[②]的限制，而这些刻板印象也代表了社会对男人和女人的传统看法。

在大多数文化中，性别刻板印象主要体现在职业上（特别是几十年前）。女性被认为更加注重对关系的处理，因此也被认为更适合从事公共职业，我们把这一特点称为"公共社群性"；而男性则被认为更加倾向于通过发挥主观能动性去解决问题，因此也更适合从事创造性职业，这一特点我们称为"个体能动性"。

---

① 贝蒂·怀特：美国著名喜剧演员、歌手、作家。
② 性别刻板印象：指人们对男性和女性的假想特征所抱有的信念。两类性别中均存在这种刻板印象，而且正反面的特征都有。例如，正面的女性刻板印象，认为女性是亲切的、善于教导的、考虑周全的。相反，负面的女性刻板印象则认为她们是优柔寡断的、被动的和过于情绪化的。

这些性别刻板印象往往也和类似"阴柔""阳刚"的人格特质紧紧联系在一起。女性通常被视为敏感的、热情的、乐于合作并关心他人的；而男性则通常被视为强壮的、有进取心的、目标明确和独立的。换句话说，就是我们常说的"女人温柔，负责貌美如花；男人强悍，负责挣钱养家"。

在现实中，性别刻板印象却经常会与个人的感觉和行为相冲突。有些人表现出更具有"公共社群性"而非"个体能动性"——女性化，有些人表现出更具"个体能动性"而非"公共社群性"——男性化，有些人表现得既不带有强烈的"个体能动性"，也不带有强烈的"公共社群性"——未分化，还有一些人则在两方面表现得都很突出——双性化[①]。我们把上述的不同表现统称为人的性别角色，也就是社会对男性和女性行为的一种社会规范和期望。因此，它也是一种社会性别角色。

但性别认同并不是性别角色。

性别认同指的是一个人对自己的性别身份的理解和认识。例如，认为自己的性别身份与生理结构一致的人通常被称为顺性别者，认为自己两者相反的人通常被称为跨性别者，认为自己两者都符合的人通常被称为流性人，而认为自己两者都不符合的人往往被称为非二元性别者。当然，具有特定性别认同的人在"个体能动性"或"公共社群性"上的表现也会有所不同。

因此我们说，人类是非常复杂和多样的，但是当社会试图把我们全都塞进同一个狭小的盒子里的时候，问题就出现了。

---

① 双性化：指个体同时具有男性气质和女性气质的心理特征，可称为"双性化人格"或"心理双性化"。——译者注

我们的文化往往会鼓励女性培养她们温柔而非强悍的品质，而男性则被教导要压抑自己柔弱的一面，表现得更加勇猛。我们说阴、阳必须平衡且融合才能使我们完整，但社会化的性别角色则意味着一个男人或女人都注定只能成为"半个人"。阴、阳平衡发展在受到性别角色限制的同时，它们的表达也变得越来越极端化。"阴"似乎变成了类似糖果、香料以及一切美好事物的代表，而猛男兰博和特种部队在人们心目中则俨然变成了"阳"的象征。

今天，我们所要做的事，就是突破社会性别角色的限制，让阴、阳以一种更加健康、和谐的方式流动并融合起来。

这种高度性别化的社会行为期待对男性和女性都有影响。

男性通常会被一种"有毒"的男子气概文化伤害，因为这种文化会让他们感到自己的敏感或脆弱。心理学家认为，正是这些所谓的"男性行为规范"以牺牲人际关系为代价，强调攻击性，从而阻碍了男性的情商发展。换句话说，男性如果能够多培养出一些温柔的品质，那就更好了。

但是相比之下，女性需要培养出一些强悍的阳刚之气，则显得更加重要。

虽然社会性别角色的限制可能在心理上对两性都有害，但实际上往往对男性更有好处。因为事实上，男性在社会上扮演了更多的领导角色，也赢得了更多的资源和机会。与此同时，主张温柔优先而不应该采取激烈行动的"女性行为规范"则严重限制了女性对抗不公平待遇的权力和能力。

善于合作，关心他人，"阴"所代表的这些品质美好且必要。但如果这些品质不能与"阳"所代表的自信与主观能动性达成平衡，就会使女性很难实现个人价值。当人们始终期望着女人要表现友好，给予他人关怀和帮助，但不要大声说话或要求太多的时候，它就等同于在"维护"这样一种不公平的模式，即女人得不到她们想要的一切正常，而男人则可以得到他们想要的一切。

与此同时，那种女性就应该做出自我牺牲的传统观念更是在延续这样一种社会对女性的期待——异性恋的女人就应该去满足男人们的各种需求——性、生儿育女、操持家务，而不应该指望从伴侣、社会甚至她们自己身上得到些什么。

女性如果想要与男性平起平坐，就必须有能力站出来去要求那些她们想要和需要的东西。与此同时，女性也不可能单方面地改变社会：男性也需要尽一份力。

因此，打破限制性的刻板性别印象才是我们推动社会变革的一个重要途径。

我们并不想通过变得好斗、自私或者采用缺乏温柔的残暴手段来获得平等，相反，我们希望利用女性关怀的力量，带领这个世界走出两性个人价值实现路径不平等的尴尬境地。

在这种情况下，平衡和整合强悍与温柔自我关怀的能力对于我们实现这一目标至关重要。

三只"性别歧视"的小猪

虽然有人可能会认为性别不平等源于男性对女性的社会偏见，但其实现实情况更为复杂。研究表明，在当今社会中，至少有三种形式的性别歧视普遍存在并且彼此支撑。

第一种形式，"恶意的性别歧视"，它通常会带着一种严重的偏见和歧视去宣扬男人优于女人的信念。

持有这种观点的男性非常不喜欢现实世界里那些扮演着非传统性别角色的女性，比如女权主义者和女性首席执行官等。看看美国知名的福音派电视布道家帕特·罗伯逊所说过的话："女权主义运动不是为了争取女性的平等权利。这是一场社会主义的反家庭政治运动，她们鼓励妇女离开自己的丈夫，杀害自己的孩子，施行巫术，摧毁资本主义，并成为女同性恋者。"这些观点自17世纪以来一直就是美国历史的一部分，当时那些不符合"社会规范"的妇女还会被当作女巫绞死。时至今日，这些观点在美国的某些社会阶层依然甚嚣尘上。

我们来看一个"恶意的性别歧视"的典型案例。

"让女性再次伟大"会议原定于在2020年10月举行。由于各种原因，这次会议实际上并未召开（当然，也许它本身就只是个宣传的噱头）。这场为期3天、面向女性听众的"男人说教"大会（会议全部由男性主持）被《纽约邮报》生动地描述为："给子宫戴上了MAGA[①]小红帽"。主持这场会议的极右翼发言人旨在教导女性如何变得更加女性化（即顺从），如何取悦自己的丈夫，以及如何"无限生育"。而与会的女性朋友们得到的承诺是："你将不再屈从于那种有害的、恃强凌弱的女权主义教条，不再违背自古以来你作为一个女人的生物本性，男人们会来帮助你。"

第二种形式，"善意的性别歧视"，它打着保护女性的旗号，

[①] MAGA：2017年就任的美国第四十五届总统特朗普的竞选口号"Make America Great Again"的首字母缩写，此竞选口号常见于小红帽上。

代表了一种更为"积极"的性别偏见。

这种意识形态对女性（至少是那些符合性别刻板印象的女性）的看法非常友好，认为她们天生比男性更友善、更温暖、更有爱心，还认为男人有义务保护、珍惜和供养女人。

充满善意的男性至上者始终在坚定地巩固着一种所谓"性别分离"的意识形态。在这种意识形态中，女性被视为最适合担任"私有的"家庭角色，而男性则被视为"公共的"社会领导。他们认为男人和女人是"分离但平等"的（实际上，关于这种意识形态的法律条文早已经在1954年被美国最高法院否决了——至少在种族问题上如此[①]）。

从这些人的角度来看，男人就应该保护，女人就应该养育；男人就应该领导，女人就应该服从；男人就应该有所成就，女人就应该提供帮助。一个把妻子描述为自己"另一半"的男人也许是真的很欣赏妻子身上的那种"公共社群性"特质，但他依然会把这些都看作自己的"身外之物"。一个女人可能会因为自己的善良和温柔而感到骄傲，但同时又觉得她必须依靠丈夫身上那种男性"个体能动性"的特质来保护她、养活她，并代表她去取得成功。

虽然这种世界观已经认识了到阴、阳的重要性和互补性，但它并没有把这种二元性放在每一个独立的个体身上去看待，而是把它

[①] 1954年5月17日，美国最高法院以厄尔·沃伦为首席大法官的9位大法官，以9∶0的票数对布朗系列案做出了裁决，表达了最高法院对种族隔离所持的反对态度。法院的裁决宣布："公共教育领域决不允许'隔离但平等'原则存在。在教育机构内推行种族隔离，实质上就是一种不平等。"南方的种族隔离制度则违反了宪法第14条修正案关于"州……不得……拒绝给予任何人以法律平等保护"之规定，应尽快废除。从此，在美国历史上，"隔离但平等"原则被画上了句号，黑人与白人的平等权向前迈出了重要的一步。

从以一对异性伴侣为整体的角度去看待。这种性别分离的意识形态也是一种维系父权制的黏合剂。

尽管持有"恶意性别歧视"观点的男性多于女性，但很多女性却会从行动上支持"善意的性别歧视"。其中最著名的就是菲莉丝·施拉夫利，20世纪70年代，她成功地推翻了代表当时女权运动最高成就的《平等权利修正案》。菲莉丝认为，女权主义不仅威胁到传统家庭结构，还会威胁到传统价值体系中男性给予女性的保护和经济支持。

当然，不对等的依赖和完全的平等本身就是互不相容的。因为女性一旦需要被男性照顾，就很有可能要付出失去力量、真实性或选择的代价。为了得到男人的保护，女人就不会被允许去主动挑战他；作为交换，她还要不断维护男人作为"一家之主"的地位和权威，以确保她在社会秩序中的"合理"位置。在这种情况下，看似"公平"的交换实际上却并不平等。

第三种形式，"现代性别歧视"，作为最"阴险"的一种性别歧视形式，其最大的特点就是直接否认性别歧视的存在。它不主张男女被区别对待，而是声称男人和女人已经被同等对待了。与此同时，现代性别歧视承认不平等的存在（因为事实很难被否认），但他们认为这并不是因社会存在对女性的系统性歧视而产生的。

现代性别歧视者认为成功主要取决于每个人的能力。男性的"个体能动性"引导着男性去努力工作并取得成功，而女性的"公共社群性"则引导着女性更加专注于母性和人际关系，从而阻止或干扰了她们在职业道路上的发展。

现代性别歧视者把那些聚集起来争取平等待遇的女权主义者看作试图通过寻求特殊优势而不是按规则办事来"操纵社会体制的抱

怨者"。他们声称,他们才是那些旨在帮助妇女获得性别平等所制定政策的"反向歧视受害者"。在他们看来,如果竞争环境是公平的,一个具有强烈个体能动性的女人在理论上完全可以获得和男人一样的成功。

在他们看来,性别不平等并不是性别歧视造成的结果,而是由两性在"个体能动性"和"公共社群性"上的人格差异造成的。持这一观点的最典型代表,莫过于来自多伦多大学的教授约翰·彼得森,他认为造成男女在成就取得上的差异的主要原因基于这样一个事实:"在工作之上,女人可能会更加优先考虑她们的孩子""人们认为,我们的文化代表了父权制压迫……而不想承认目前的等级制度很有可能是建立在自身能力基础上的。"

以上这三种形式的性别歧视都有一个共同点,那就是刻板地认为男人是个体能动性的,而女人是公共社群性的——这就为目前性别不平等现状的存在提供了理由。

性别歧视的生物学基础

那些持有性别歧视世界观的人通常认为,男性和女性天生就存在性别差异。

一些研究表明,在基于"公共社群性"和"个体能动性"的行为倾向上,男性和女性的确可能存在微小的生理性别差异。例如,与性别相关的激素——催产素和睾酮,可能分别在女性的公共社群性行为和男性的个体能动性行为中发挥着不同的作用。催产素是一种能够让我们增强关爱、归属感和社会联系的激素,而睾酮则与我们的竞争性、动机和攻击性等个体能动性品质有关。同时，神经学上的证据也表明，基于进化论的角度，因为母亲理解婴儿需求的能力对于物种的生存至关重要，所以女性的大脑更善于共情和合作。

然而，生物学遗传因素和社会力量总是相互作用的。

例如，拥有权力的体验会使女性和男性的睾丸激素同时增加。在一项研究中，研究人员让处于模拟工作环境中的男、女参与者分别表演解雇下属，随后的测试显示，女性的睾丸激素水平也会因此显著增加。同样，通过照顾婴儿的时间长短，也可以预测出男性及女性体内的催产素水平。

生物学遗传因素在个体行为方式上的表现主要取决于它们所发生的社会环境。例如，的确有一种轻微的生理倾向会表现为，男孩更活跃，而女孩更专注。但父母们的行为则极大地放大了这一点，他们更愿意和男孩们玩那种需要跑跑跳跳的运动游戏，而和女孩们一起玩那种需要注意力集中的过家家游戏。

总的来说，研究发现，在性别群体内部（而非性别群体之间）存在着较大的个体差异，而性别差异则往往非常小。它也驳斥了生物学遗传因素是性别差异产生的主要驱动因素这一说法。如果非要说在性别刻板印象的背后存在着一个生物学上的"硬核"真理，那也不过是被社会因素夸大了的那一点小小的事实。

因此，任何关于"公共社群性"和"个体能动性"的性别差异方面的思考，都需要考虑社会化因素的存在。

性别地图

我们发现,从小时候开始,女孩们通常都爱穿着粉红色的衣服,拿着洋娃娃玩,并被告知一个好女人应该是亲切的、有教养的、富有爱心的;而男孩们则通常穿着蓝色的衣服,拿着卡车和玩具枪玩耍,他们受到的教育是,一个好男人应该是强壮和活泼的。

作为成年人,我们的身份也是以这些性别理想为中心的。这些性别理想几乎影响着我们生活的每个重要领域,也塑造着我们解释自己和他人的行为。因此,理解性别社会化形成的原因,将有助于我们了解如何才能从它的限制中解脱出来。

当还是孩子的时候,我们就被贴上了"性别模式"的标签,并被以一种不可言说的方式,像"指导手册"一样详细描述了我们基于性别的社会角色、性格和活动。

"模式"通常代表着某种有组织的知识结构,其作用有点类似一个内部地图。它们通过无意识的运作过滤我们的心理感知,并帮助我们去解读世界。比如,在北美,每当有人邀请我们去参加生日聚会的时候,我们就知道会发生什么,因为我们已经有了一个关于生日聚会的"模式"。根据这个"模式",我们就知道要带礼物,要提前准备蛋糕和蜡烛,如果这是一个惊喜派对,我们还知道当寿星进门的时候,我们应该一起大喊:"惊喜!"

简而言之,"模式"可以帮助我们理解事物。同样地,我们也会利用"性别模式"对人们进行分类,这样我们就可以对参加派对时我们应该穿什么、买什么礼物、别人又会怎么做等一系列行为做出相应的预测和期待。

但事情的发生、发展如果不符合我们的"模式",就会让我们觉得不舒服——这样的现象被称为认知失调。

一个同事曾经告诉我，她利用认知失调给她的男朋友带去了一个巨大"惊喜"。在她男朋友过生日的时候，她安排他的朋友们给他准备了一个惊喜派对（不同的是，这一次他们都赤身裸体）。当他一进门，一群赤条条的朋友突然冲出来冲着他大喊"惊喜"！他真的被吓呆了！（惊喜变惊吓！我真希望能看到他当时的脸。）

因为我们不喜欢那种认知不和谐的体验，所以我们的大脑会尽其所能地帮助我们去感受"模式"与现实的一致性所带给我们的平静。如果可能的话，我们甚至还会扭曲现实传递给我们的信息，使之与我们脑海中的"模式"保持一致。例如，当我们看到一个男孩在做饭的时候，我们通常会记住的却是一个女孩在做饭的场景。

忽略那些不符合我们先入为主的认知的信息会进一步强化我们的"模式"。研究表明，女学生对自己的数学学习能力普遍缺乏自信，即使她们的数学成绩比男学生好，男学生们也会认为她们在科学方面的天赋不如自己。成绩在这里之所以会被忽略，是因为它不符合传统中男性比女性更擅长数学和科学的认知"模式"。但这并不意味着社会普遍认为女性不如男性聪明，男性也承认女性对阅读和写作能力很有信心，因为并没有一种"模式"认为男性更擅长读写。

"模式"的形成和作用通常是无意识的，因此我们也很难意识到它们所产生的普遍影响。即使是那些认为性别平等的人，也会受到这种看不见的"观念过滤器"的影响。我们可能会有意识地认为男性和女性的能力相当，但在没有很多明确的信息能够作为评估依据的时候，我们仍然会倾向于依靠我们的刻板印象——男性具有个体能动性，女性具有公共社群性——来做出判断，我们也将其称为无意识性别偏见。

我们并没有刻意地去选择这些无意识的刻板印象，它们也并非源于我们的理性思维。实际上，我们从小开始，就已经从书籍、电影、电视节目和音乐中潜移默化地吸收这些东西。它们通常都会把男人描绘成有力量和个体能动性的样子，而把女人描绘成有爱心和教养的样子。这些偏见在生活中无处不在，以至于我们都已经熟视无睹——它们就是我们游泳的水。

研究人员研究无意识性别偏见的典型方法，就是让不同的参与者去阅读对同一个人的相同描述，所不同的是这个人在不同的参与者阅读时会被冠以男性或女性的名字，然后研究人员通过观察参与者的反应来判断其中是否存在差异。杜克大学商学院的研究人员发现，如果给所谓的建筑师起名为约翰而不是凯瑟琳，那么人们普遍认为，他的住宅设计就更具创新性。与此同时，纽约大学的研究人员也发现，当主管经理是男性名字的时候，他们的商业策略会被认为更具有原创性，这些主管经理也被认为更值得奖励、加薪或晋升。同样地，在评估由男、女团队成员共同参与的合作项目时，团队的成功也往往会归功于男性成员，除非女性能为她们做出的贡献提供明确无误的证据（在第九章中，当我们讨论自我关怀对于职场女性的帮助时，我们将会更全面地探讨无意识性别偏见的后果）。

不幸的是，性别刻板印象在我们心中如此根深蒂固，难以撼动。尽管在过去的30年里，女性已经在社会上取得了很多进步，人们的态度也比过去更加平等，但一项研究发现，从1983年到2014年，"男人具有个体能动性，女人具有公共社群性"这种刻板印象几乎没有发生变化。随着时间的推移，这些刻板印象不仅依然非常牢固，而且似乎随着人们年龄的增长而变得更加根深蒂固。

来到得克萨斯大学奥斯汀分校不久，我们就在实验室展开了一项针对从青少年早期到成年早期性别刻板印象发展的研究——其主要侧重于针对不同性别对于"主导"（有领导能力、独立）或"服从"（顺从的，对他人的需求敏感）特质的认知研究。

我们发现，参与者感知到的性别差异会随着年龄的增长变得更加极端。与青少年早期相比，处在成年早期的参与者会在更大程度上认为男性占据主导地位，而女性处于服从地位——这很有可能是在这个时期，他/她们开始更多地接触媒体、了解美国文化才产生的结果。与此同时，我们还研究了这些差异背后的一些基本社会观念。我们发现，年轻的女性更倾向于认为这些差异是由女孩和男孩的不同成长方式造成的，而年轻男性则更倾向于认为它们是基因或激素等生物差异性造成的。这样的差异性也导致在年轻女性的身上体现出了更加追求平等的态度——她们认为妇女在商业和政府中应该被给予更多的机会。换句话说，尽管年轻女性高度意识到了女性处于服从地位的性别刻板印象，但她们认为从根本上来说权力不平等就是一种不公平的社会现象。

这也就为我们要去改变女性受压迫的性别角色提供了希望。

我是谁

克服那种已经内化了的性别刻板印象非常具有挑战性。

其中一个原因是：它们几乎从我们出生时就开始扎根，我们的自我意识实际上就是围绕着我们的性别身份形成的。性别是婴儿最先学会的分类方法之一——在3到8个月大的时候，婴儿就开始有意识地去区分男人和女人。等到了四五岁的时候，那种把男人看作坚强、勇敢，把女人看作温柔、善良的性别刻板印象就已经在他们心中根深蒂固了。

这些性别刻板印象还会通过人们观察社会上其他人对那些"不符合他们被分配的性别角色的人"的反应得到进一步巩固。那些表现出"公共社群性"特质的男孩子会被人们叫作"娘娘腔"；他们被嘲笑不仅仅是因为他们的特立独行，还因为他们表现得像女孩会被社会解读为缺乏男性力量。在童年早期，那些表现出"个体能动性"特质的女孩会被认为是"假小子"，因为她们的行为会让她们的地位有所上升而不是下降，所以她们通常并不会被嘲笑。然而，这些女孩一旦被贴上"假小子"的标签，就会引起人们的注意，毕竟女孩们的这些行为方式并不"正常"。到了青春期，女孩们就会承受更大的压力。为了在约会游戏中更受欢迎并赢得胜利，她们不得不去遵从社会性别角色的刻板印象。为了被男孩们喜欢和接受，她们可能会开始使用更多试探性语言，关注自己的性吸引力，并开始对自己的能力进行贬低。

成年之后，强势的女人通常更容易遭到社会的抵制。行为果断对于男性来说是完全可以被接受的，而同样的行为如果发生在女性身上，则很有可能导致她们被厌恶、侮辱和不信任。一个男人如果认为别人提出意见的理由并不充分，从而明确且坚定地拒绝，他就会被视为果断和自信。而一个女人如果在同样的情况下也这样去做，她就很有可能会被视作一个"跋扈的婊子"。由于害怕遭到社会的抵制和反对，许多女性为了获得社会认可，宁愿去压抑自己强悍的一面（同样地，我们将在后面更详细地讨论这个问题）。

然而，能够预测女性心理健康的特质，实际上是她们的"个体能动性"而非"公共社群性"。那些能够坚定地表达自己想法的女人通常会感到更快乐，对自己的生活也更满意；而那些不能坚持自我的女人，在面对挑战时则会感到更加焦虑和沮丧。缺乏划清界限的能力，说"不"的能力，以及提要求的能力，女性就很容易感到压力巨大和不知所措。此外，那些具有高度"公共社群性"而非"个体能动性"特质的女性往往还会感受到双重的痛苦：她们不仅会被自己面对的困难折磨，由于她们对自己作为照顾者角色的高度认同，她们还会为亲人遇到的问题感到痛苦。

与此同时，那些表现为双性化的女性——在"个体能动性"和"公共社群性"方面得分都很高，以及那些在个人能力和社会交际方面自我评价都很高的女性——比起那些在某一方面欠缺的女性往往具有更好的心理健康状态。研究表明，这部分女性更懂得如何应对压力，从失败中走出来，因为她们通常具有两种面对现实的方式：一是在可能的情况下采取积极措施来改善自己的处境，二是在无法改变的情况下泰然处之。同时，这部分女性也能够更加自在地表达真实的自我。

而那些未分化的女性——在"个体能动性"和"公共社群性"方面得分都很低的女性——往往会在社会中生活得很艰难。因为她们在自我肯定和自我治愈方面都有问题，所以她们在和自己、和他人相处时都更加困难。

因此我们再次强调，唯有强悍与温柔共同发展、平衡融合，才能使女性变得更加健康。

测试2 你的性别角色

下面的量表是个人特征问卷的改编版,由得克萨斯大学奥斯汀分校的珍妮特·斯宾塞和罗伯特·海姆里奇共同创建。这是在研究中很常见的衡量男性气质和女性气质的方法之一。

▶▶ 练习指导

对下表中的每一对特征,选择1~5中的一个数字来描述你自己。如果左边的选项准确描述了你,那么就选择1;如果右边的选项准确描述了你,那么就选择5;或者在两者之间选择某个数字来描述你的实际情况。例如,当你在"完全没有竞争性"和"非常具有竞争性"之间选择一个区间时:如果你认为自己完全没有竞争性,你应该选择1;如果你认为自己还挺有竞争性的,你可能会选择4;如果只是中等,则可以选择3,以此类推。

1	完全不独立	12345	非常独立
2	完全不情绪化	12345	非常情绪化
3	非常被动	12345	非常主动
4	根本不会将自己完全奉献给他人	12345	可以将自己完全奉献给他人
5	完全没有竞争性	12345	非常具有竞争性
6	非常粗鲁	12345	非常温和

续表

7	很难做决定	12345	做决定很简单
8	对他人完全没有帮助	12345	对他人很有帮助
9	轻易放弃	12345	从不放弃
10	一点儿也不和蔼	12345	非常和蔼
11	一点儿也不自信	12345	非常自信
12	根本不在意他人的感受	12345	非常在意他人的感受
13	感觉很自卑	12345	感觉很优越
14	完全不能理解他人	12345	非常理解他人
15	压力之下一败涂地	12345	能很好地承受压力
16	对他人很冷淡	12345	对他人很热情

评分说明：

个体能动性总得分（8个奇数项的总和）= _____

个体能动性平均得分（个体能动性总得分/8）= _____

公共社群性总得分（8个偶数项的总和）= _____

公共社群性平均得分（公共社群性总得分/8）= _____

粗略地说，平均分低于3.0表示你在该特质上的得分较低，高于3.0则表示你在该特质上的得分较高。那些在个体能动性方面得分低而在公共社群性方面得分高的被归类为女性，在个体能动性方面得分高而在公共社群性方面得分低的则被归类为男性，两个方面得分都低的被归类为未分化，两个方面得分都高的则为双性化。

性别与自我关怀

那么性别和自我关怀之间又有什么关系呢？我一直对这个问题很感兴趣——它也是我在研究中不断探索的课题。

有的人可能会认为，因为女性在社会化过程中发展出了热情和关怀的品质，所以她们就会比男性更懂得自我关怀。但研究结果却恰恰相反：女性的自我关怀能力并不如男性。

我们在对71项研究的综合分析中发现，尽管差异很小，但女性的自我关怀得分始终比男性低一些。其中的一部分原因在于女性更倾向于自我批评。正像前面我们所讲过的一样，当"威胁防御反应"被触发时，人们通常会表现为自我论断、自我孤立以及过分认同。而那些往往处于从属地位的个人则必须对危险更加小心警惕，这就导致女性需要依靠自我批评来获得一种安全感。

尽管女性在自我关怀方面不如男性，但在关怀他人方面却比男性更加突出。我们给将近1400名成年人发放了自我关怀量表和其他类似的关怀量表，主要针对他们在善待自我、共通人性以及对痛苦的静观觉察三方面进行评估。尽管对于男性和女性来说普遍都倾向于关怀他人胜于自己，但这一差异性体现在女性身上则更加明显。在男性中，我们发现有67%的人关怀别人胜于自己，12%的人关怀自己胜于别人，还有21%的人对自己和他人同样关怀。而在女性当中，86%的女性更关怀他人，5%的女性更关怀自己，只有9%的女性对自己和他人同样关怀。

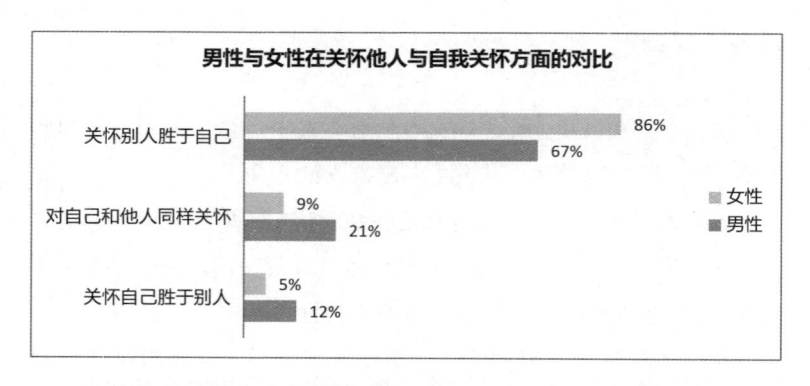

男性与女性在关怀他人与自我关怀方面的对比

	女性	男性
关怀别人胜于自己	86%	67%
对自己和他人同样关怀	9%	21%
关怀自己胜于别人	5%	12%

这些发现反映出女性所接受的那种"要将他人的需求置于自己的需求之上"的教育方式——是权力决定了她们的需求该由谁来满足。历史上,为了维持两性关系的和平,女性被要求要从属于男性的需求;而男性则觉得自己更有资格去满足自己的需求,因此对于他们来说,自我关怀似乎根本不算什么问题。

然而,并不是生理上的性别差异导致了男性与女性在自我关怀上的差异,性别角色社会化才是真正的罪魁祸首。在另一项对大约1000名成年人的研究中,我们发现那些双性化的女性,也就是那些既表现出"个体能动性"又表现出"公共社群性"特质的女性,和男性一样具有自我关怀精神。她们通常拥有更多的自信和价值感,这使得她们在遇到困难的时候也更能够把那种成熟的疗愈能力转向自我。而那些这两项特质水平("个体能动性"和"公共社群性")都较低的女性,因为她们既不能利用温柔的力量又不能利用强悍的力量来照顾自己,所以她们自我关怀的程度最低。

以上这些发现意味着,作为女性,我们并不需要放弃我们的"公共社群性"特质,一样能完全地拥抱自我关怀。要想释放自我关怀的全部潜能,我们只需要增强我们的"个体能动性",并使阳、阴达到平衡。

幸运的是，在社会交往中女性往往更重视关怀他人。这一事实意味着她们比男性更不惧怕自我关怀，也更愿意去学习和掌握这项技能。

虽然我们没有这方面的数据，但通过我的估算也不难说明，因为在MSC工作坊的参与者中有85%到90%都是女性。将自我关怀作为培养耐挫力和复原力的一种心理资源，这一想法似乎对女性比对男性更有意义。并且，很多女性来到这里的时候就已经是关怀大师——因为她们从小就开始接受照顾他人的训练，早就已经懂得了应该如何去温暖、敏感地关怀他人。这也就意味着她们一定能够更好地实现自我关怀，支持自己。

尽管女性基于"公共社群性"的性别角色通常是温柔的，但有一种情况会允许我们变得强悍——那就是保护我们的孩子。当我们在保护自己孩子的时候，我们会被鼓励要表现得像强大的"熊妈妈"一样。那种采取强有力的行动来帮助我们的孩子的行为不仅仅会被接受，还会成为传奇。

不管有没有孩子，大多数女性都能感受到这种像"熊妈妈"一样的内心力量。

关键是，今天我们要有意识地给它来个180度大转变，把这种关怀的力量转向我们自己的内心。

超越性别限制

我们被那种所谓"男女有别"的社会性别角色以及阴柔、阳刚之说伤害已久了。当我们不能同时恰当地拥有这两种自然能量的时候，个人发展就会受阻，其中的每一种能量都有可能会被扭曲。代表着感性、接纳和理解的属阴品质，在与代表着"勇猛"的属阳能量分离之后，就会变成无力和依赖。与此同时，那些代表着勇敢和行动的属阳品质与温柔的属阴能量分开时，也可能会被扭曲为侵略、专横和情感缺失。

那如果阴、阳与性别无关会怎样呢？每个人如果都能表达出他们独特的声音，又会发生什么呢？ 如果是这样，我们就可以充分利用并整合这两种品质，而不是根据性别去优先考虑其中的一种。当阴和阳摆脱了支配和服从的束缚，我们就可以利用关怀的力量来改变我们自己，也可以去改变一个破碎的社会系统。

在过去的几年里，我也在不断深入探索自己生命中的阴阳平衡。尽管我们的文化还是会普遍压抑女性强悍的一面，但每个人的经历都是独一无二的。对于我来说，踏上这段旅程就是为了找回和整合自己温柔的一面。

在人生的大部分时间里，我性格中的阳刚胜于阴柔。当然，这也可以说是我自己选择的结果。我清楚地记得，当自己16岁左右走在高中校园大厅里的时候，男孩们开始关注我，这让我感到一种前所未有的紧张。因为似乎我必须更有吸引力和更受欢迎，才能获得一种自我价值感。于是，我对自己说："去他的！我可不想靠当个花瓶活下去。我要靠变得更聪明来获得成功！" 那时候的我，就已经深深懂得依靠一个男人来获得支持将是多么无力。

我的父亲在我2岁的时候就抛弃了我们的家庭。于是，我母亲那个靠着一个好丈夫而成为家庭主妇的梦想也随之破碎，她不得不去找了一份自己并不喜欢的秘书工作来支付家里的账单。我可不想像她那样活着。于是我开始全神贯注于我的学习和研究，先是获得了加州大学洛杉矶分校的全额奖学金，然后在伯克利获得了博士学位，在丹佛大学获得了博士后职位，最后在得克萨斯大学奥斯汀分校获得了教职。这辈子我基本上就没离开过校园，而才智也逐渐成为我的安全源泉。我可以和相关专业领域最好的专家进行激烈的争辩，对我来说，强悍似乎与生俱来。尽管在教授自我关怀课程和养育儿子这方面，我身上温柔的一面表现得也不错，但这两方面总会让我感觉自己非常分裂。我花了太多的时间去做研究、写论文、制定培训方案、发表演讲，感觉我的阴、阳失衡了。

自从意识到这一点，我就开始有意识地集中精力去了解自己身上更温柔、更以直觉为导向的属阴的一面，有时候我觉得它似乎被我作为科学家的逻辑思维能力压制住了。为了打破这一限制，我开始尝试去做一些非常"不科学"的事，比如向我的女性祖先祈祷并寻求指引。我开始让自己放弃那种"想要了解一切"的想法，学会相信生活，并试着去接受它所带给我的一切不确定性。我开始尊重自己性格中所存在的两面性，并张开双臂邀请它们在我体内水乳交融。

我发现，有意识地同时唤起强悍和温柔的自我关怀，让我感觉自己更加完整与充实了，也能够让我在这个世界上更加平衡地"运行"。

直到我忘记了这一点，被撞歪了，然后想起来，再试一次。

练习5　呼吸阴阳

在这一练习中，我们将利用经典的呼吸冥想来激发自身阴、阳的能量，这样我们就可以使它们达到平衡。我把这种经典的呼吸冥想发展成为一种将自己阴、阳两方面整合在一起的方式，同时也会在工作坊中教授它。许多人说，他们可以立即在身体上感受到这种练习的效果，从而使他们感到自己更完整和充实了。

▶▶ 练习指导

- 你舒服地坐着，但要保证背部挺直；把双手放在你的太阳神经丛或其他地方，让你感到强壮和支持。
- 你开始关注呼吸。你不要改变或控制它，自然地呼吸。
- 你会开始走神。当它出现的时候，你不要妄下判断，重新将自己的注意力吸引到呼吸上来。
- 现在开始你特别注意你的吸气，并感受每一次吸气的过程。
- 当你吸气的时候，你想象自己正在吸入一股强烈的属阳能量。你去感受那种从脊柱底部升起的力量。
- 如果你愿意，你可以把这种强烈的能量想象成一束明亮的白光穿过你的整个身体。
- 这样做大约2分钟，如果你愿意的话，你也可以做更长时间。
- 你深吸一口气，憋气约5秒钟，然后放松。
- 你现在把手放在心脏位置或其他让自己感觉舒适的地方。
- 你开始关注呼气，感觉自己每次呼气时都很放松。

- 当你呼气时，你让它走，随它去。
- 在每一次呼气的时候，你想象一种温柔的属阴能量正在被你释放出去——一种充满爱的、连接的存在。你让它滋养你，治愈你。
- 如果你愿意，你可以把这温柔的能量想象成一束柔和的金色光芒流过你。
- 你这样做2分钟或者更长时间。
- 你再做一次，深吸一口气，憋气约5秒，然后放松。
- 现在你把一只手放在心脏位置上，另一只手放在太阳神经丛或其他让你感觉舒服的地方，把阴和阳的能量融合在一起。
- 当你吸气时，你想象自己在猛烈地吸气；当你呼气时，你想象自己在温柔地呼气。
- 你允许这两种能量在你的身体里自由流动，交汇并融合。
- 你让这种向内和向外的能量流动像海洋的运动一样自然，像波浪一样涌入，像波浪一样涌出。
- 如果这让你感觉不错，你就可以更多地关注气的吸入或者呼出，这取决于你当时最需要什么。
- 你这样做大约5分钟，如果你喜欢，也可以做更长时间。
- 当你准备好时，你就轻轻睁开眼睛。

需要注意的是，这个练习并没有一套绝对正确的指导方法。有的人喜欢在吸气时呼唤温柔进入体内，在呼气时送出强烈的能量到这世界，当然你也可以改变吸气和呼气的顺序。你可以尝试各种做法，选择最适合自己的一种坚持练习。

第三章

愤怒的女性

真理让你自由，必先让你愤怒。

——格洛丽亚·斯泰纳姆，作家，社会活动家

在以微弱党派投票优势确认布雷特·卡瓦诺成为美国最高法院大法官之后，许多社会评论家反思了"愤怒"在参议院司法委员会听证会上所扮演的角色。

自愿在听证会上作证的克里斯汀·布莱西·福特博士，在参议院委员会面前展示了其令人难以置信的勇气。她详细描述了自己在青少年时期遭受卡瓦诺性侵犯的个人经历。同样引人注目的是她在听证会上的举止，她在她的专业领域——创伤心理学领域——作证时充满信心，而她在其他时候说起话来则更像一个年轻女孩，随时能够去安抚身边那些有权有势的男人们。当然这并不会削弱她站在那里所表现出来的巨大勇气。但她也清楚地知道，在这种场合她必须表现得更加软弱，她所说的话才更有可能会被听到。

福特博士的做法很有可能是对的。如果她当场表现出对卡瓦诺的愤怒，她就很有可能会因为违反了"好女人"的社会性别刻板印象而遭受抵制。在许多人眼里，她的任何情绪爆发都可能会导致她的证词变得不可信。她可以表达出自己受到伤害时的痛苦，但仅此而已。

相比之下，卡瓦诺所表现出的愤怒则被许多公众和参议员称赞为"正义的愤怒"。他的愤怒甚至帮助他通过了最高法院的批准。

愤怒是一种强有力的阳性能量。它向我们发出警报，提示我们危险的存在，并激励我们采取紧急行动，减少威胁。尽管男孩和女孩在发育早期发怒的概率差不多，但周围的人对于他/她们发怒的处理态度却不同。

几乎在女孩刚学会走路和说话的时候，父母和老师就开始鼓励她们培养自己身上那种温柔的女性气质——如讨人喜欢、乐于助人和合作等，却不希望她们表现出易怒的强悍气质。对于成年人来说，男孩发怒是正常且可以被接受的，而女孩则不然。小女孩被大人教导要"好好说话"的次数大约是小男孩的3倍。这向人们传递了这样一个信息：女性的职责是维护和平，而不是破坏秩序。

"愤怒只适合男孩，而不适合女孩"这一观点根深蒂固，以至于妈妈们也会认为痛苦会让女孩们表现出伤心、难过，而男孩则会因此变得疯狂。毫不奇怪，就连小孩们也会认为男孩生气是正常的，而女孩生气则是不正常的。对于小女孩来说，这一点会令她们很困惑。我们的情绪被否定和误解时，就是我们表达自我、维护自我能力被抑制的第一步。

田纳西大学的桑德拉·托马斯和她的同事们在20世纪90年代针对女性的愤怒情绪展开了一项开创性的研究。这项研究面向535名女性提出了一系列有关她们愤怒经历的开放式问题。他们发现，许多参与者并没有意识到自己的愤怒，或者对此感到非常不舒服。就像其中一位参与者所说的一样："我相信我的社会化过程让我无法承认愤怒是一种有效的人类情感。而这种社会化的结果使我并不总是知道我什么时候在生气，也没有更多有效的方式来表达我的愤怒。当我生气的时候，我常常感到无力、绝望、愚蠢以及害怕。说实话，生气这件事真的让我很害怕。"研究人员发现，女性的愤怒通常源自无助感、不被倾听、不公正、他人的不负责任，以及无法做出自己想要的改变。

研究人员还发现，当女性压抑自己的愤怒并将其视为身体上的紧张时，她们常常会感到无力、渺小和被削弱。此外，压抑愤怒最终导致的情绪大爆发也会让她们感到失控——并会因此感到更加无力。就像一位女性所写的一样："我丈夫说我是双重人格。我可以用那种非常甜美、正常的语调说话，然而下一秒，我就会爆发……我会尖叫，扭曲的脸上充满仇恨……我并不知道我在做什么，就像我刚刚进入了另一个人的身体。当我气急败坏的时候，我会拿起茶杯往他脸上泼。他简直不敢相信我会这样对他。我哭了，因为我也不能相信。"具有讽刺意味的是，愤怒本身是一种内在的强大情感，但这种强大的情感却会让女性感到无能为力，因为我们不被允许去承认愤怒是我们真实本性的一部分。相反，我们会感觉自己就像被某种"外星力量"控制了，还会说"我控制不了了"或"我不是我自己了"。这是因为女性始终都被教导要拒绝自己的愤怒，把它视为外来事物。

一方面，社会的反应也进一步巩固了这种观念。

愤怒的女人被认为是"疯狂的、不理智的、精神错乱的"。人们通常认为，如果一个女人大发脾气或"捣乱"，她一定是精神错乱了。女人生气，不是因为她情绪不稳定，就是因为她激素失调，或者因为她正处在生理期。新闻评论员梅根·凯利在一场辩论中咄咄逼人地向特朗普提问后，特朗普对她说了一句著名的话，"你可以看到她眼睛里在流血，浑身上下都在流血"[1]。女性作为社会养育者的刻板印象是如此根深蒂固，以至于当她们表现出任何"不恰当"行为，都会被认为是不正常的表现。但是，作为女性，表现出悲伤是可以被接受的，因为悲伤意味着一种柔弱、屈服的情绪——我们只是不能生气。

另一方面，男性在被激怒的时候，因为他们表现出来的愤怒与他们作为"行动者和变革者"的性别刻板身份一致，所以他们会被看作热情、正义和忠诚的化身。男人生气，会被夸"真有种"，而女人生气则只会遭到痛斥。

黑人女性与愤怒

尽管在托马斯的女性愤怒研究中，大多数参与者都是白人，但她对一些黑人参与者也进行了深入访谈，以了解她们的个人经历是否有所不同。她发现，虽然这些黑人女性也害怕被愤怒的力量控制，但她们似乎比其他参与者更清楚这种情绪的积极作用。

由于长期遭受到性别歧视和种族主义的双重威胁，她们的母亲和祖母都会教导她们，在这样一个不公正的世界里，为了生存有时需要利用愤怒来保护自己。尽管如此，克莱顿州立大学的研究人员发现，就愤怒的情绪、暴躁的脾气、愤怒的表达方式或控制愤怒等

---

[1] 2015年，特朗普作为共和党总统参选人在参加共和党首轮电视辩论后，接受媒体采访时暗示，当时辩论的提问者之一凯利来月经了，情绪不稳定，所以对他提问时态度刻薄。"你可以看到她眼睛里在流血，浑身上下都在流血。"特朗普说。多名参选人指出，特朗普这样说不仅言辞极其不当，更是对凯利本人的攻击和对所有女性的冒犯。

方面而言，黑人女性实际上并不比其他女性更易怒。

事实上，研究发现，黑人女性在受到批评、不尊重或负面评价的情况下，愤怒的反应程度反而要低于其他女性。这些发现被解释为那种从每天都要面对种族主义和性别歧视的境遇中发展而来的成熟——黑人女性能够认识到愤怒的保护作用，也更善于调节它。

不幸的是，这并没有阻止美国社会形成将黑人女性视为愤怒和充满敌意形象的刻板印象。20世纪30年代的广播节目《阿莫斯与安迪秀》通过保姆史蒂文斯这一角色，第一次将这种"愤怒的女黑人"的刻板印象搬上现代媒体。在这个节目里，史蒂文斯被演绎为一个充满敌意、"大嘴巴"的黑人女保姆形象，整天对着她的老公唠唠叨叨。学者们认为，这种负面刻板印象的出现和发展，是为了证明当时社会对于虐待黑人妇女的正当性，而且在今天它还继续产生着破坏性的后果。

例如，一项针对近300名白人大学生，旨在调查女性在同种族配偶之间的家庭暴力中应负多大责任的研究发现，在阅读了关于黑人夫妇或白人夫妇之间相同家庭暴力的报道后，学生们往往认为在家庭暴力中黑人女性比白人女性应该负更大的责任。这很有可能是因为人们受到了"愤怒的女黑人"刻板印象的影响，认为黑人女性更易怒，也更具有攻击性。尤其在那些对于性别角色持传统观点的人群中，这种看法更为明显。与此同时，这一调查结果也刚好和另一组令人不安的统计数据相吻合。那组统计数据显示，与白人受害者相比，警方对黑人家庭暴力受害者的记录往往不会那么认真地对待。

任何"因愤怒而打破理想女性气质"的女人都会被社会回避，但这种情况往往对黑人女性的打击最大。

愤怒、性别和权力

女性对愤怒的压抑会助长社会上不公平的权力关系继续维持下去。

在很多人眼中,男人的愤怒往往会增强他们的男性力量,使那种以权威和自信为原型的男性形象得到更多的支持;但同样的愤怒如果发生在女性身上,却只会使她们的形象被削弱。

亚利桑那州立大学曾经通过一项实验来检验这种知觉偏差。在实验中,研究者告诉参与者,他们正在参加一桩谋杀案的模拟陪审团网络审议。实验过程被设计为:4名陪审员会通过网络做出书面评论,其中3名陪审员同意参与者对案件的判决,而1名陪审员会持不同意见。实际上那些陪审员并不真正存在,如此设置的目的是观察参与者对所有在线反馈的反应。当那个持不同意见的人拥有一个男性名字并且表现出愤怒的时候,参与者对自己的观点往往感到不那么自信,更容易被不同意见左右。而当持不同意见的人拥有一个女性的名字并且表现出愤怒的时候,参与者则会感到更自信,更不容易被她的观点左右——即使她和那位男性陪审员提出了同样的论点、表现出了同样的愤怒。

愤怒的表达可以让男性赢得尊重,提高他们的感知能力;但同样愤怒的表达却只能让女性招致嘲笑,也意味着她们能力的下降。这种"合法"的基本情感表达不仅剥夺且削弱了女性有效影响他人的能力,也损害着女性的心理健康。

女性、愤怒和幸福

就像我们在前面所说，因为女人不被允许像男人那样公开地表达愤怒，因此她们更倾向于选择采取自我批评的方式来纾解心中的愤懑。

当我们感受到威胁，却又不能通过对外的行动来积极面对时，那种战斗的反应就会转向内部。我们会试图通过自我批评来重新夺回对自己的控制权，希望它能够迫使我们做出改变，重获安全感。与男性相比，女性更有可能会因为生气而消极地评价自己，从而导致女性进行更加严厉的自我批评。以自我批评的形式表现出来的内在化愤怒，是造成女性自我关怀程度低于男性的主要原因，尤其是那些对于自身女性化性别角色认同的女性。

这也有助于解释女性发生抑郁的可能性是男性两倍的原因。在自我批评所带来的压力之下，持续的交感神经系统被激活，导致皮质醇和炎症增加，进而使我们的代谢减缓。久而久之，我们就会被这种自己对自己的不断攻击搞得身心俱疲。与此同时，自我批评还会提高女性患上焦虑症（如恐慌症发作）或饮食失调（如厌食症）的概率。

无法表达愤怒还会促使我们陷入一种所谓"反刍式思维[①]"的状态，这也会导致抑郁状态的产生。还记得吗？就像我们前面提到过的一样，反刍式思维是一种类似"吓僵了"的反应，和自我批评相同，也是人类面对危险的基本安全行为之一。出于一种对于那些

[①] 反刍式思维：指经历了负性事件后，个体对事件、自身消极情绪状态及其产生可能的原因和后果进行反复、被动的思考。反刍式思维作为一种认知，对情绪有重要的影响。

意图把我们的注意力从痛苦上转移的事情的抗拒，反刍式思维使我们产生了无尽的烦恼。我们的愤怒并没有自然地发生和消失，而是被我们的这种抵抗"锁死"了（毕竟女性不应该生气）。这意味着我们的大脑就像被魔术贴粘住了一样，不停地重复着那些愤怒的想法。

维克森林大学的罗宾·西蒙和达特茅斯大学的凯瑟琳·莱弗利在对1125名具有代表性的美国人进行研究之后发现，即使在控制了受教育程度、收入和种族等社会人口学统计因素之后，女性的愤怒也比男性更强烈，持续的时间也更长。同时研究人员发现，在他们的样本中观察到的女性抑郁症发病率较高，部分原因也可以解释为女性愤怒的强度更强以及持续的时间更长。

社会剥夺了女性自由表达正当愤怒的权利，迫使女性忍气吞声，最终导致她们的身心健康受到很大影响。

愤怒的礼物

那些反对女性愤怒的"社会规范"不仅损害着我们的心理健康，还剥夺了我们从愤怒中获得力量和资源的机会。

加州大学欧文分校的雷蒙德·诺瓦科教授，作为一位研究愤怒的专家，他描述了五种愤怒的益处。

第一，愤怒使我们充满活力。当我们生气的时候，后背会耸得很高，同时我们可以感觉到能量在血管中的搏动。这种能量可以动员我们行动起来，超越惯性或自满，给予我们阻止伤害或抵抗不公正所需要的动力。我们需要利用愤怒来创造改变。

第二，愤怒就像一束激光，能够帮助我们精确定位当前所面临的危险，让我们把注意力高度集中在那些有可能伤害我们的事情上面。虽然这种高度集中的注意力一旦变成了反刍式思维就会使人衰弱，但是愤怒的确能够帮助我们明确那些需要关注的问题。这种能力是一种礼物，在我们需要的时刻，它会为我们提供一种难以置信的洞察力。

第三，愤怒可以帮助我们进行防卫和自我保护。它可以帮助我们克服恐惧，向那些伤害我们或不公平地对待我们的人们发起反击。有时我们需要发怒，才能有勇气去面对那些威胁我们或不尊重我们的人。不发怒，我们就不太可能为了自己挺身而出。因为愤怒让我们充满活力，让我们专注于眼前的威胁，让我们有能力采取行动去保护自己。

第四，愤怒具有明确的沟通功能。它在提醒我们有些事情不对劲的同时，也会让别人知道我们对此不高兴。例如，如果同事刚刚对我们的工作表现发表了一番微妙而嘲讽的评论，我们却没生气，也许是因为我们可能都还没有意识到这个评论是不恰当的或有害的。如果尖叫或喊叫会让对方闭嘴，那么愤怒就起不到有效的沟通作用。而我们通过一种坚定的信念来表达愤怒（如"我觉得最后一句话没什么用"），通常会让对方在当下以及可预见的将来更加关注我们。

即使愤怒只是一种表达痛苦的方式，比如被踩到脚趾后骂句脏话，它也具有重要的宣泄功能。事实上，一项研究发现，当参与者将手浸入冰冷的水中时，那些被指示可以骂脏话的人比那些被指示不要做出反应的人更能忍受疼痛，在水中坚持的时间也更长。这种效应在女性身上表现得尤为明显。因为通常，女性比男性说脏话的机会要少很多，也不太了解愤怒的宣泄功能，这反而让她们发现把"骂脏话"当作一种止痛药特别有效。

第五，愤怒为我们提供了一种个人控制感（我们可以）和力量（我们能够）。当我们生气并努力让事情变得更好时，我们就不再是无助的受害者。我们即使无法改变自己的处境，也可以通过愤怒阻止自己陷入恐惧和羞愧的情绪。

抱着一种幸存者的心态，听到愤怒随时提醒我们：在如何选择生活上，我们拥有强大的声音。

破坏性愤怒和建设性愤怒

当然，并不是所有的愤怒都有好处。事实上，研究者们将愤怒定义为两类：破坏性愤怒和建设性愤怒。

破坏性愤怒通常表现为以一种个人化的方式去拒绝和责备别人——他们都是邪恶的恶棍！破坏性愤怒充满了敌意和侵略性的能量，寻求报复和破坏。那些充满了破坏性愤怒的人往往都很自以为是，他们并不关心这种愤怒对接收者的潜在影响，因此也就导致了他们最终的"罪有应得"。

破坏性愤怒还会以一种自我防御的方式行事，不择手段地去保护自我形象，好像这是一件生死攸关的事情。这种被动的、盲目的破坏性行为往往会导致糟糕的决策。愤怒的白热化使我们看不清一切，只专注于去惩罚那些给我们带来威胁和伤害的人，进而导致人际关系的破坏，甚至发生暴力冲突（包括言语和身体上的攻击）。哪怕那个人就是我们自己，一旦把事情搞砸了，我们就会用严厉的批评来打击自己。同时，因为破坏性愤怒会高度激活交感神经系统，所以它也可能会导致高血压、免疫系统功能障碍，以及其他以血压升高和冠心病发作为表现形式的重大健康问题。

就像我们常说的"愤怒会腐蚀容纳愤怒的容器""愤怒就像拿起一块热煤扔出去，而你才是那个被烧伤的人"，破坏性愤怒造成伤害最大的人就是我们自己。当我们生气的时候，我们会把那个让我们生气的人，无论是我们自己还是其他人，看作我们的敌人，从而切断自己与外界的联系。简而言之，破坏性愤怒在破坏我们的同情心和关怀。那种孤立和仇恨的感觉使我们既伤害了自己又伤害了他人。

建设性愤怒是指一个人在没有敌意或侵略的情况下维护自己和捍卫自己权利的过程。它更加注重保护我们免受伤害和不公平待遇。它会把愤怒指向错误的行为，试图去搞清楚导致伤害的原因，而不是去攻击那个或者那些做错事的人。建设性愤怒者会考虑其行为对他人的影响。这种以减轻痛苦为目的的愤怒不会激化问题，而是在试图解决问题。建设性愤怒是一种为了保护自己而采取行动的力量源泉。

建设性愤怒对我们的心理和身体健康都会产生积极的影响。在一项针对近2000名成年男性和女性的大型研究中，阿拉巴马大学的研究人员通过观察受访者在采访录像中表达愤怒的方式，将满足以下四个标准之一的参与者定义为表现出建设性愤怒：

表现自信，并直接与那些让他们生气的人打交道；

讨论他们为什么会生气；

试着去理解他人的观点；

与他人讨论他们的愤怒，以此来洞察如何看待当下情形的其他可行性替代方式。

研究结果表明，与那些没有表现出建设性愤怒的参与者相比，表现出建设性愤怒的参与者较少表现得愤世嫉俗、好斗和对他人怀有敌意，也较少感到焦虑和沮丧。与此同时，他们的身体也更健康。

这种寻求理解的建设性愤怒也可以被用来有效地解决冲突。愤怒的一个重要目的是纠正他人对于我们正当权利或公平的侵犯。当这种情绪是建设性的时候，它就会激励我们以一种平衡的方式来解决冲突。例如，一项针对以色列民众对于以色列是否应该就耶路撒冷和巴勒斯坦难民地位问题做出妥协的支持率调查发现，当愤怒与仇恨并存时，对于妥协的支持率就会降低。然而，当愤怒并没有伴随着仇恨的时候——也就是他们将巴勒斯坦人视为"人"而不是"敌人"的时候——妥协就会得到更多人的支持。

目的是防止伤害，而不是针对个人，建设性愤怒就是一种颇为有益的力量。

愤怒与社会正义

愤怒可以还原事物的本来面目——它可以让我们看清自己何时受到歧视或不公平对待，并与之抗争。

女人不生气，就意味着我们的意愿、需求和欲望都不会被别人当回事，同时也就意味着我们不能去有效地改变现状。因认为女性发怒是"不得体的"和"不淑女的"行为而加以限制，实际上是一种社会控制行为，也是一种让女性困守现状的方式。

因此，表达愤怒的意愿既是一种社会行为，也是对我们权利的一种个人主张。正如《愤怒成为她》一书的作者索拉雅·切马里所写的一样："事实上，愤怒不是阻碍我们的东西，而是我们要利用的方式。我们所要做的就是拥有它。"当我们想要对我们所处的环境拥有发言权的时候，愤怒就会产生。愤怒的强大能量能够激发出我们的自信心和个体能动性，并激励我们采取行动。它能让我们大声、真诚地说出自己所希望受到的公平对待，并帮助我们去满足自己的需求。虽然肆意对别人发火对我们并没有帮助，但是当愤怒被正确地利用并集中在不公正的系统造成的痛苦上的时候，它所迸发出的能量将会非常有用。

一个害怕让自己生气的女人不太可能在遭受不公正待遇的情况下去大声疾呼。在加州大学圣巴巴拉分校的黛安娜·伦纳德及其同事的一项研究中，研究人员调查了对女性愤怒的刻板印象如何影响她们采取行动反对不公正的愿望。参与调查的女生被告知这样一个假设的情况："在一个以男生为主的跆拳道课上，老师决定把课程改为力量训练。之后，老师把杰西卡叫过去，告诉她应该考虑转到有氧运动班去。"一般来说，那些认同女性愤怒负面刻板印象的参与者，基本上不会对这种安排感到愤怒。她们也不太可能认为这是一种歧视行为，或者会想和其他女生一起向跆拳道教练提出抗议。对诸如此类性别歧视的言论置之不理，意味着不公正对待将不会受到挑战。

女性的愤怒是激励女性团结起来采取行动以对抗性别不平等的关键。在美国历史上，集体行动一直是妇女推动社会变革最有效的方式。集体行动是指一个团体为反对不公正和歧视所采取的一系列行动，其中可能会包括抗议、游行、抵制、签署请愿书、投票或公开谴责虐待行为等。例如1920年，参政妇女的长期抗议，最终为美国妇女争取到了投票权；1984年，在"母亲反对酗酒驾车"组织的推动下，里根总统签署了《最低饮酒年龄法案》。这些妇女成功地向国会请愿，要求将最低饮酒年龄提高到21岁，并加重对酒后驾车的处罚，而法案的出台使酒后驾车导致死亡的人数减少了一半。

2013年，源自社交网络的"黑命贵"运动①，在全世界范围内激起了人们关于种族和不平等问题的讨论。其3名黑人女性发起人——艾丽西亚·加尔扎、帕特里斯·卡洛斯和奥珀尔·托梅提——因自己的孩子、家庭和社区所长期遭受的暴力而愤怒，而正是这种愤怒成为这些女性推动社会正义运动的"充电电池"。

自我关怀与愤怒

关于自我关怀与愤怒的研究并不多，也很少有研究表明自我关怀有助于减轻愤怒的负面影响。为此，新泽西学院的阿什利·博德斯和阿曼达·弗雷尼斯对200多名大学生进行了一项关于自我关怀与愤怒的研究。

研究发现，尽管差别很小，但自我关怀程度较高的人更不容易生气——比如变得非常恼火或者想对某人大喊大叫。自我关怀与愤

---

① Black Lives Matter（缩写为BLM），意为"黑人的命很重要"或"黑人的命也是命"，也被称为"黑命贵"，是一项起源于美国非裔黑人社群的运动及其政治口号。该运动兴起于2013年，射杀黑人青年的警察George Zimmerman被宣判无罪，引发了黑人的抗议活动。

怒并不矛盾。这一点发现的确让我们能够更有效地去运用它。事实上，自我关怀程度较高的人很少会陷入反刍式思维，或被愤怒的想法、记忆、复仇的幻想包围。自我关怀可以使我们在感到愤怒时不去自我评判或压抑愤怒，因此我们不会以一种不健康的方式来对待我们的愤怒。一方面，那些自我关怀程度较高的参与者在过去6个月内也很少报告在身体上或口头上出现攻击性表现，这一现象也可以通过反刍式思维较少来解释——因为我们只有在被愤怒裹挟的时候，才最有可能去攻击别人。另一方面，当我们能够意识到自己的愤怒情绪，并了解它是人类生活的核心组成部分时，我们就可以在不造成伤害的情况下运用它保护自己。

我曾经在邻居塞莱斯特的身上看到了自我关怀对愤怒的影响。

塞莱斯特是一位年近60的退休白人图书管理员。两个成年子女、3个孙辈和一只神经质的狮子狗图图就是她生活的重心。塞莱斯特在密歇根州的大急流城长大，从小就被灌输了这样的观念：女人就应该面带微笑、令人愉快、甜美和乐于助人。她的丈夫弗兰克最近刚刚从一家汽车经销商的管理岗位退休，因此大部分时间塞莱斯特都会和他待在一起。

弗兰克整日絮絮叨叨的，挺令人厌烦。他总是在塞莱斯特说话时打断她，或者就像对待无知的小孩一样给她解释新闻里的那些政治局势。可是她却什么也没说。怎么说呢？她不想让自己成为一个爱抱怨的泼妇。但是随着时间的推移，塞莱斯特变得越来越不快乐。尽管退休生活理应更舒适，但塞莱斯特却比以往任何时候都更焦虑不安。她怪罪自己没有心存感激，而这种自我评判只会让事情变得更糟。她的不安逐渐开始发展成焦虑，并让她开始感到自己的皮肤不舒服。

塞莱斯特知道我在从事自我关怀方面的工作。我们会经常谈论这个问题，她也读过我的一本书，对学习自我关怀也很感兴趣。我想也许她能够从心理治疗中得到帮助，因此我向她温和地提出了一个建议，告诉她我曾经见过一位名叫劳拉的当地治疗师，劳拉的治疗对我很有帮助。劳拉使用的是一种由理查德·施瓦茨开发的内部家庭系统疗法（IFS）[①]。它可以帮助人们接触和理解自己的不同组成部分，并去真正地关怀他们。塞莱斯特会要劳拉的电话号码吗？她能走出这一步吗？

幸运的是，塞莱斯特接受了。

塞莱斯特告诉劳拉，她来寻求治疗是为了缓解她的焦虑不安。这种焦虑不安不仅让她感到不舒服，而且开始对她的婚姻产生负面影响。当劳拉问她为什么变得如此不安时，塞莱斯特说一定是年龄大了导致激素分泌发生了变化。劳拉问她哪里感到难受，塞莱斯特说主要是胃。劳拉接着问她："如果你的胃能说话，它会说什么呢？"

起初，塞莱斯特认为劳拉疯了。"我饿了吗？"她壮着胆子，尽量不让自己冲着劳拉翻白眼。但她还是认真思考了一下，最后说："我很生气。"

"你能多给我讲讲这种生气的情况吗？"劳拉问她是不是在生她丈夫的气。

"不，当然不是。"塞莱斯特回答道。然后她觉得自己的脸红了。当劳拉指出这一点时，塞莱斯特意识到自己的确是在生丈夫的

[①] 内部家庭系统疗法（Internal Family Systems），又称为部分心理学，由美国顶尖心理学家理查德·施瓦茨博士创立。

气,但她却对此感到很尴尬。因为她从小就知道生气是件坏事,塞莱斯特清楚地记得她的一个阿姨告诉她,她生气的样子很丑。

"那时候你多大?"劳拉问。

塞莱斯特说她那时大约7岁。

在劳拉的指导下,塞莱斯特开始对心里的那个小女孩说:"没关系。我现在是成年人了,我能控制自己的愤怒。但是谢谢你在努力保护我的安全。"之后,那个幼年的塞莱斯特放松了下来,这让她可以更近距离地接触自己愤怒的那部分。这一刻,她感觉那部分愤怒就像肚子里一个滚烫的结。当她说出来的时候,塞莱斯特惊讶地发现,自己这些年来竟然憋了一肚子的怒气。被自己的丈夫羞辱、贬低以及低人一等地看待,她知道自己的愤怒是为了保护自己不被人以居高临下的态度对待。但是这愤怒一次又一次地被她心里那个"害怕因为生气而变丑"的小女孩大声阻止了。当劳拉帮助塞莱斯特熟悉了她的愤怒时,她觉得自己好像重拾了一部分丢失多年的自我。

最初,塞莱斯特的愤怒是破坏性的,就像被从瓶子里放出来的妖怪一样。每当她的丈夫再次打断她的话或者居高临下地对她说话时,她就会对他大发雷霆,甚至用那些她只在电影里听到但从来不敢说出来的"坏词"吼他。她这么做的确让丈夫变得沉默或退缩,但是他们的婚姻关系也开始变得高度紧张。虽然塞莱斯特很感激自己能够更真实全面地面对自己的情感,但她确实爱弗兰克,而这种紧张关系使她的婚姻面临破裂。她知道他们需要一起解决这个问题,但她也不想像她生命中的大部分时间那样再封闭自己的情绪。

在几个月的治疗过程中,劳拉开始教塞莱斯特如何拥抱自己的愤怒，把它当成朋友而不是敌人。塞莱斯特学会了与自己的那部分愤怒对话，倾听它要说什么，欣赏它带给她的能量。她让愤怒在自己的身体里自由流动，当她感到自己进入了战斗状态或希望利用紧张来抑制它时，她就会有意识地试着放松。过了一段时间，每当她被弗兰克激怒时，她学会了先在内心感谢自己的愤怒，然后把愤怒指向弗兰克的行为，而不是弗兰克本人。她会平静但坚定地要求丈夫不要打断她，不要再对她指手画脚，除非她需要他的意见。

我如果告诉你他们的婚姻关系彻底改善了，或弗兰克接受了她的新生活方式，那肯定是在撒谎。他不但没有接受妻子新的生活方式，而且他也没有完全停止他的所作所为。但是当妻子不骂他的时候，他会更容易处理她的怒气，也不再经常地去打断她。随着时间的推移，他们终于达成了"停战协议"。这时候的塞莱斯特感到更加真实和自信，而且，当她开始不再把婚姻作为她幸福的主要来源时，她的不安和焦虑最终完全消失了。

练习6　了解你的愤怒

下面这个练习遵循了内部家庭系统疗法的基本原则，即我们要尊重、认可和理解愤怒等负面情绪，并认识到它们最终是如何试图帮助我们保持安全或实现目标的。研究表明，这种治疗方法可以减少抑郁和自我批评。根据我个人的经验，我知道IFS是有效的，而且它是我发现的，能够将我们内部曾经被自我否定的那部分重新整合起来的非常好的系统之一。这是一个书面练习，所以请准备好你的笔。

▶▶ **练习指导**

回忆一下最近你生活中发生的一件让你对别人生气的事情,试着不要去想那些和政治有关的国际大事,或你对自己感到愤怒的事情,因为如果你选择了一件让你感到非常愤怒的事情,它可能会让你不知所措,很难从中取得学习和练习的效果。相反,如果那件事对你来说过于微不足道,它又很难让你体会到挑战。所以,请关注一件介于这两个极端之间的事情。例如,你的伴侣对你隐瞒了一些事情,你的女儿对你使用了不尊重的语气,一名员工拖延了一项重要的工作任务,等等。

· 你是怎么表达你的愤怒的?(例如,你是否大喊大叫了,使用了冷漠的语调或尖锐的话语,还是表面上什么都没说,但心里却在不断酝酿?)

· 你生气的结果是什么?发生了什么破坏性的事情吗?有什么建设性的意见吗?

· 生气之后你有什么感觉?对你个人的影响是什么?(例如,你是否感到有力量、羞愧,还是困惑?)

· 你好奇你的愤怒会给你带来什么吗? 即使你的愤怒最终没有带来好处,但是它是在试图向你指出危险或以某种方式保护你吗?(例如,它是试图阻止你感到受伤,在帮助你维护真相,还是在划定清晰的界限?)

· 试着写些什么来感谢愤怒对你的帮助。哪怕你用来表达愤怒的方法并不理想,或者发怒实际上也没有带来什么帮助,但你能尊重内心那种试图保护你的能量吗?(例如,你可以这样写:"谢谢你，愤怒。你能为我挺身而出，并试图确保真相被揭露。我知道你是多么想保护我的安全……"）

·现在，你已经感谢和欣赏过你的愤怒了，那你的愤怒有什么智慧的话要对你说吗？那又会是什么呢？

·在这个练习的最后，观察一下自己的情绪。如果此时的你感到不知所措，你就可以使用第一章里的"感受脚底"练习来让自己接触地面。如果你在感到愤怒的同时也产生了某种自我评判或羞愧的感觉（甚至发现自己很难面对自己的愤怒），那么请你试着用一些温柔的自我关怀来友善地接受自己。你能让自己保持现在的样子吗？

愤怒的关怀力量

强悍的自我关怀有时候会以愤怒的方式表现出来。

关于这一点，我们可以向作为凶悍女性美妙象征的印度卡莉女神[①]寻求一些灵感。在印度教画像或雕塑中，卡莉女神经常被描绘成一位通体蓝色或黑色，多手多足，伸着舌头，戴着骷髅做成的项链的女性，站在一个无助的男人（她的丈夫湿婆）身上。她一丝不挂，丰满的乳房骄傲地露在外面，手中通常拿着一把剑和一个被砍下的头颅。卡莉代表着毁灭，但也被认为是宇宙之母——终极创造者。卡莉女神用残暴作为维护爱和正义的手段，摧毁幻觉，尤其

---

① 印度教中的一个女神，有漫长而复杂的历史。尽管有时表现为黑暗和暴力，她最初作为毁灭化身出现仍然有相当大的影响。最近的虔诚运动将卡莉女神想象为正直慈善的母神。

是那种分离的幻觉,从而扫除了分隔和压迫,为平等和自由创造了空间。

作为女性,我们可以感知到卡莉女神的那种强大力量。这并不是科学事实,只是大多数女性凭直觉就能够感知到的一种强大力量。现在,我们不应该再那么害怕她,也没必要再去担心别人对她的反应。相反,我们需要尊重我们每个人内心的卡莉女神,不再去自我评判或否认她的存在。我们越压抑这种能量,它就越会以某种不健康的方式爆发出来,伤害我们自己和他人。但当愤怒被鼓励以建设性而不是破坏性的方式表达出来的时候,我们就可以借助卡莉女神的力量来让事情变得更好。

作为女神,卡莉是充满智慧的。她有能力摧毁分离的幻觉,这意味着她非常富有同情心。

同情心能够帮助我们认识到人、原因和条件之间的相互关联和相互依赖。它认为,人们之所以做出有害行为,往往是因为存在那些我们无法控制的条件,如基因、家族史、社会和文化影响。这意味着我们可以去同情那些做错事的人,尽管我们依然会对他们的错误行为感到愤怒,但我们也可以理解他们是由相互关联的人、原因和条件组成的整体中的一部分。当我们认识到这种相互关联的时候,我们就会更清楚地看到,伤害一个人就会伤害所有人,所以我们需要抵抗的是伤害本身,而不是憎恨那些造成伤害的人。自我关怀的愤怒关注的是保护,而不是对那些构成威胁的人怀有敌意。

将愤怒转化为关怀的关键是阴阳平衡。

当阳的力量不能被阴的温柔调和,它就会变得严酷和被动,并驱使我们直接采取破坏性行动,而丝毫不去在乎那些让我们变得愤怒的人。而当我们能够接受自己和他人，敞开心扉的时候，愤怒就能集中在减轻痛苦上。诗人戴维·怀特在他的《慰藉》一书中写道："愤怒是我们对他人，对世界，对自我，对生命，对身体，对家庭，对我们所有的理想，对所有脆弱的人，对所有可能会受到伤害的人的最深层次的关怀。除去肉体的禁锢和暴力，愤怒是最纯粹的关怀形式，因为愤怒的火焰总是会照亮着——我们属于什么，我们希望保护什么，以及我们愿意为了什么铤而走险。"

中国人将愤怒称为"生气"。"气"在中国文化中代表着"能量"，生气就是阳气过旺的一种表现形式。如前所述，中医认为，当阴、阳之气协调的时候，人体就会保持一种健康、幸福和满足的状态；反之，疾病、疼痛和痛苦就会出现。我们只要在愤怒的表达中关注阴阳平衡，就能让愤怒成为一种健康和建设性的力量。只有当愤怒的强烈能量没有与关心的温柔能量融为一体的时候，我们的愤怒才会变得具有破坏性。唯有伴以关怀，我们的力量才能持续和有效。

没有爱的愤怒是恨，但没有愤怒的爱则是空洞的、被糖衣包裹的。

当爱遭遇不公，愤怒就会油然而生。正如美国禅宗大师罗西·伯尼·格拉斯曼所写的一样："当愤怒是为了自我，并以自我为中心，它就是一种毒药；但是当把自恋从愤怒中剥离出来，同样的情感就会变成一种坚定的能量，一种非常积极的力量。"

我们生而都是温柔的女神和勇猛的战士，二者缺一不可。

我的愤怒之旅

我在开始有规律地进行强悍的自我关怀练习之前，总是会游走于"善待他人"和"对他人生气"之间，并且觉得自己很难将它们合二为一。

老实说，那时候我始终觉得这样做实在太有挑战性了。特别是在我那需要大量的阳性能量的工作中，我更倾向于扮演"斗牛犬"，而不是"熊妈妈"的角色。这也意味着我的力量并不总是能够出于关怀而爆发。当然，我不会去侮辱或攻击别人，但我说出我所看到的真相的时候，也并不总是会考虑后果。我更倾向于直言不讳，不在乎别人是否喜欢我（这其实是一种相当危险的性格组合）。每当有人提出了一个没有意义的论点，忽视了一个明显的事实，或进行了一项存在着重大缺陷的研究的时候，我就会相当恼火。事实上，我把自己的这部分称为"易怒的我"。每当我感到烦恼的时候，"易怒的我"就会亮起红灯，提供一些有用的信息来告诉我什么东西在哪里不对头。然而，当"斗牛犬"开始表演的时候，我就会忘记专注和关怀，当然结果也就可想而知。每到这种时候，我总会觉得自己"没有时间"去表现得很友善；我有那么多书要写，有那么多研究要做，有那么多工作坊要办……当然，问题的根源还是我根本没有充分注意到我的反应对他人的影响。

举个例子来说吧。

一位同事最近刚给我寄来了一篇他写的关于自我关怀研究的论文（在这方面他已经进行几年的研究），并希望在把它寄给同行评审之前能够征求我的意见。读过之后，我给他发了邮件，直截了当地说，"你的研究方法根本就是一团糟"，并指出了他在研究中的所有问题，却压根没有提到他的论文的积极方面。我当然知道该如何给出建设性反馈，但每当"易怒的我"亮起红灯，"斗牛犬"出现的时候，我就把所有的常识都抛到一边。我的直爽有时候就是这么刻薄！不久之后，当我意识到自己做了什么，我马上给他发了第二封电子邮件，建议他可以尝试改进他的分析，并评论了这项研究的积极方面。他回信说："哦，我明白了，你是想帮我。但我必须承认，你的第一封邮件的确让我很震惊。"接下来，我只能道歉并请求他的原谅。

那些被我这种"直爽且刻薄"的行为攻击，或者不太了解我的人经常会被吓到，不知道该作何反应，主要是因为我大部分时间都表现得既热情又善良。而且，因为人们通常会认为这种行为会导致他们在身体或情感上遭受暴力，所以他们往往会在恐惧中退缩。即使我本身根本就不具有威胁性，但仅仅是这种强大的能量和气场就足以让人们感到害怕了。所以过去每当发生这种事的时候，我总会意识到自己太过分了，然后道歉，同时也会感到羞愧难当。为了解决这个问题，我挣扎了很长一段时间。尽管我也尝试着去接受"斗牛犬"并去原谅自己的不完美，但我还是会把这看作我的缺点而不是优点。

幸运的是，在我开始尝试做强悍的自我关怀练习后，我开始发生改变。我意识到我的"斗牛犬"真的是误导"卡莉女神"了。卡莉女神试图打破幻觉并保护她所看到的真相。那种有时候会驱使我去攻击别人的强烈能量，实际上也是让我能够成为一名优秀科学家，并在"争强好胜"的学术界取得成功的能量。例如，关于在自我关怀量表是否可以作为自我关怀的衡量标准方面一直存在着激烈的争论（我将其称为"规模战争"），而正是我那种强烈参与的意愿促使我收集了大量可靠的经验数据来验证这个量表。在一位学者将这些数据斥为"科学烟幕"并使用人身攻击来进行反驳之后，我非常愤怒。在短短3天内，我写出了一份全面的回复，不仅阐述了经验证据如何能够证实我的立场，并以一种新颖（在我看来）且极具说服力的方式否定了他的观点。我被激励了！我的愤怒起到了建设性的作用，帮助我锐化了思维，并提高了我在这个领域的贡献质量。

由此，我意识到我内心的战士也是我的一部分，我应该为之欢呼而不是去评论或控制他。

愤怒作为一个能够高效集中注意力的强大引擎，如果没有温柔与之相平衡，它也毫无用武之地。为了表现我对阴阳融合的追求，我特地买了一幅日本画卷挂在我卧室的墙上。画的上面是一个怀孕母亲的形象，她膨大的肚子就是我们的地球。在对面的墙上，也就是我的冥想坐垫的上方，就挂着卡莉女神的画像，用以象征她那毁灭性的辉煌。现在，当我感到生气的时候，我就会坐在卡莉女神的画像下面，让她所代表的那种愤怒的能量在我的身体里自由流动。我感谢她给予我力量和勇气，让我能够利用这种力量去做这个世界上需要我去做的工作。同时，我也感谢大地母亲给予我一颗温柔的心，请求她让我充满平和与爱，这样我的行为就不会再对他人造成伤害。

最后，当我想象着这两种能量在我的身体、思想和精神中交汇并融合的时候，我的内心就达到一种平衡和完整。

练习7　处理愤怒

要巧妙地处理愤怒，我们就要先完全掌控它。我们必须让愤怒带给我们的那种强大的能量能够在我们的身体里流动起来，并且明白它会保护我们。同时，我们也需要将那种向内及向外的温柔关怀带入我们的愤怒中，这样才不会让它造成破坏性的后果。最终，我们还需要能够宽恕那些曾经带给我们伤害的人——即使那个人就是我们自己。但宽恕是一个比较靠后的步骤，在它之前我们还需要一些时间（你可以在《静观自我关怀专业手册》一书中找到旨在发展对自己和他人的宽恕能力的相关练习）。下面这个练习的主要目的是学习如何处理愤怒本身的强大能量，并将它与温柔结合起来。

当你做这个练习的时候，除非你是在治疗师或心理健康专家的指导下，否则请不要选择一个会激怒你的极端情形，因为那会给你带来很大的创伤。你可以从一些小的烦恼开始练习，比如一个对你无礼的熟人、一个不负责任的朋友或一个欺骗了你的销售人员。你一旦感到不安全，就请务必终止练习。当然，你如果愿意，可以稍后再继续练习。

▶▶ **练习指导**

· 回想那些让你感到恼怒的情况——可能是过去的，也可能是现在的。请明智地选择一些现在能够让你觉得有安全感的情况。

· 请尽可能生动地去回顾当时的细节。当时发生了什么事？你的界限被打破了吗？你没有得到应有的尊重吗？还是发生了什么不公正的事情？

- 让你那种愤怒的情绪爆发。
- 当你感到愤怒时，请把双手放在太阳神经丛或其他让你感到被支持的地方，帮助自己保持稳定。
- 同时去感觉你的脚底在接触地面，用你的脚底把自己与大地紧紧地连接起来。
- 现在看看你是否能放下导致你愤怒的人或事，还是把愤怒仅仅当作一种生理体验去直接感受它。它位于你身体的哪一部分？你的感觉如何？是热的，冷的，悸动的，还是麻木的？

拥有你的强悍

- 首先你要知道，你的这种感觉是完全自然的，这正是你身体里"凶猛的熊妈妈"在保护你。这也是自我关怀的一种形式。也许你这时候可以对自己说："我可以生气！这是我保护自己的自然愿望。"
- 去充分确认那种愤怒的身体体验，但同时尽量不要被那件使你愤怒的事情困扰：保持处于愤怒状态本身。
- 如果在任何时候你觉得自己快要被愤怒裹挟了，请把注意力转移到你的脚底，直到你的注意力重新集中起来，再回到那种愤怒所带来的身体感觉中。
- 看看现在你能否让这股强大的能量在你体内自由流动起来。你没有必要去扼杀它，遏制它，或者去评判它，这也是关怀的一个重要方面。
- 保持脚底接触地面，感受双手的支持，现在试着打开你的愤怒（在尽可能感觉安全的情况下）。也许你甚至能感觉到它在沿着你的脊柱上下流动，给你带来一种力量和决心。也许你的愤怒想说些什么，它希望向你传达出一些信息。你的愤怒有什么要说的？

· 你可以去倾听自己的这一部分，并感谢它为了保护你做出的努力吗？

带入一些温柔

· 保持脚底接触地面，继续让这种保护你的强大能量流动起来。

· 如果你觉得保持愤怒最有帮助，就请允许自己这样做。

· 但是，如果你也想带入一些温柔，请把一只手放在你的太阳神经丛上，把另一只手放在你的心脏位置或其他一些令你感到抚慰的地方。去感受你双手之间的空间。

· 与那种保护你的强悍力量和决心保持联系，并且从这个地方将力量转向你的内心。

· 认识到你的愤怒也是一种爱的表达，一种保护自己安全的愿望。

· 看看你是否也可以感受到一些更温柔的情感以及对你自己的关怀，正是这些情感在驱动着你保护自己的愿望。

· 如果你因为愤怒而感到羞愧或进行自我批评，你能温柔地对待它吗？

· 将那种爱、联结和存在感与愤怒交汇融合在一起。

· 允许自己既强悍又温柔，让能量在这一刻去做它们需要做的任何事情。

· 试着去接受并享受这种完整的感觉。

· 去感受你那种减轻痛苦的愿望。从关怀的角度来看，你会采取什么行动来解决已经发生的事情吗，即使只是为了在将来去保护自己？

· 当你准备好关怀自己的时候就结束练习，简单地在你的体验中休息，让这一刻完全保持当下的样子，让你完全保持当下的自己。

这个练习可能会让你感受到很剧烈的情绪波动，所以在完成后一定要照顾好自己，例如去散步，喝杯茶，或者做些其他让你感觉平静的事情。

在刻意专注于我的愤怒一段时间之后，一切开始出现了转机。

现在，我依然会感到恼怒，还会做出反应，但强度和频率都比以前有所降低（至少有那么一点点）。我对自己做出了一个承诺，那就是试着去考虑我的愤怒可能对他人产生的后果，并且尽可能地不去伤害他人。我一天到晚都在用这个承诺提醒着自己，这样就可以让它在我被惹恼或者感到不大清醒的时候支持我。

尽管通往融合之路是漫长的，我也仍在蹒跚学步，但我确信这是唯一的前进之路——不仅对我，对所有女性都是如此。我们正处于历史一个重要的十字路口。在清楚地认识到并指出女性、少数族裔和其他许多人正在以多种方式受到压迫、剥削和虐待后，我们必须感到愤怒。如果我们不生气，那我们就是在"装睡"。但我们该如何处理这些愤怒呢？憎恨那些让我们愤怒的人吗？还是去怨恨、疏远那些有可能成为我们盟友的人？难道仅仅因为社会利用女性刻板角色来压制我们，我们就要放弃自己身上那些历经磨炼的善待自我、关怀和爱的力量吗？

身为女性，我们可以做得不同。

我们可以感激我们的愤怒，感激它给我们带来动力和决心，并学着把它完全作为我们真实本性的一部分来接受。我们可以在自己的愤怒面前变得更加自在，这样我们就不会再那么害怕它了。最重要的是，我们可以将愤怒与爱结合起来，并利用这种关怀的力量去有效地对抗不公。

在为了减轻痛苦而奋斗的过程中，强悍的自我关怀是一种强大的能量，我们可以依靠它来帮助我们自己和所有需要帮助的人。

第四章

女性面对的现实问题

个体能动性具有一种内在的力量。

——塔拉纳·伯克,一个服务弱势女性的纽约社区工作者

2017年10月,备受瞩目的导演哈维·韦恩斯坦因性骚扰和虐待数十名女性而被曝光。作为回应,女演员艾莉莎·米兰诺在网络上呼吁所有遭受性骚扰或性侵犯的女性都用"我也是"这个标签来进行回应。短时间内,数百名身居要职的男性因性骚扰或虐待女性被曝光。从政客罗伊·摩尔到演员路易斯·C.K,从音乐家瑞安·亚当斯到新闻主播查理·罗斯,从哥伦比亚广播公司首席执行官莱斯·穆恩维斯到亿万富翁杰弗里·爱坡斯坦,甚至世界级潜能开发专家、励志演讲家与畅销书作家托尼·罗宾斯都出现在这个名单上。而且,这个名单每天都在增加。这些知名人士中有许多人已经为自己的行为承担了后果。当然,针对女性的性虐待在美国社会中始终是普遍存在的。不同的是,现在我们会更公开地去讨论它。在很多方面,敢于讨论性骚扰问题,就象征着女性一种强悍的自我关怀的开始。

2018年,研究者试图运用一项大规模研究量化美国发生的性骚扰和性虐待的范围,其结果发人深省。在被调查女性中,绝大多数女性(81%)曾在公共场所或工作场所遭受过不当行为,其中77%

的女性遭受过侮辱性的言语评论，51%的女性经历过不受欢迎的触摸，41%的女性遭受过类似于被发送裸照等网络骚扰，34%的女性曾经被恶意跟踪，30%的女性经历过男性生殖器暴露骚扰。

此外，1/3的女性曾经在工作中受到过性骚扰，这不仅对女性造成了巨大的压力，也营造了一个削弱女性工作能力的敌对职场环境。尽管人们可能认为这种行为通常只针对那些职位较低的职业女性，但研究表明，处于领导职位的女性所面临的风险反而更大。根据另一项研究显示，在男性主导的工作环境中，58%的女上司报告过曾受到性骚扰。具有讽刺意味的是，正是因为这些女人的权力威胁到了男人的地位，那些没有安全感的男人才会做出羞辱和贬低她们的行为。毕竟，性骚扰的本质并不是关于性，而是权力。

这种祸害所殃及的范围远远超出了职场。超过1/4的女性说，她们在生活中的某个时候曾经经历过强迫性接触。在诸如女同性恋/双性恋者、贫穷妇女以及智力残疾者等边缘化社群中，报告遭受到攻击的人数甚至更多。大约1/5的女性报告曾被强奸（非自愿性交）或经历过强奸未遂，其中几乎一半是17岁以下的未成年人。在其中4/5的案件中，受害人认识肇事者，他们有可能是受害人的朋友、家人或伴侣。大多数的强奸案受害者都没有报警，尤其是在那些非陌生人所犯下的强奸案中，因为她们感到羞耻或害怕承担部分责任。此外，在那些报警的强奸案件中，也只有一小部分最终被成功定罪。

这就是美国女性所面对的现实。

练习8　你所遭受的性骚扰经历

这个练习旨在帮助你去识别身边性骚扰的发生。有些时候,性骚扰行为会表现得非常明显,但有时则很微妙。当我们提醒人们去关注我们被骚扰的具体方式时,人们可以更清楚地意识到身边正在发生的事情,从而更好地保护自己。

如果你过去曾经遭受过性创伤,你可能会想跳过这个练习,或者在治疗师或咨询师的指导下去完成它。此外,你如果现在或最近在工作场所中遭遇性骚扰,请尽快记录下来并向上级报告这件事,同时一定要确保你选择的上级是那个相信你且不会报复你的人。

以下是一些常见的性骚扰行为:

- 口头性骚扰,包括那些关于性行为或性取向的笑话;
- 不必要的触摸或身体接触;
- 不受欢迎的性挑逗;
- 在工作、学校或其他不合适的场合讨论性关系、性故事、性幻想;
- 不受欢迎的色情照片、邮件或短信。

▶▶ 练习指导

- 回顾你在学校、家里或工作中的经历,写下任何你能记住的性骚扰事件。
- 现在写下你在事件发生后的感受。你感到生气、困惑、被冒犯了吗?你害怕吗?烦恼吗?

・在那些行为发生后，你做了什么？

・通常在这种情况下，我们都会失去防卫能力，不知道如何应对。或者有时候我们会出于害怕遭到报复而不敢做出应有的反应。

・现在你已经没有危险了，写下你在理想情况下对这件事会做出的反应。

有时候，女性只是把这些行为当作不重要的事或糟糕的笑话而不予理睬，尤其在骚扰不是非常恶劣的情况下。重要的是，我们要关注所有那些让我们感到不舒服的行为，这样我们才能把它们大声说出来，并让别人知道这些行为是不可接受的。如果其中某一件事特别令你不安，你可能会想给自己写一封关怀的信来讲述当时所发生的事情（参见126页的练习）。

伤痕累累

遭受性骚扰，会对女性造成什么样的后果？

研究表明，它会导致长期的压力、焦虑、抑郁和信任困难。在工作场所，它会导致工作满意度下降，工作投入程度降低，身心健康恶化。性侵犯所造成的后果甚至更糟：创伤后应激障碍、失眠、饮食紊乱、药物使用和滥用，甚至自杀。

"我也是"运动为女性提供了一个扭转局面的机会，这样我们才能最终开始正视真相，治愈创伤。

在美国，尽管男性也有可能成为性骚扰和性侵犯的受害者，尤其是同性恋、双性恋或变性男子，但绝大多数性骚扰的受害者是女性，且绝大多数施暴者都是男性。一些男人觉得自己有资格利用女人获得性满足,是因为美国社会和媒体告诉他们这样做是可以的。聚会上的"漂亮女伴"、动作片中诱人的女郎、使产品更具有吸引力的广告装饰,这一切都在告诉我们,女性通常都被视为性对象。她们的价值常常是根据她们满足男人性欲的能力来被评估的。同时,社会化性别切断了某些男性关怀和同情的阴性能量,其程度如此之深乃至于他们开始将女性作为被其利用的对象进行非人化对待。超级男子汉气概——其作为一种美化攻击性、贬低柔弱情感和女性化的大男子主义态度——直接助长了男性实施性骚扰和性虐待的行为。一项对39项研究的综合分析发现,超级男子气概是男性实施性侵犯可能性的最有力预测因素。

虽然这告诉我们男性也迫切需要更多的阴阳融合,但我主要感兴趣的是在这里讨论融合对女性的影响。让我如此热衷于女性自我关怀的原因之一,是我相信这种关怀的力量可以帮助我们对抗父权制遗留下来的不良影响。

承认、强化并将强烈的自我关怀更深入地融入我们的生活中,将使女性能够奋起反抗性虐待,并说出:"别再这样做了!"

一个来自得克萨斯州的骗子

我写作这本书的初衷源于我一位挚爱好友的经历。

她痛苦地向我坦陈了自己成为一名性虐待受害者的经历,而更让我遭受沉重打击的是,那个虐待者竟然是一个我多年来信任和支持的人。甚至可以说,那时候我一直把他当作我的好朋友。尽管多年来我一直在练习静观觉察,但那种只想看到他最好的一面的欲望还是蒙蔽了我,让我看不到那可怕的真相:他是个"掠食者"。

在我试图应对这种情况的过程中,事实一次又一次地清楚表明,我们是多么迫切地需要那种既强悍又温柔的自我关怀,帮助我们应对身边可能出现的可怕性虐待。我们需要利用温柔的关怀来承受那种不可避免的伤害和羞愧感,同时也需要借助强悍的自我关怀来帮助我们说出自己所遭受的伤害,这样才能够使伤害不再继续。为了保护无辜的人,我更改了下面故事中所涉及的人物的姓名和身份信息。

乔治是一位迷人、英俊的南方绅士,40多岁,说起话来慢条斯理。他在奥斯汀的郊区经营着一家为孤独症儿童及其家庭提供服务的非营利组织。那里距离我住的埃尔金只有30分钟车程,所以在罗文小的时候,我经常会带他去那里。罗文对绘画、音乐的反应都很好,这正好也是乔治针对孤独症儿童们所开发的非传统治疗方法的一部分。那时候,我觉得乔治这个人既聪明,又善于鼓舞人心,我们之间建立了很好的关系。同时,我也很愿意为他的机构做宣传:我作为筹款人帮助中心举办了多次自我关怀活动,同时我自己也是中心的年度捐赠者之一。

中心的志愿者和员工由一大群热情且富于冒险精神的青少年(主要是女性)和年轻人组成。他们来自美国或世界上的其他地方,渴望并致力于通过帮助孤独症儿童和他们的家庭,在这个世界上有所作为。他们中的很多人都住在中心一个由几栋建筑构成的小院落里,那里的每个人都是如此崇拜乔治:他是这个舞台的主角,一个有趣、聪明、热情的特立独行者,在孤独症康复领域用他独特的方法挑战着传统疗法的智慧。

但不可否认的是,乔治这个人有些好色。有时候他总是喜欢对某个女人的外貌评头论足，还经常抱怨自己肩膀酸痛，希望女性给他按摩背部。"那就是乔治，"我们会说，"他是挺会调情的，但他是个好人，看看，他为孩子们做了那么多。"乔治的老婆艾琳比他小了将近20岁，是个来自爱尔兰的漂亮女人，平时会帮着他打理中心。他们夫妻还有两个年幼的女儿。我和艾琳的关系谈不上亲近，她似乎主要专注于运营这个非营利组织。虽然我也曾经怀疑过乔治有外遇，但我一直告诉自己"那不关我的事"。如果所有的事情都发生在工作场所之外，又都是成年人自愿的，我为什么要去多管这件闲事呢？

凯茜，中心里那些热情洋溢的青少年志愿者中的一员，也是我一个朋友的女儿。她的妈妈是一位单身母亲，同时做着两份工作。凯茜已经帮我照顾罗文好几年了，我真的很喜欢她——这个女孩顽皮，聪明，充满活力，和她在一起总是很愉快。她和罗文相处得很好，加上我自己没有女儿，因此我特别喜欢她。凯茜发现自己很喜欢和孤独症儿童在一起，于是从14岁起，她就开始在乔治的中心做志愿者了。有时候我会开车搭她，也会鼓励她不断培养各种新的兴趣。虽然我的确有点儿担心乔治的轻浮举止，但中心的气氛实在是太有感染力了，再说凯茜在那里也感到很开心。更重要的是，我始终认为乔治是有底线的，永远不会和为他工作的女人调情，尤其是那些年轻的女孩们。

看在上帝的分上，他自己也有女儿。

很快，凯茜就开始在中心度过她所有的周末，与乔治和他的员工也越来越亲近，有时还会帮忙照看他的孩子。这种情况一直持续了好几年。乔治说他认为凯茜很有天赋，因此对她特别关注。最终，凯茜被中心正式雇用了，成为乔治的"保护对象"之一。她开始向他学习孤独症治疗方法,并希望自己将来也能在孤独症领域工作。有时候,乔治和凯茜会单独出去办事长达好几个小时。每当这种时候,我脑海里就会有个小声音说:"嗯,有点儿怪。"但接着,又有一个声音会插进来:"应该没事。他只是特别关注凯茜而已,因为他是个好人。再说,在凯茜的生活中有这样一个年长的男性存在对她来说也是件好事,毕竟她自己的父亲早就离开了她的生活。"

尽管如此,因为我们关系很好,我还是会时不时地去找凯茜确认一下:"乔治有没有对你做过什么'不合适'的事?"她说:"不,当然不会!他对我来说就像父亲一样,而且他的岁数是我三倍还多呢。"她回答得如此之快,那种不屑一顾的态度甚至让我都会因自己的怀疑而感到内疚。但是,过了一段时间,我注意到凯茜好像变了,她似乎变得有点儿孤僻,但我想那也许只是青春期的喜怒无常而已。

在一次庆祝乔治生日的聚会上,他喝得醉醺醺的,开始和一个年轻女子跳起了非常性感的舞蹈。无论出于何种原因,这都是非常不合适的,尤其是他的妻子和两个年幼的女儿就坐在几米远的地方。艾琳背对着舞池,用一种姿势挡着两个孩子,尽量不让她们看到她们父亲的所作所为。我不确定她是否看到了发生的一切——她似乎只是低头关注着她的孩子们。这让我感到很不舒服,于是那天我早早地就离开了聚会。

凯茜也参加了那场聚会,第二天当我们聊起乔治在舞会上的所作所为,她也认为他似乎失去了控制。于是我又问了她一次,这次语气更加强硬了:乔治是否对她有过不当行为。"嗯……"她动摇了,然后把一切都和盘托出。她告诉我,大约在她开始为中心做志愿者两年之后，乔治开始对她献殷勤。

起初，他主要是和她谈论有关性的话题。她感到很不自在，但也很"高兴"他会和她讨论这样的成人话题。但接下来，他就在她面前宽衣解带，并进行自慰。之后，他们开始有了身体接触，起初只是触摸，但最终变得更多。对于这样的关系，凯茜感到极度的困惑和矛盾，因为乔治是她生命中唯一像父亲一般爱着她的人，她真的不想失去这份爱。最终，在她18岁生日的那天，乔治夺走了她的贞操。"从那以后，他对我就不再那么关注了。我想这就是他想要的一切。我原来以为他在乎我，但现在我不那么想了。我只是觉得自己太蠢了。"

当凯茜向我讲述她的故事的时候，卡莉女神般的愤怒瞬间席卷了我的全身。他的掠夺性行为彻底震撼了我，我被激怒了。但因为我实在太在意凯茜了，这种愤怒随即被一种强烈的温柔关怀冲淡了。我要保护她！一种明确而有目的的力量让我决心防止她受到任何进一步的伤害。

"你没有什么好羞愧的，"我安慰她说，"他操纵并利用了你。"

"我也这么想，"她迟疑地说，"但无论你做什么，都请不要告诉我妈妈，她会崩溃的。"我向她保证，我会让她自己做出选择，并试图温和地引导她，让她觉得她可能应该告诉一些员工发生了什么，以免他再去伤害别人。但是凯茜不想"惹是生非"，她不想伤害乔治的家人，也不想让中心的声誉受损。这就是典型的女性反应——即使是像凯茜这样年轻的女性——也总是习惯于首先考虑不要伤害他人，甚至到了让自己受伤害的程度。然而，最令我震惊的是，她似乎并不生气，只是出奇地被动。从她身上，我很难再看到多年前那个光彩夺目的年轻姑娘了,她眼睛里的光芒消失了,就像有什么东西从她的身上溜走了。

我们继续交谈着,我始终在倾听——我说得不多,主要是给予她支持和无条件的接受——慢慢地,她对自己与乔治有染的那种极度厌恶开始浮出水面。她告诉我,她觉得自己很脏,被人利用了,并且因自己让这种事情持续了这么长时间而感到内疚。她的自责看起来是如此可怕。我开始试着帮助她以一种自我关怀的态度去"拥抱"这种不堪的感觉,就像她拥抱那些她致力于帮助的孤独症儿童一样。乔治对她来说就像父亲一样——她当然想要他的爱,正常人都会这样想;同时,作为他的员工,凯茜并不想危及自己的工作或职业前景,发生这种事情并不是她的错。一旦她可以利用"爱、联结和存在感"来控制自己,她就可以慢慢让自己松弛下来。

我知道,对于凯茜(和许多人一样)来说,温柔的自我关怀是她以愤怒的形式表达自爱的必要前提。随着时间的推移,她开始意识到,她自己的行为是可以理解的,而他的行为则是完全错误的。他明明知道她的情绪很脆弱,还就此利用了她——更不用说他还是她的老板。他们之间的权力是如此悬殊,以至于她根本就无法真正决定自己是该说"行"还是"不行"。最后,她身上强悍的一面开始显露出来。她开始承认自己被性虐待了,她不应该被乔治这样利用,这很不好!随着她的愤怒,她的后背开始耸得越来越高。当阳性能量开始在她的血管中流动起来的时候,我可以看到那种火花又在她的眼中被点燃了。她又活过来了,而且气得要命。随后,她的脸上露出了一种痛苦但又坚定的表情。"你说得对,"她说,"我应该不是唯一的受害者。我敢打赌,在中心他肯定也一直在欺负其他女孩!我们必须阻止他!"

我们制订了一个临时计划。首先由我来收集信息，看看我们的怀疑是否属实，然后我们再去想办法做些什么。随着我打给前志愿者和前雇员几通电话，我发现结果比我担心的还要糟糕。许多与乔治密切合作过的女性都曾遭受过他的性骚扰、性剥削、性羞辱，甚至更糟。而且受害的还不仅仅是年轻人，还有一位60岁的秘鲁保姆——她突然离开了中心。有人告诉我：她之所以离开这里，就是因为乔治强行猥亵了她。她后来在另外一个机构找到了工作，并把乔治拉进了她的黑名单。

每当中心有人突然离开，乔治总是会编造一些借口把自己描绘成那个受害者。不是这个偷了钱，就是那个撒了谎，再不就是某某不称职。但我的调查显示，许多人的离开都是因为受到了他的性虐待。一位前志愿者向我承认乔治强迫她。她已经拒绝了他三次，但他始终没有停下来。然而，由于乔治对她的强迫主要是心理上，而不是身体上的，她也因此对自己感到更加羞愧、困惑和怀疑。后来，她甚至和乔治建立了一种两相情愿的关系，试图用这样的方式去减轻自己良心上的不安。这种模式很常见：因为被侵犯的现实太可怕了，很多人只能通过心理上的"后空翻"让事情看起来似乎容易接受一些。

乔治听到了我在追查这件事的风声，就开始告诉中心的每个人我疯了，精神崩溃了，并警告人们离我远点儿。大多数当时还在为乔治工作的志愿者和工作人员都相信他的话。他这个人非常具有说服力，就像人们常说的，"比煮熟的洋葱还要圆滑"。乔治很擅长放出烟幕弹来掩盖自己的踪迹。这么多年来，他一直设法避免让自己的性不端行为被曝光，所利用的方法就是让受害者感到困惑和迷茫。乔治很善于操纵别人，他会让她们感到没有安全感（例如，他会对其中某个人说"每个人都在抱怨你"），或者恐吓她们（"你再也不能在孤独症领域工作了"）；有时他也会让她们觉得自己被需要（"没有你，这个中心就会崩溃"），或者让她们觉得自己很特别（他对不止一个人说过"你是唯一理解我的人"）；等等。他就是利用这些心理游戏来控制她们，让她们保持沉默的。

也就在那个时候，我意识到乔治可能是一个恶性自恋①狂。他不像浮夸型自恋者总是吹嘘自己，觉得自己比别人优越。恶性自恋者是那些以自我为中心，利用他人而毫无悔意，通过撒谎和操纵他人以满足自己的人。他们把性作为权力的来源，利用他们所瞄准的人群那种根深蒂固的、无意识的无价值感和匮乏感来控制和利用他们。他们就像吸血鬼一样以他人为食——利用他人来填补自己内心的空虚，通过贬低或操纵他人来增强自己的重要性和控制欲。他们也更倾向于选择那些善待自我、关心他人、信任他人的人作为他们的受害者，并利用受害者这些高贵的品质来达成他们不可告人的目的。我终于意识到，我的密友，一个我支持了多年的男人，只是另一个长得更帅的哈维·韦恩斯坦。我以为的那个来自《绿野仙踪》里的独行侠不过是一个来自得克萨斯州的骗子。

我惊呆了。这么多年了，我怎么可能一直没有看到到底发生了什么事？我是怎么让自己被愚弄的呢？我又怎么能让凯茜置于如此危险的境地中？不仅如此，我还以我的大学教师背景和作为科学家的声誉为他的机构做了背书。不知不觉中，我甚至助长了这场灾难！

---

① 人本主义心理学的奠基者埃里希·弗洛姆于1964年提出了"恶性自恋"的概念。弗洛姆认为恶性自恋是人类邪恶本质之一。恶性自恋者缺乏共情能力，觉得自己高人一等，并且痴迷于获得周围人的全部注意力。弗洛姆认为，恶性自恋者的典型特征就是夸夸其谈、反社会和敌对行为。这些人只要参与了什么事情，几乎都会在其中丧失人性。

现在，我不得不把那些我为凯茜做过的事在自己身上再做一遍。

首先，我给予自己无条件的爱和支持，试着温柔地去对待自己的痛苦和羞愧，并接受自己做错了事的事实。因为我的内心深处无法承认这一可怕的事实，所以我选择了逃避。这也显示出了共通的人性。

其次，我试着去接受自己的愤怒像火山一样爆发。我本想当面斥责乔治，但最后还是决定不要直接面对他，因为我意识到对于这样一个心理不正常的人，这样做反而会适得其反。同时，我也想保护自己，不想让自己在这场势必会非常痛苦的遭遇战中受到伤害，因此，我选择了行动。

在我的屋外有一棵非常高大的老橡树，它就像一位睿智的老祖母，总是会从精神上庇护我。我总会习惯性地坐在她的树枝下，请求治愈、爱，以及自我宽恕。这一次，当我坐在她身边的时候，我请求她允许我充分发泄出我的愤怒。我让那种愤怒的能量在我的身体里自由地流动，并立下承诺，我绝对不会闭上眼睛，听之任之。我会不惜一切代价去阻止伤害再次发生。

凯茜想把发生的一切告诉乔治的妻子艾琳。凯茜觉得艾琳有权利了解她丈夫的全部恶劣行径，这样她才可以去保护自己和她的孩子们。于是，凯茜给艾琳写了一封令人心碎的信，在信里她把一切事实都告诉了艾琳，并为自己伤害了她而道歉。

随后，凯茜请我把信转交艾琳，但这个主意让我感到非常不舒服。首先，因为我和艾琳并不亲近；其次，艾琳是中心的联合负责人，我担心如果有人起诉乔治，她也要承担法律责任。因此，我觉得我有责任以女人对女人的身份把真相告诉她，从而让她做出明智的选择。我想最好等到乔治出城后再去找她，这样她就可以在不受乔治影响的情况下了解真相。

除了凯茜的信，我还打印了几份其他女人写的声明（她们已经允许我分享这些声明）。因为我知道乔治有可能已经告诉她我疯了，所以我想拿出一些切实的证据给她看。但艾琳的反应完全出乎我的意料，她甚至都没有打开信就开始冲我发火，甚至指责我想勒索他们。我猜那是她的一种防御性应对方式，把我看成坏人起码比把她所爱的男人看成坏人更容易些。

凯茜最后还是鼓起勇气告诉她妈妈发生了什么。于是，我收到了她妈妈的电子邮件，她希望和我见面喝个茶，共同讨论一下这件事。她的反应也不是我所期待的那样。我以为她会很愤怒，但是她没有。相反，她更多的是担心。我告诉她，因为凯茜若在17岁（得克萨斯州的法定年龄）之前就被性侵，她们就可以去起诉他，但是凯茜的母亲并不想把她的女儿拖进公堂。同时，她也担心这样做可能会导致乔治（现在她觉得这个人很危险）给她们造成更坏的影响。这也是人们不愿意举报性虐待的一个常见原因——害怕让事情变得更糟。考虑到绝大多数犯罪者最终都没有被定罪，这种担心和恐惧也情有可原。

一位也被告知我疯了的中心工作人员给我发了一条短信。"听说你有些书面声明，"她说，"能给我看看吗？"我同意去见她。看了声明之后，她被吓坏了，并告诉了住在该中心的其他女性工作人员。最终，她们决定在同一天辞职。一天早晨，她们收拾好东西，在黎明前悄悄地溜了出去，这样她们就不用直接面对"可怕"的乔治了。

另外，还有几个女孩希望能和我同住几天，并一起想一想下一步该怎么办。我们就所发生的事进行了长时间的愤怒对话。每个人都承认了她们也曾与乔治发生过性关系。所有人都沮丧地发现，那种曾经被她们每个人都认为是特殊和单独（虽然秘而不宣）的关系根本就不是"独一无二"的。她们意识到，乔治几乎和任何他想要的女孩或女人都上过床，而她们只不过是他"后宫"（或者更准确地说，是一个由一位魅力十足、不负责任的领导人所带领的"邪教组织"）里的一部分。同样地，这些女孩也需要温柔的自我关怀来帮助她们承受了解真相所带来的震惊和悲伤。同时，她们更需要强悍的自我关怀来帮助她们采取下一步的行动。她们开始向那些需要了解真相的人发出警告，消息最终开始在孤独症领域传播开来。这一次，乔治的魅力再也救不了他了。他关闭了该中心，和家人搬去了其他州。

艾琳并没有离开乔治，也许是因为她年幼的孩子，也许是因为情感上的长时间虐待已经使她精神崩溃了。我不太了解她，所以也不能确定她的具体情况，但女性选择留在虐待自己的伴侣身边是很常见的。直到今天，乔治也没有向他伤害过的任何人道过歉，他甚至责怪我和凯茜，认为我们毁了他的生活。

当我和那些自认为是乔治受害者的女性交谈的时候，我们试图弄清楚为什么这样的事情会持续这么久。是的，由于他娴熟的煤气灯操控[①]技巧——一种自恋者用来让人们失去平衡的谎言和操纵，我们很难看出到底发生了什么。但同时也有一些明显的迹象表明，

---

① 煤气灯操控：一种心理操控，其名称来自写于1938年的剧本《煤气灯》，以及1944年由英格丽·褒曼主演的同名电影。煤气灯操控的目的是使受害者质疑自己的记忆、感知和理智。它利用否定、误导和谎言试图破坏受害者情绪的稳定，使受害者最终怀疑自己相信的现实并不属实。

我们本应对此予以关注，但实际上并没有去做。我记得当得知凯茜过生日乔治要带她出去吃饭的时候，我感到很不舒服。但我最后还是选择无视自己的怀疑，并假设一切都是最好的。我以为他不敢对一个像他女儿一样大的少女做什么。老实说，我并没有想太多，因为不去想会让大家都更好过，而认真对待我的怀疑就意味着要去面对我不想看到的东西。

结果就是在那天晚上，他夺走了她的贞操。

在乔治的中心关门之后，那些我曾与之交谈的人都感到非常震惊，但很少有人感到出乎意料。这个消息只不过把人群中多年来的一些风言风语证实了，尽管有些心理障碍使我们没办法把那些事实联系起来。

其中一个心理障碍就是我们似乎总是渴望看到别人的优点。

当然，每个人都知道乔治和女人们调情是不对的，甚至有点儿下流，但他为孩子们做了那么多好事！每当我们得到的信息与我们对世界的认知模式不相符的时候——也就是当我们出现认知失调的时候——我们就会凌驾于现实之上，以便让事情更有"意义"，更符合我们"想要"看到的世界。我们无法也不愿意相信，一个我们认为的好人可能会以一种糟糕的方式行事——所以我们会把怀疑和困惑强压下去，以便让自己不受干扰地继续生活。

但作为女性，我们不能再逃避了。

我们需要对有害行为睁大眼睛，这样我们才能保护自己和他人。

在与我交谈过的女性中，有相当多的人告诉我，她们和前男友、前夫、前同事或前老板有过类似的经历。但最让人疯狂的是，我们很少会去谈论这件事。正如我所说，引发"我也是"运动的行为本身并不新鲜，但唯一不同的就是我们现在终于开始公开讨论它了。我们需要清楚地看到，正是我们的沉默无意中助长了这种掠夺性的行为。我们要看清这种行为本身，以及任何阻止我们分享信息来制止它的事情。尽管这类性虐待的责任完全落在施暴者身上，但我们不能坐等男人们醒来，停止他们的不端行为。

作为女性，我们现在必须采取行动保护自己。

如何制止掠夺性行为

我们应该如何利用强悍的自我关怀来防止性虐待的发生呢？

如果虐待你的人是你的老板，而且你又害怕被他解雇，那你的确很难开口。因此我们需要通过法律将性骚扰和性虐待定义为违法犯罪行为。不管你信还是不信，在美国的很多州，例如得克萨斯州，在员工少于15人的企业中，并没有严格的法律禁止性骚扰。美国对妇女缺乏法律保护的这种情况亟待改变，这也就是乔治管理的中心里的那些员工最终没有采取法律行动的原因（即使她们很想这么做）。

在性虐待开始的那一刻，我们也可以唤醒自己内在的卡莉女神能量，坚定无误地向施暴者说："不！" 这种强悍的行为很有可能会阻止"掠食者"，因为他们毕竟更喜欢那些容易下手的目标。我发现，当在中心工作的一些女孩拒绝了乔治的"求爱"之后，他就放过了她们。我不知道他为什么会继续追求其中的某些女孩，而不是其他人，但我注意到，在那些被他放过的女孩身上的确存在很多阳性能量。我猜乔治应该是觉得盯着她们不放实在太费事，所以才把目光投向了别处。当然，说"不"也并不总是奏效，这还取决于许多相互交叉的因素，如权力、特权、经济状况等。另外，阻止"掠食者"也不是女性的责任，责任百分之百在于施暴者本身。尽管如此，内心的强悍的确可以帮助我们保护自己。在需要的时候，我们一定不要害怕去使用它。

当我和那些成功拒绝了乔治的员工交谈时，她们都后悔自己对他的行为保持了沉默。虽然她们也向其他在中心工作的人给予了微妙的警告（例如，如果在其他人不在的时候他要求你帮他按摩肩膀，一定要小心），但是并没有人公开揭发过乔治。部分原因是她们并没有意识到乔治的堕落程度，她们拒绝乔治只是觉得他是个好色之徒，却没有足够重视他的行为。不幸的是，我们"悠久"的父权制历史也常常导致女性对虐待行为熟视无睹。"乔治、哈维、查理、杰弗里、唐纳德都是这样的"，我们之所以会这样说，就好像男人都是"掠食者"，而我们别无选择，只能忍气吞声。

为了获得实现真实自我的自由，女性已经付出了长期和艰苦的努力。但有时候我们并没有充分考虑权力的不平等对我们做出决定的影响，或者那些不尊重性界限的男人们的行为到底会带来多么大的危害。值得庆幸的是，随着"我也是"运动展开，事情终于开始发生改变。我相信女性已经到了历史上的清算点——我们长期以来的沉默助长了这种掠夺行为，唯一改善的途径就是承认正在发生的事情，无论这会让我们感到多么不舒服。至于是否公开站出来发声是每一位女性的个人决定，它取决于很多外部因素——是否安全，这样做是否利大于弊，以及对所涉及的各种人的影响。

但我们自己至少需要承认真相，这样我们才能尽力保护自己，生存下去，治愈自己。

自我关怀的角色

幸运的是,研究表明,自我关怀可以帮助人们得以从性虐待所造成的创伤中恢复。

很多关于性虐待受害者与自我关怀的研究,都是通过深入访谈来发现自我关怀是如何帮助女性去应对这种状况的。在受害者的证词中,她们都会提到,被虐待的经历让她们感到羞愧,并且抑制了她们自我关怀的能力。正如一项研究的参与者所说的那样:"如果没有自我意识,你就无法给予自己真正的爱和治愈。对我来说,面对性虐待固然很难;但实际上,更困难的是那种固有的羞耻感会让你觉得自己不配。你会想:'我一定是个坏人,否则他们也不会这么做。'" 这就是被虐待的女性会从自我关怀中获益良多的原因,因为自我关怀有助于消除性虐待对她们的自我意识所造成的伤害。

随着时间的推移,加上借助专业人士的帮助,女性开始意识到遭受虐待并不是她们的错,并开始去学着同情自己受创伤的经历。研究发现,自我关怀能够帮助受害者以更有效的方式来应对羞愧等畏难情绪,从而减少这种情绪给她们带来的压迫感。

一项研究发现,女性认为自我关怀在帮助她们从受虐伤害中复原的过程中,主要可以发挥以下这些作用:

帮助她们确认自我的价值;

接受自己本来的样子;

免受自己的责备;

尊重自己所遭受的痛苦;

让她们愿意花时间照顾自己;

与有类似经历的人联系；

感谢自己所取得的进步。

更重要的是，她们开始主张自己的权利。正如一位名叫多米尼克的女性所说："我意识到性侵犯发生了，但这件事并不能定义我是谁。这赋予了我一种'我要反击'的权利。它不会控制我，也不会控制我的生活。我可以夺回被掳走的力量。我可以把它夺回来。"

然而，当我们受到虐待后，在感觉重新拥有力量之前，我们需要首先给予自己温柔的自我关怀。

第一步就是有意识地感知创伤所带来的痛苦，这样我们就能承认它并面对它，而不是再转过身去。我们需要与我们的痛苦同在，尽管这可能会让人很不舒服，但就像我们会和一个哭泣的孩子待在一起，而不会抛弃她一样。很多受虐待的女性告诉我，她们只想忘记一切，并从受虐待的经历中走出来——但当我们的痛苦被忘记而不是被承认时，这会不可避免地延长恢复的过程。即使只是对自己、治疗师或朋友清楚地说出所发生的事情真相，那也是非常重要的。

话虽如此，但同样重要的是，在我们进行自我治愈的时候，千万不要再给自己造成二次创伤。如果施暴者是我们的家庭成员或亲密伴侣，当我们对已经产生的痛苦敞开心扉时，几乎肯定会发生"回燃"。这时候，我们一定要确保自身以安全的速度前进，并在可能的情况下寻求专业帮助。就像我们在MSC项目中讲的那样："走得慢，才走得远。"

对受虐待后的治愈速度保持耐心是自我关怀送给我们的礼物之一。

温柔的自我关怀还可以帮助我们尽可能地热情、理解、无条件地接纳自己。当我们感到自己破碎了，我们还能去拥抱那个破碎了的自己吗？当我们遭受性虐待的时候，我们可能会觉得自己被玷污了（在过去，这些女人会被称为"被毁了、被糟蹋了"的女人）……但不管发生了什么，我们的灵魂依然纯洁、美丽。

当我们用爱、联结和存在感来填满我们的意识，我们真正的自我价值就会显现出来。

最后，我们也不要忘记共通的人性。至少有1/4的女性遭受过性侵犯，与此同时，绝大多数的女性受到过性骚扰。遭受性虐待并不完全是出于谁的个人原因，我们也不需要因为已经发生的事情而感到被孤立或羞愧。我们并不孤单，我们可以把自己与全球以及历史上数百万像我们一样遭受苦难的女性联结在一起。即使我们的信任已经破碎，我们也可以通过联结其他有类似经历的女性来重建一个新的安全网络。

我们可以在这些纽带中找到力量，并共同致力于一劳永逸地消除性虐待。

练习9　给自己写一封关怀的信

我们会在MSC课程中教大家如何给自己写一封关怀的信。

研究表明，经常这样做对于培养自我关怀非常有效。如果你是性虐待的受害者，你就可以试着给自己写一封关怀的信。最安全的做法是在回忆一个令你感到不安的事件（例如，某个男人对你说了一些下流的话）而不是精神创伤（如强奸）的情况下进行。如果你遭受过性虐待或性侵犯，独立完成这个练习可能会过于刺激你的神经，我们建议你在治疗师或其他心理健康专家的帮助下完成，效果可能会更好。而且，每个人的情况不一样，有时候人们会对自己关于这个练习的反应感到惊讶，因此如果你开始感到不知所措，请允许自己停下来。这样做也是一种自我关怀。

如果你最近正在遭受性侵犯（强迫性接触），请立即寻求帮助。

▶▶ 练习指导

在觉得现在适合开始的情况下，请你回忆过去遭受性骚扰或虐待的情况（那些轻度到中度的情况）。请确认那是一个过去发生且已结束了的事件，你现在感觉是安全的，而且你想给自己带来一些治愈。如果这种回忆严重刺痛了你，请尽可能选择一个创伤较小的事件。由你自己来决定什么是适合你的。

- 首先，写下发生了什么，包括所有你觉得相关的细节。如果这让你开始感到非常痛苦，自我关怀就可能意味着你需要停下来喝杯茶，或者去感觉你的脚底与地面的接触。

- 其次，在描述了所发生的事情之后，另起一段写下这次经历给你带来的痛苦的体会。你现在的情绪如何？有什么感觉？你能描述一下这些感觉是如何表现为生理上的感觉的吗（例如喉咙发冈、内脏被刺痛、胸部感到空虚等）？请允许任何随之产生的情绪保持原样，不管它们是什么——羞愧、厌恶、恐惧、愤怒、恼怒、悲伤、困惑、内疚等，都不要去评价它，让它们都浮现在你的意识里。记录下这些感觉带给你的体验非常困难，但请试着去确认你的痛苦——这种感觉是很自然的。

· 接下来，再写一段你对于这种体验的共通人性的记忆。不幸的是，这样的情况每天都在发生，不是只有你在遭受折磨，你并不孤单。最重要的是，这不是你的错。这种对于女性的虐待源于几千年的父权制和不平等的权力。但你现在可以和你的姐妹们共同坚强面对——我们不要再忍受了。你可以去感受那种自己正在融入比自身更大的事物，成为其一部分所带给你的力量。

· 现在试着写一段话来表达对自己深深的善意。写下一些话来安慰你所遭受的痛苦和伤害。请确保你的话语是温柔和鼓舞人心的，就像你会对遭受类似经历的亲密朋友说的那样。如果这时有任何羞耻感或自我怀疑的感觉出现，看看你是否也能将这些感觉保持在爱的状态中。你能在痛苦中温柔地对待自己吗？

· 接下来，再写一段来释放你内心深处那种卡莉女神或凶猛的熊妈妈般的强大力量。当你承诺要保护你自己和你的姐妹时，你的言语要坚强、大胆、勇敢。你要让愤怒升起，不要抗拒它。你要让那愤怒流过你的全身，如果你开始感到不知所措，通过你的脚底把自己牢牢地固定在大地上。试着不要太沉迷于对施暴者本身的回忆，他已经消耗了你足够多的脑细胞和葡萄糖，此时已经不再值得你给更多关注了。相反，把你的愤怒全部集中在伤害本身上面。这种事本就不应该发生！

· 最后，看看你能否用你的愤怒来激励你采取行动。你能做些什么来防止这样的事情再次发生在你自己或其他女人身上吗？如果可以，你能朝这个方向再迈出一小步吗？

· 你写完这封信后，做几次深呼吸，然后把它放在安全的地方。当你感觉合适的时候，再回过头去重新读它，并让自己完全沉浸其中。有些人喜欢真的把信寄给自己，在几天后收到信时再重新阅读。

如果在练习过程中出现困难的感觉，请确保照顾好你自己。停下来问问自己需要什么——一个拥抱？散散步？和你信任的人聊天？还是安静地独处？试着给自己提供当下最有帮助的东西。

采取行动

虽然利用自我关怀帮助我们从性虐待所造成的伤害中复原很重要，但复原并不是全部。努力防止未来类似行为对女性的伤害也同样至关重要。

性虐待之所以会发生，一个主要原因是：社会结构性的不平等赋予了男性凌驾于女性之上的权力。与其他妇女联合起来有助于为我们提供必要的勇气把施暴者揪出来。"我也是"运动已经表明，再有权势的人也会被判有罪并被绳之以法。如果我们团结一致，我们就可以减少或制止这种残暴行为的发生。

但究竟什么才是谈论性虐待的最好方式呢，尤其是当我们面临遭受威胁的危险后果时？在有些公司我们可以匿名举报这种掠夺性行为，但在大多数公司并不行。而且，这种行为也通常会发生在工作场所之外。事实上，很多性虐待经常发生在家庭内部。那又该怎么办呢？遗憾的是我本人并没有找到这些问题的答案。但幸运的是，有很多专家比我更了解这个话题。但我知道，所有的答案都需要以自我关怀的原则作为指导，我们需要行动起来，利用勇气、力量和洞察力保护自己。

我们如果能够敞开心扉，既温柔又强悍，就一定能找到最佳的前进道路。

我们当然希望有越来越多的男人加入我们的队伍,并且利用强悍的自我关怀去揪出他们身边的那些"掠食者"——但是我们真的不能坐等他们的到来。作为女性,我们现在需要做的就是保护自己。

女性的意识正在转变,我们的愤怒正在燃烧,一种阳性的力量正在不断升腾。

女人们终于开始意识到她们的真实本性,强悍又温柔的卡莉女神正在崛起。

PART2
如何
做到自我关怀

第五章

温柔地拥抱自我

走出自我的牢笼，首先就是要接受关于我们自己和我们生活中的一切，真心拥抱我们所经历的每一刻。

——塔拉·布兰奇[①]，作家

针对我们在当下的需要，自我关怀为我们提供了许多种减轻痛苦的方法。

在我们进一步探索"强悍的自我关怀"之前，我们首先需要更好地去理解什么是"温柔的自我关怀"。因为"阴"必须最终与"阳"达到平衡且融合，才能实现我们的完整与幸福。在这里，我将简要地介绍这些概念，如果你想做深入了解，可以参考我之前出版的书《自我关怀的力量》，这本书更加关注自我接纳及阴性能量的发展。

温柔的自我关怀是一种能力，它可以让我们勇于面对真实的自我——直面自己的痛苦，并安慰自己并不孤单。

温柔的自我关怀具有一种母亲对待新生儿般温柔和抚育的品质。想想看，就算是婴儿无法控制地哭闹，或者刚刚吐到母亲的新

[①] 临床心理学家、美国知名的正念指导老师，与杰克·康菲尔德共创"觉知的力量"课程。

衣服上，母亲都不会介意，还会无条件地爱孩子。温柔的自我关怀让我们可以像对待孩子那样对待自己——就像我们可以抱着哭闹的婴儿一样，我们也可以用爱来拥抱自己那强烈而不安的情绪，这样我们就不会不知所措。这种能力让我们不会那么在意我们到底体验到了什么——无论是痛苦、困难、挑战还是失望——而是更加专注于我们如何与之相处。通过自我关怀，我们可以学会一种新的自我相处之道。我们不会再迷失于痛苦之中，被痛苦吞噬；我们会因为所遭受的痛苦而同情自己、关怀自己。这种对自己的关心和照顾可以让我们感到安全和被接受。当我们面对现实敞开心扉的时候，它会产生一种温暖的力量来帮助治愈我们的伤口。

当我开始写这本书的时候，新冠疫情爆发了。我所有的线下工作坊都被取消了，罗文也不得不进行线上学习。我一边要试着去辅导罗文的功课并让他保持开心，一边还要确保我们有足够的食物储备（实际上我已经买了50磅大米和豆子以防万一）和厕纸（足够用来处理50磅大米和豆子所产生的"潜在后果"），还不得不去应对生活中其他由于新冠疫情所带来的令人难以置信的变化。

在这种情况下，写作真的很不容易。我既感到孤独，又担心未来。当然，与那些失去工作、爱人或健康的人相比，我已经非常幸运了。但这并不意味着压力就不存在。好在每当恐惧、悲伤或不确定的感觉袭来的时候，我知道该怎么做——给予自己温柔的关怀。我会对自己说："这真的很难。这时候你需要什么呢？"当我需要让自己冷静下来的时候，我会去散步或洗热水澡；而当我需要更多情感上的支持的时候，我会把一只手放在我的心脏上，把另一只手放在我的太阳神经丛上，去切实感受自己的存在，并有意识地给自己带来一些温暖和爱。我会不断地提醒自己这是人类共同的经历（我正在与数十亿人共同经历着疫情）。尽管眼前的困难并不会因此马上消失,但花上几分钟检查一下自己,给自己一些善意的支持,对我来说的确发挥了很大的作用。

当我们对处在挣扎中的自己给予关怀的时候,我们的意识就不会再完全被痛苦本身消耗,而是充满了对这种痛苦的关注。这会让我们意识到,我们自己比我们的痛苦更强大。用爱来承载痛苦,无论此刻我们所经历的事情多么艰难,这条救生索都会给我们带来伟大的意义和满足感。

自我关怀的三个核心组成部分——善待自我、共通人性和静观觉察——每一个都在其中扮演着至关重要的角色。善待自我是一种让我们能够安慰和抚慰自己的情感态度;共通人性为我们提供一种智慧,让我们知道自己并不孤单,且看到不完美本身就是人类共同经历的一部分;而静观觉察可以让我们直面自己的痛苦,这样我们就可以确认那种痛苦的感觉,而不是立刻试图修复或改变它。当温柔的自我关怀被用来满足我们的需求的时候,这三个要素就会以一种特殊的形式出现:爱、联结与存在感。

爱

善待自我是自我关怀的元素之一。当我们需要面对真实自我的时候,善待自我就会呈现出一种爱的本质——温柔、热情和抚育。对于自我关怀里的这一部分,女性通常会感到非常舒服和自在,因为它早就已经深深地植根于女性的性别角色中。作为关怀专家,我们从出生就开始被培养去照顾他人。但即使是这样,当我们把那种关心转向自己内心的时候，我们还是会觉得有些陌生，甚至不舒服。

我们大多数人对待自己往往比对待别人更为苛刻。我们经常会对自己说一些我们永远不会对别人说的残酷无情的话。试想一下，当你由于太忙而忘了在你妈妈生日的时候给她打电话。如果同样的事发生在你的好朋友身上，你可能会这么对她说："我知道你很难受，因为你忘了给你妈妈打电话。但这种事经常发生，这又不是世界末日，不是吗？你只不过是压力太大，太忙了，所以才会忘记。你现在可以给你妈妈打电话，告诉她，她对你有多重要。"但是反过来，在同样的情况下，我们更有可能会对自己说些什么呢？"你可真是个糟糕的女儿！真不敢相信你居然这么以自我为中心。我敢肯定妈妈一定很伤心，她也许永远都不会原谅你了。"

对待朋友，我们通常会对事（你忘了给妈妈打电话）而不对人（你真是个糟糕的女儿）；会将这种行为归因于外部情境（你很忙）而不是内部人格（你太以自我为中心）；同时我们也会客观地看待事情的严重性（这并不是世界末日），而不是把它变成一场灾难（我敢肯定妈妈一定很伤心）；我们知道这种情况只不过是暂时的（你现在可以给你妈妈打电话），而不会认为事情会造成永久性的后果（她永远不会原谅你）。

那么，为什么我们对待自己和对待朋友会如此不同呢？其中一个原因与我们人类应对威胁的生理机制有关。当我们注意到自己不喜欢的东西，或者面临某种生活中的挑战的时候，我们就会感受到一种威胁。就像我们前面讲过的，人类面对威胁的本能应激反应就是三种——战斗、逃跑或僵住，而当我们将这种本能的应激反应用到自己身上的时候（也就是威胁来自我们自身），就会表现为自我批评、自我孤立以及过度反应。我们会下意识地认为，似乎通过这样的反应，我们就能够夺回对自己的控制权，防止出现失误，从而确保我们自身的安全。而说到朋友，事实上，我们通常不大会因为别人陷入困境而感觉自己受到直接的威胁（尽管我也许会为朋友被解雇感到难过，但这并不会立即让我处于危险中），因此我们可以选择更多的方式来对他人做出更友好的回应。通过练习自我关怀，我们可以将这种安全感的本能来源从我们的威胁防御系统转移到我们的照护系统上，这样我们就能够更有效地支持自己去应对各种困难。

创造这种支持性氛围的一个关键因素就是我们对自己说话时的语气——是大声说出来还是心平气和地与自己对话。所有人对语气和语调都非常敏感，在我们能够理解语言的前两年，这就是父母和婴儿交流的主要手段。我们可以不依赖语言本身的意义就感受到说话人所蕴含的情感。例如，就算我们使用了客气的词语，但以一种平淡或冷漠的方式把话说出来，总体来说那效果就像用预录电话通知你延长汽车保修一样"有效"。但当我们的语气中充满善意时，我们就会从骨子里感受到这种温暖，然后本能地对它做出反应。

从严厉的批评转变为善意的表达，其奇妙之处在于，因为有了它，所有那些困难的时刻——包括那些引发羞愧感和自卑感的情况——都会变成我们"给予"和"接受"爱的机会。今后无论面对多么大的困难，我们都可以温柔地对待自己。当我们学会了用友善的语气让自己更舒服，我们爱的能力也会因此变得更强。

不需任何先决条件，也不用去改变什么，因为爱可以包容一切。

联结

温柔的自我关怀的另一个要素是共通人性。当我们面对痛苦的时候，这种共通人性会令人产生一种联结感。

这意味着，如果能够记住困难和自卑感是人类都要共同面对的东西，我们就不会再感到如此孤立无援。实际上，每当我们陷入困境，我们总会觉得自己是那么孤独。想想看，当你在会议上脱口说出一些不恰当的言论——无法支付你的信用卡账单，或者从医生那里得到坏消息——你是不是总会觉得好像哪里出了什么问题？就好像这事不应该发生一样。在我们的心目中，所有事情似乎都应该完美进行，而一旦事情没有按照我们想象的那样进行，我们就会出现一些"反常"的情况。而对于这种"反常"，我们的反应通常不是基于逻辑思维的，而是一种情感和情绪上的反应。是的，从逻辑上讲，我们都知道没有人是完美的，没有人过着完美的生活，而且正如歌曲里唱的那样"你不可能总是能得到你想要的"。然而，当真正面对挑战的时候，我们的情绪反应却往往会是："世界上其他人都过着'正常'的生活，一切顺心如意，只有我最倒霉。"

同时，西方文化加剧了这种以自我为中心的观点。西方文化让我们相信，我们都是独立的主体，我们可以控制自己和自己的命运。当我们接受了这样的说法，觉得是我们自己在主持这场"人生大戏"的时候，我们就会忘记人类本质上的相互依赖性。

而事实上，我们所有人的行动都是在一个更大的时空、因果网络中进行的。

比如，我觉得自己不够好，是因为我有时候会对别人急躁、不耐烦，由此也损害了我的工作关系（当然，这都是假设）。我可能会认为这是我的"性格缺陷",并因此责怪自己。但凭借共通人性的智慧,我可以看到这种行为并不是我自己可以完全控制的。

如果我自己能控制的话,我现在肯定早就已经阻止它了。

我做出这种行为部分是由我的遗传基因、激素分泌、早期家族史、生活经历、当前的生活环境——经济、爱情、工作、健康等——所共同造成的。而所有这些个人因素又都与其他更大的因素相互作用,比如社会习俗和全球经济,而这其中的大部分都是我根本无法控制的。

因此,我们没有理由把一切都归罪于自己,我们每个人的经历都与更大的系统中正在发生的事情息息相关。当然,这并不意味着我不应该对自己的行为负责,也不意味着我不应该尽我最大的努力去改善现状——我当然应该在任何"轻举妄动"之前试着去控制自己,应该经常为自己所做的不当的事去道歉,或在必要时以某种形式进行弥补——但是,我没有必要总是毫不留情地责备自己。

犯错误也是人类共同经历中不可分割的一部分,当我们认识到这一点时,我们就不会再把失败仅仅看成我们个人的事情了。当我们认识到我们不过只是一幅"大织锦"当中的小小一针的时候,那种分离和孤立的感觉就会开始减弱;当我们看到所有的人都有优缺点,而这些优缺点又与更多更复杂且远远不是我们有能力控制的因素交织在一起,我们就不会再觉得只有自己"不正常"了。

而当我们不再感到孤单,痛苦本身也就不再那么让人难以忍受了。

正是这种联结感加强了我们接受生活挑战所需要的安全感。

存在感

静观觉察是自我关怀的核心要素,它为我们提供了一种让我们能够认清自己本来面目,并坦然面对自己的痛苦所必需的自我意识。

作为一种平衡状态,静观觉察可以使我们避开面对痛苦的两种常见的应激反应:自我逃避和过度反应。

有的时候,面对困难我们宁愿闭上眼睛,选择逃避。我们宁愿忽视那些存在于婚姻、工作或环境中的问题,与其忍受面对现实的不适,还不如选择性遗忘。但是为了实现自我关怀,我们必须能够面对我们的痛苦。我们需要转向自己的内心,为悲伤、恐惧、愤怒、孤独、失望、沮丧等负面情绪腾出点儿空间。我们知道这些感觉是人类共同经历的一部分,只有这样做,我们才能用爱来回应我们的痛苦。

除了逃避,有的时候,我们还会和那些负面情绪紧紧地"粘"在一起。我们如果死盯着问题不放,就很容易在这个过程中将它扭曲和放大。回忆一下,看动作片的时候你有时候是不是会特别投入,紧张得好像你自己就要被那辆打滑的汽车撞到一样。直到你旁边的人突然打了个喷嚏,你才意识到:"哦,对了,我这是在看电影!"静观觉察可以给予我们足够的空间和有利位置,让我们能够看清楚正在发生的一切,这样我们就可以在困难的时候给予自己关怀。

当我们能够坦然面对现实,即使我们不喜欢它,它也能立刻帮到我们。每当有不喜欢的事情发生,我们通常会试图去修复它,或者让它消失得越快越好。但我们越是与现实抗争,越会让事情变得更糟。就像心理学家告诉我们的那样,越是抗拒疼痛,疼痛就越会加剧。你如果拼命去挤一个充满了气的气球,会发生什么?它爆炸了!

在精神医学领域,抗拒被定义为一种我们试图去操纵当下体验的愿望。我们在抗拒痛苦的时候,不仅会感受到痛苦本身,还会因为事情不是我们想要的那样而感到烦恼和沮丧。

冥想教师杨真善[①]将这句话转化为一个数学公式:"折磨=痛苦×抗拒。"有一次,当我和他一起进行禅修,他开玩笑地对我说:"实际上,痛苦和抵抗之间应该是一种指数关系,而不是乘法关系。"

假设你正要乘飞机去参加一位好朋友的婚礼,航班却被取消了,而这也许会让你错过这个重要时刻。不得不说这的确太令人失望了。但你如果咆哮着说这有多可怕,扯着自己的头发尖叫,并把头撞向一堵想象中的墙,这只会增加航班被取消所带来的压力,并且让你被那种"这不应该发生!"的想法吞噬。换句话说,抵抗现实只会火上浇油。

而静观觉察则会帮助我们接受现实。我们会对自己说:"航班被取消让我觉得很沮丧。我真的不想错过我朋友的婚礼,我感到很难过。"这种对痛苦的明确承认能让我们确认自己的感受,并在接下来采取明智的行动尝试让事情得到改变(比如,也许你可以租一辆车)。

接受而不是抗拒疼痛的另一个好处是,它能让痛苦消失得更快。我们知道,抵抗不仅会放大我们的痛苦,还会让我们的痛苦被

[①] 杨真善:威斯康星大学宗教哲学博士,美国亚利桑那大学"正念与脑神经学实验室"创办人之一。

"锁死"。例如，不断与焦虑抗争，你可能会发展为惊恐性障碍；而不断与悲伤抗争（特别是如果你认为自己极度悲伤），你则有可能会抑郁。一般来说，负面情绪的寿命都是有限的，它们通常在困境中产生，然后随着时间的推移逐渐消失。而当我们与那些消极情绪做斗争的时候，实际上我们是通过抵抗的能量来"喂养"和"维持"它们。那些消极情绪就像流浪猫一样一直围着我们转来转去，只因为我们晚上给它们留下了残羹剩饭。然而，当我们只是单纯地去面对它们，并有意识地让我们的体验保持在当下的状态，它们最终会正常消失。

话虽如此，但是人想要抵抗痛苦是很自然的，这也是我们很难对此放手的原因。即使是变形虫也会在培养皿中远离毒素，正是人类趋利避害的本能驱使着我们去抗拒痛苦。

我知道自我关怀会对罗文的生活很有帮助，所以从罗文很小的时候我就开始教他去练习静观觉察和自我关怀。但是在很多年里，他一直对此很抵触。每当他因为某件事而感到难过，我就会试着帮助他用温暖和善意去接受自己的痛苦。而他有时候则会厉声说："妈妈，别再给我讲那种自我关怀的东西了！我不想接受什么痛苦。"他的这种诚实的反应是如此令人心碎。作为他的母亲，我当然希望他的抵抗能起作用，让他的痛苦能够神奇地消散。但抵抗往往是徒劳的（当然如果对待入侵的外星人，抵抗也许能起作用）。我们只有以开放的心态面对痛苦，才会让痛苦以它自己的时间和节奏消退。

静观觉察的练习可以让我们放下抵抗，这样我们就能以一种更慈悲的方式与自己相处。只要承认我们的痛苦并允许它存在，我们就迈出了自我治愈的第一步。当我们面对自己和自己真实的痛苦

（存在感）时，要记住——身处困境的我们并不孤单（联结），去善待自己，因为它伤害了我们（爱），这样我们就会展现出一种完整且温柔的自我关怀状态。

这种"爱、联结和存在感"可以应用于任何体验，它将使我们应对困难的能力产生巨大的变化。

练习10　温柔的自我关怀训练

当处于挣扎中时，我们需要暂时停下来喘口气。就像按下电脑的重启按钮，这样我们就可以更好地调整自己，重新定位。

"自我关怀训练"是MSC项目中最受欢迎的练习。在日常生活中你需要自我接纳或支持自我的时候，它可以帮助你引入温柔自我关怀的三个主要组成部分——静观觉察、共通人性和善待自我。"自我关怀训练"通过有意识地唤起自我关怀的上述三个组成部分，帮助我们以更富有同情心的方式面对自己和自己的体验。

在这里，我们将先学习如何在需要的时候唤起温柔的自我关怀。在后面的章节中，我们还将针对强悍自我关怀的三种形式——自我保护、自我支持和自我激励，提供另外的定制练习。

▶▶ **练习指导**

设想一下你生活中某种困难的情况，某件让你感到痛苦的事情，某件你希望能够以更充满关怀和接受的心态去面对的事情。也许你感到力不从心，也许你觉得为之难过，并希望利用"爱、联结和存在感"来帮助你渡过难关。当你初次练习的时候，请选择一些比较温和、适中而不是会让你感到崩溃的情况。允许自己去摸索着解决这个问题，同时注意你身体所产生的任何让你感到不安的感觉。关注哪里的反应最强烈，并去接触你身体的这种不适感觉。

确保你的姿势尽可能放松。接下来，你要对自己说一段话（大声地说或默念），以"阴柔"的方式引入自我关怀的三个组成部分。尽管我们会提供一些建议，但找到适合你自己的方式和话语才是这个练习的目标。

・第一句话是为了帮助你专注于你正在经历的痛苦。

试着慢慢地、平静地对自己说："这是令人痛苦的时刻。"如果这么说感觉不太好，看看能不能想出一些其他的方式来表达这个信息，比如"这很难""我感到压力很大"，或者"我真的受伤了"。

・第二句话是要提醒你，你是如何与人类联系在一起的。

试着对自己说，"苦难是生活的一部分"，或者"我不是一个人""我们在生活中都面临挑战"，以及"这就是每个人陷入困境时的感觉"。

・通过第三句话呼唤爱和善待自我的力量。

把你的手放在你的心脏位置上，或者你身体上感觉舒适的任何地方，感受手的温度和那种温柔触摸。试着温柔地对自己说："我可以善待我自己。"或者说："我可以接受自己本来的样子吗？""我可以理解自己和耐心地对待自己吗？"又或者说："我为你而来。"如果觉得舒服，你甚至可以试着说："我爱你。"

・如果这些话让你很难说出口，试想在你面前，你的一个好朋友遇到了和你相同的问题，你会对这个人说些什么去安慰他/她？现在，你能向自己传达同样的信息吗？

做完练习后，你可能会出现以下三种感觉：积极的、消极的或中性的。看看你是否能让自己保持住当下的状态，而不需要去修正任何事情。如果你感觉自己正在经历某种倒退，你可以去做一下本书第39页"感受脚底"的练习。

自我关怀与自尊

温柔的自我关怀最重要的功能就是实现彻底的自我接纳。

当我们学着以一种更富有同情心的方式来对待不完美的自己，我们就不会再因为自己不够好而贬低和批评自己。我们会放弃那种不断逼着自己成为"别人家小孩"的努力，不再苛求完美，而是拥抱自己所有的缺点和不足。

而这与我们平常所说的"增强自尊"完全不同。

首先需要指出的是，我们在这里所说的"自尊"是一个源自西方的学术性概念——指的是个体对自我能力和自我价值的一种评价性情感体验，也是一种"我们是好，还是坏"的价值判断。对于我们大多数人来说，良好的自我感觉通常来自"我很特别"或"高人一等"的自我价值判断。

"平庸是不好的"，这种看法本身就有问题。

因为从逻辑上讲，不可能所有人都那么与众不同又都同时出类拔萃。追求高自尊就意味着我们要不断地把自己和别人做比较。她网络上的粉丝比我多吗？她比我长得更漂亮吗？ 布琳·布朗[①]真的

---

① 布琳·布朗：休斯敦大学社会工作研究生院助理研究教授。

主演了她自己的奈飞特别节目吗？这种不断的攀比让我们感到自己无时无刻不在与他人竞争，并会因此与他人隔绝。

这不仅会削弱我们彼此联结的感觉，还会导致我们做出一些非常恶劣的行为——从身体上的霸凌行为（如果我去捉弄那个长相古怪的孩子，相比之下，我就会看起来很酷）到关系上的攻击行为（如果我在工作中散布关于那个新来的女同事的谣言，也许其他人就不会像喜欢我一样喜欢她了）。社会攀比也会导致偏见的形成。虽然造成偏见的根源相当复杂，其与维持权力和资源有很大关系，但其中的一个关键因素是，当我告诉自己，我的人种、宗教、民族、种族比你们更优越的时候，我就在无形之中提高了我的地位。

自尊带来的另一个问题是，它需要根据我们是否符合自己设定的标准来判断我们的价值。

我按照计划减肥成功了吗？我完成销售目标了吗？我有效地利用了自己的空闲时间吗？我们通常会把价值感建立在实现目标的基础之上。而女性通常愿意为获得自尊而"埋单"的三个领域是：社会认同、性吸引力以及在那些对于我们来说很重要的生活领域（学校、工作、育儿等）的成功表现。所以我们会不断地问自己："我的工作做得好吗？大家喜欢我吗？我看起来漂亮吗？"当答案是肯定的时候，我们就会自我感觉非常好；但在那些不顺的日子里，如果答案是否定的，我们就会觉得自己的价值大打折扣。

自我价值会随着我们是否满足自己的或他人的期望而改变，它也会出现剧烈的波动。因此我们也可以说，自尊是一种不稳定的情感体验，它只会在那些美好的时刻与我们相伴。那么当我们在申请工作时被拒绝、被伴侣抛弃或者在镜子里看到一个不喜欢的自己的时候，又会发生什么呢？当自我价值的源泉被剥夺，随之而来的就是抑郁或焦虑。

而且，人们对高自尊的追求是永无止境的——就像一架我们似乎永远无法摆脱的跑步机。总会有人比我们更棒——即使不是现在，也会很快出现。而我们是不完美的生物这一事实则意味着我们永远也追不上自己不断提高的标准——我们永远都不够好，不够成功。

而温柔的自我关怀则会通过无条件地接纳自我摆脱这种"自尊陷阱"。

我们不需要再去"赢得"自我关怀的权利。同情自己、关怀自己，作为不完美的人类本身，从本质上我们就值得关心。实现自我关怀，我们不需要很成功、与众不同或高人一等，我们只需要去热情地拥抱那个迷茫、挣扎却不断追求进步的自己就可以了。

最近一段时间，当我的自尊受到威胁，要离我而去的时候，自我关怀适逢其时地取而代之了。

一年夏天，大约在我计划为一大群观众做一场关于自我关怀的重要演讲的前一个月，我的鼻尖上出现了一个小疙瘩。"真奇怪。"我心想，"我已经好多年都没长过青春痘了。这一定是更年期激素变化引起的。" 可是那个疙瘩不仅没有自然消失，反而变得更大更红了——虽然还赶不上《红鼻子驯鹿鲁道夫》[①]，但也差不多了。最后我去看了皮肤科医生，并被确诊为黑色素瘤。还不是很严重，谢天谢地！但它需要立即通过手术切除——就在我登上飞机去做重要演讲的前一天。因此，在第二天演讲的时候，我不得不用一块白色的大绷带轻轻贴在我的脸中间——这可不是我最好看的

[①] 《红鼻子驯鹿鲁道夫》：一首著名的圣诞歌曲，讲的是驯鹿鲁道夫的故事。

样子。但是，我并没有过多担心自己的样子有多难看，也没有害怕听众们对我评头论足，而是对自己的尴尬处境表示出了同情和关怀。这让我可以用一种更轻松的方式来应对这件事，甚至可以开玩笑地对听众们说："你们可能注意到了我鼻子上的绷带吧。一旦过了50岁，你身上就会长出一些奇怪的东西，然后你不得不把它们切掉——那你们打算怎么办呢？"

我和荷兰奈梅亨大学的Roos Vonk曾经通过一项研究把自尊和自我关怀对自我价值感的影响做了直接的比较。我们通过报纸和杂志广告招募了2187名参与者（74%是女性，年龄从18岁到83岁不等），在为期8个月的时间里，参与者们通过填写问卷参与了一系列的调查。最终我们发现，与自尊相比，自我关怀较少与社会攀比相关，且较少地依赖于社会认可、性吸引力和个人成功的表现。因此，随着时间的推移，人们从自我关怀中获得的自我价值感会更为稳定。在8个月的时间里，我们对每个人的自我价值感总共进行了12次不同的测量，发现能够预测参与者自我价值稳定性的是自我关怀，而不是自尊。

自尊和自我关怀的目标是截然相反的。自尊要求我们把事情尽可能做到完美，而自我关怀则是帮助我们打开心扉接受自己的不完美。自我关怀可以帮助我们成为一个完整的人。我们会因此放弃追求完美或所谓"理想"的生活，转而专注于在各种情况下去关心、照顾我们自己。我也许刚刚错过了某个截止日期，也许又说了一些愚蠢的话，或者刚做了一个糟糕的决定，这时候，我的自尊心可能受到了很大的打击，但如果我能够对自己始终保持友善和理解，自我关怀就成功了。我们如果能够接受自己的本来面目，并给予自己爱与支持，那么我们的目标就实现了。有了自我关怀，我们可以随时对自己进行"开箱检查",无论里面装的是什么。

正如本书前面提到的一样,有越来越多的研究表明,自我关怀有助于提高我们的幸福感。

它可以帮助我们减少抑郁、焦虑和压力,同时提升幸福感和生活满意度,进而改善我们的身心健康。

其中一种方法就是促进我们生理机能的改变。当我们开始练习自我关怀的时候,神经系统中的威胁防御系统就会被解除,照护系统则开始被激活,从而使我们感到更安全。为了证明这一点,一项研究要求参与者在想象自己获得关怀的同时,在自己的身体里去感受它。每一分钟他们都会被告知:"你会感觉到你正在接收一种慈悲的能量,去感受那份爱与善意。"研究人员发现,与对照组相比,接受自我关怀指导的参与者的皮质醇水平(交感神经系统活动的标志)较低,表明他们在当时感到更加安全;与此同时,心率变异性的增加(副交感神经激活的一个标志)则表明他们当时的戒备水平较低,感觉也更加放松。

自我关怀还可以通过将消极状态转化为积极状态来提升我们的幸福感。

当我们在爱与联结中拥抱痛苦时,痛苦就会开始消退,同时,敞开心扉也会让我们感觉良好——这是一种有意义且有益的体验。例如,研究人员在网络上招募参与者,要求他们连续7天每天给自己写一封关怀的信。参与者每天都会思考一些让他们感到沮丧的事情,然后按照下面的说明给自己写一封信:"想想你会对和你面临同样处境的朋友说些什么,或者朋友在这种情况下会对你说些什么。试着去理解你的痛苦(例如,你感到痛苦,我很难过),并意识到你的痛苦是有意义的。试着对自己好一点儿。我们希望你能写出你可以收到的任何东西,但请确保这封信提供了你认为你需要听到的东西,这样你的压力才能得到纾解。" 同时,研究人员还招募了一些参与者加入对照组,他们只被要求在一周内每天写下一些他们早期的记忆。随后,他们对所有参与者的幸福感进行了长期追踪,发现与对照组相比,那些给自己写自我关怀信件的人在3个月后的抑郁程度更低。更值得注意的是,他们报告说自己在6个月里感觉更快乐,这表明这种来自当下的爱与联结激发出了更为持久的积极情感。

自我关怀的另一个重要作用就是可以帮助我们抵消羞耻感。

当我们在自己的不良行为和我们到底是谁之间感到困惑的时候,羞耻感就会产生。这是一种以自我为中心的状态——当我们犯错的时候,不是简单地意识到我们犯了一个错误,而是相信"我就是一个错误";当我们在面对失败的时候,不是去直接承认失败的事实,而是认为"我是个失败者"。在这种状态下,我们就会感到空虚、毫无价值,并与他人脱节。自我关怀的三个核心要素恰好就是羞耻感的直接解药:静观觉察阻止我们去过度定义自己的错误,共通人性抵消了那种与他人隔离的感觉,而善待自我会让我们觉得尽管自己并不完美,但我们仍有价值。

自我关怀可以让我们看清楚并认识到自己的弱点,而又不必用它们来定义我们自己。

前几天,我儿子罗文很自然地提醒了我这么做的必要性。当我们一起坐在车里时,我一边开车一边即兴跟着收音机唱了起来。这么说吧,唱歌可不是我的长项。说实话,有时候这一点甚至会让我觉得很丢脸。我大声地说:"我可真是个糟糕的歌手!" 他毫不犹豫地回答道:"你不是糟糕的歌手,妈妈!你只是唱得糟透了!"

羞耻是一种很独特的问题情绪，我们往往会因之自闭，并放弃尝试着去修复我们所造成的任何伤害。羞耻感引发了我们强烈的自我厌恶和孤立感，再加上想要逃避自己所做过的事，这让我们更加难以直面自己的行为。羞耻和内疚还不一样，内疚并不会让人一蹶不振。实际上我们如果知道自己做错了，但并不认为自己是坏人，这反而有助于我们对自己的行为负责。

　　来自曼尼托巴大学的爱德华·约翰逊和卡伦·奥布莱恩研究了自我关怀、羞耻、内疚和抑郁之间的联系。他们要求参与者回忆他们过去让自己后悔的一段经历，并让其中一组人利用自我关怀的三个组成部分——静观觉察、共通人性和善待自我——将这件事写下来。与对照组相比，自我关怀组的人在羞耻感和负面情绪方面显著减少。有趣的是，他们的内疚程度却没有发生变化（自我关怀不会让人们感到更内疚，但也不会减少他们的内疚感）。内疚感可以帮助我们坦承自己的错误，这是一种有益的行为；而羞耻感却对任何人都没有帮助。他们发现，两周后，自我关怀组的人不再那么抑郁了，这在一定程度上也可以解释为他们的羞耻感减轻了。

　　在看清自己的同时不再感到羞耻，这就是自我关怀送给我们的最大的礼物。

应对痛苦

　　自我关怀能够通过提供一种情感复原力，帮助我们经受痛苦而不至于被生活彻底击倒。

　　自我关怀可以帮助我们应对像离婚这样的艰难处境。研究人员要求那些正处在离婚过程中的成年人，完成一段4分钟的关于他们分手经历的内心独白录音，然后，独立评委会对他们的独白进行自我关怀程度的评分。研究表明，那些在谈论分手时表现出更多自我关怀的人，不仅在当下的危机中，而且在离婚9个月后都表现出了更好的心理调适能力。

自我关怀还可以帮助人们更好地应对健康问题，帮助那些患有糖尿病、脊柱裂或多发性硬化症等慢性疾病的人保持情绪平衡，并使他们更加轻松地度过每一天。在一项关于自我关怀如何帮助女性应对慢性身体疼痛的定性研究中，一名参与者写道："吃早餐的时候，我一直在想，也许我不应该把我的疼痛与我自己分开。这疼痛也是我正常生活的一部分，也许这没什么关系。我如果对自己很好，然后继续前进，一切就不会那么难了。"

我曾经和一名研究生进行了一项关于自我关怀如何给孤独症儿童父母带来"压舱石效应"的研究。从自己的亲身经历中，我已经了解到，自我关怀对于照顾一个有特殊需要的孩子是多么重要，但我还想进一步探索来自其他孤独症患儿父母的经验。

我们通过当地的孤独症协会招募志愿者，并请家长们填写自我关怀量表。同时，我们还通过一系列的调查问卷来评估他们孩子的孤独症严重程度，以及这些家长们因自己的处境而产生的压力或抑郁情绪。最后，我们还会了解他们对未来抱有多大希望，以及对目前的生活有多满意。事实上，研究表明，比起孩子的孤独症严重程度，自我关怀的程度更能预测这些父母的表现。

这也表明，与你所面临的挑战相比，更重要的是你在挑战中如何与自己相处。

当我们没有充分的情感资源来处理自己或生活中的问题的时

候，有时候我们就会采取一些消极的应对策略来避免痛苦。我们可能会强迫自己沉溺于酒精、毒品或性爱之中，拼命地想让自己感觉良好，哪怕只是很短的时间。但是，一旦高潮消退、体验的兴奋感消失，我们就又会回到原有的现实中，并试图再次逃避它——这就是成瘾循环的由来。研究表明，那些自我关怀程度较高，能够用爱来承受自己的痛苦，且不必通过致幻体验或强烈刺激来消除它的人，相比之下不大可能对酒精、毒品、食物或性爱上瘾。甚至还有一项研究发现，就连巧克力这种本身就能够帮助我们赶走沮丧情绪的食物，自我关怀的人都不大可能会对它上瘾。不仅如此，自我关怀还能够帮助人们从上瘾中恢复，这就像是戒酒互助会那样的成瘾康复项目能够给人们带来的好处之一。

　　自我关怀可以减少其他处理痛苦的不当方式。例如，在一项为期一年针对遭受欺凌的华裔青少年的跟踪调查中发现，那些具有更强自我关怀能力的青少年不大可能采取割伤自己等自伤（或自残）行为。割伤自己的人通常会用身体上的疼痛来转移情感上的痛苦，或者作为一种在情感麻木时体验某种情绪的方法。

　　自我关怀提供了一种更健康的方式来帮助我们感受和处理痛苦。当情况真的很糟糕时，人们甚至会以试图结束自己的生命作为一种逃避痛苦的方式。一项针对部分在某一年试图自杀的低收入非洲裔美国人，教授他们如何进行自我关怀的研究发现，尽管这些参与者依然会面临贫困和系统性种族主义等种种重大生活挑战，但当他们学会了如何去善待自己时，在他们中间抑郁症和自杀念头就显著减少了。在这种情况下，自我关怀可以说真的是我们的"大救星"。

自我关怀悖论

虽然温柔的自我关怀能帮助我们减轻痛苦、自我治愈,但重要的是不要以一种操纵的方式来改变我们当下的体验。

自我关怀的一个核心悖论是:"我们给予自己关怀不是为了感觉更好,而是因为感觉不好(We give ourselves compassion not to feel better, but because we feel bad.)。"这句话可能会让你有点儿挠头(悖论就是这样奇怪[①]),但这就是关键。

自我关怀的确会帮助我们感觉更好,但如果在一个痛苦的时刻,为了刻意摆脱痛苦,我们把手放在心脏位置上或者对自己说些好听的话,这就又变成了一种伪装起来的抵抗,只会让事情变得更糟。我们所抵抗的东西不仅不会消失,还会持续下去,并变得更强大。相反,我们必须完全接受痛苦存在的事实,正因为它们是痛苦的,所以我们要对自己好一点儿。这样做的效果是通过软化我们对痛苦的抵抗力来减轻我们的痛苦。

自我关怀给我们带来的好处并不是来自控制或强迫,而更像是它本身带来的一种受欢迎的副作用。

在这里,我可以试着用一个例子来说明自我关怀是如何工作的。假设我有睡眠问题,我发现对自己长期失眠这个问题给予关怀可能会有助于我入睡。但是,我不能"玩弄"这个系统。我如果希望利用自我关怀来结束我的失眠症状,那么当我不能立即入睡时,

---

[①] 悖论:指表面上同一命题或推理中隐含着两个对立的结论,而这两个结论都能自圆其说。悖论的抽象公式是:如果事件A发生,则推导出非A,非A发生则推导出A。这里作者的意思是,如果说自我关怀的目的是帮助我们减轻痛苦,为什么又要我们接受痛苦呢?——译者注

我就会变得焦躁不安，这反而会使我更不容易入睡——所有用来抵抗痛苦的自我关怀都势必会失败。

因为我们越想去控制痛苦，我们越会不可避免地放大痛苦。只有当我能够完全接受自己失眠的事实，并对自己好一点儿（因为失眠实在是太糟糕了），我才会感觉自己受到了照顾，并慢慢平静下来进入梦乡。自我关怀主要被用于接纳痛苦，并在接纳的基础上允许疗愈自然发生。

宝贵的一课

我曾经用一种相当痛苦的方式洞悉了自我关怀的悖论。

在我20岁出头的时候，我的哥哥帕克患上了肝硬化，医生猜测这有可能是长期酗酒引起的。帕克承认他是喜欢偶尔喝点儿啤酒，但他发誓说他绝对没有酗酒方面的问题。这时候，一位医生想起了他在医学院读书时看到的一种极其罕见的遗传疾病——威尔逊氏症[①]。

患有这种疾病的人无法排出体内的铜，因此铜会在他们的体内堆积，并滞留在肝脏等部位。这种病的一个主要症状是患者虹膜周围会有一种被称为"K-F环"的棕绿色圆环。我哥哥的医生随即从我哥哥的眼睛里找到了它们，果然，帕克得了威尔逊氏症。这是一种双隐性遗传疾病，这意味着我也有1/4的概率会患上这种病，而且我"逃脱"的胜算似乎并不大。

---

① 威尔逊氏症：一种自体隐性遗传疾病，发病年龄大多见于6岁儿童到40岁的成年人。

不出所料，我的检测也呈阳性，好在我的肝脏还没出问题。于是我开始服用一种温和的螯合剂来帮助排出铜，并定期进行肝脏检查。每当我预约了医生，并把"威尔逊氏症"几个字写在登记表上的时候，医生们就会兴奋地问我是否可以把他们的同事叫到房间里来观察我的"K-F环"（"你这辈子再也不会看到这个了！"）。但除了几次这样的"高光时刻"，似乎这个病也没有给我带来多少"意外收获"（我一直都没有出现什么明显的症状）。

这种情况就一直这样持续了好几年。

直到30多岁，我开始出现了一系列被我自己称为"清醒梦游"的奇怪感觉。那时候，我整天都忙个不停，买个新被子啦，散步啦，摸摸我的猫啦……然后总是会在突然之间，在没有任何明显诱因的情况下，我就会产生一种强烈的感觉——无论我当时在做什么，就好像我在以前的梦中经历过这一切一样。这种感觉非常"抢眼"，我就像被拉进了冥界，但同时这种体验也会让我产生一种可怕的恐惧感。因为一直在做自我关怀练习，每当这种时候，我就会简单地把手放在自己的心脏位置，对自己说几句打气的话，尝试用温暖和接受来"迎接"这种令人不快的感觉。通常情况下，这种感觉会在几分钟内消失。

虽然这种感觉的确很奇怪，也很令人不安，但似乎也很常见，所以我当时并没有想太多。

直到2009年，有一次，当我正在看电影的时候，那种感觉又出现了。再一次，我把手放在胸口上，试图进行自我关怀。但这一次，我并不想去接纳那种感觉，而是想让它尽快结束。看在上帝的分上，我只是想看部电影——我没时间干这个！这一次，我不是因为自己感觉糟糕而给予自己关怀，而是为了想让自己感觉好起来才去这样做。

就这样，那种感觉一直持续了大约45分钟之久，远远超过了过去的每一次。

那天，当我从电影院出来的时候，我发现自己竟然出现了严重失忆——甚至连去年夏天去欧洲旅行时我去过哪些国家都不记得了。这一次，我将"抵抗"伪装成了自我关怀，结果竟然是它持续了更长的时间。

随后，我马上去看了神经科医生。

事实证明，与我哥哥不同的是，如我所愿这些铜并没有聚集在我的肝脏里，但它们驻留在了我的大脑里。这些沉积物导致我患上了颞叶癫痫[①]：在颞叶附近的小范围癫痫发作，通常会让患者产生一种强烈的"似曾相识"的感觉。

随后，我开始接受药物治疗，尽管后来还是会偶有发作，但总的来说很有帮助。现在，当我再次产生那种"我以前没有梦到过这个吗？"的感觉，我就会把所有的意识都集中在我的右大脚趾上（别问我为什么，因为我觉得这是离我大脑最远的地方），并试图分散自己的注意力。我不会再去和这种感觉作战，但我也不会听之任之，我只是希望尽可能地减少它给我带来的负面影响。

患上这种疾病无疑增加了我对温柔的自我关怀的认同，因为在处理我那最棘手的症状——瑞士奶酪一般的记忆（失忆）中，它可是必不可少的。

[①] 颞叶癫痫分为内侧颞叶癫痫和外侧颞叶癫痫，绝大多数为内侧颞叶癫痫。大多数颞叶癫痫为症状性或隐源性，极少数为特发性。患者会时有癫痫发作，表现为突然的口齿不清、梦样状态、记忆失真等。

为了让你了解它到底有多糟糕，这么说吧，有一次我和一群大学期间的朋友出去吃饭，有人提到了我们以前圈子里的一个人。"他怎么样了？"我问道，"我已经好几年没有他的消息了。"

"克里斯汀，你难道不记得了吗？"一个朋友说，"他20年前就自杀了。"

一刹那，我的脸涨得通红，羞愧难当。我的第一个想法是，我这个人是多么冷漠无情啊，竟然连这么重要和悲惨的事情都不记得了。幸运的是，我还有自我关怀可以依靠。我闭上眼睛，让自己去感受这种羞愧，尽管这让人很不舒服。然后我温柔地对自己说："不是你不关心。只是这段记忆已经被抹去了。事情就是这样，没关系的。"

看，就是这样，自我关怀与我总是形影不离，总是在我最需要的时候给予我支持。虽然事情本身并没有因此变得更容易，但是我承受这一切的能力肯定是增强了——这是个好消息，因为生活给了我这么多练习的机会！

练习11　面对负面情绪

有很多技巧可以帮助我们以温柔的方式与自己的负面情绪"在一起"，这意味着我们既不会去抗拒它们，也不至于被它们无情吞噬。这些练习并不是为了帮助我们去"摆脱"我们的负面情绪，而是为了让我们和它们之间建立起一种新的关系。在MSC项目中，我们将以下这些不同的技术结合到一个单独的练习中，专门帮助我们对付负面情绪。

标注情绪

给负面情绪命名或贴上标签将有助于我们从中解脱出来。如果我们能对自己说，"这是悲伤"或"恐惧正在升起"，我们就能够看到这种情绪，而不是被它吞没。这会给我们带来一种"情绪自由"——叫出它的名字，然后驯服它。

专注情绪的身体表达

我们的情绪反应是如此之快，以至于我们很难跟上它们的节奏。同情绪反应相比，我们的身体反应就慢多了。当我们发现一种情绪的身体表达，并有意识地去关注它，我们就能更好地改变我们与这种情绪的关系——感受到它，你就能治愈它。

软化—抚慰—允许

有三种方法可以为我们的负面情绪带来温柔的自我关怀。软化我们身体中感到紧张的那部分是一种身体上的自我关怀；抚慰自己的痛苦是一种情感上的自我关怀；而允许自己痛苦则是一种精神上的自我关怀，它通过减少抵抗来帮助我们减少痛苦。

本练习适用于伤心、难过、孤独或其他需要被我们温柔对待的比较柔和的情绪，而不是像愤怒那样激烈的情绪。和往常一样，如果你在练习的过程中开始感到压力过大，那么请放松下来，并找一些其他的方式来照顾你自己，比如脚底着地，或者进行一些其他形式的自我关怀练习。

▶▶ **练习指导**

· 找一个舒服的姿势坐下或躺下，放松地呼吸3次。

· 把手放在你的胸口上，或者其他可以让你感到抚慰的地方，提醒自己你在房间里，并且你自己也值得关爱。

- 试着回忆一个目前让你觉得烦心的（轻度到中度）的情况，也许是健康问题、紧张的人际关系问题或者在工作中的某个问题。第一次练习的时候不要选择非常困难的情况，也不要选择太过琐碎的问题，尽可能选择一个当你想到它的时候你的身体里会产生一点儿压力的情况。
- 尽可能地把问题形象化。谁在那里？你说了什么？你做了什么？或者会发生什么？

标注情绪

- 当你回忆这个情况的时候，注意你内心是否产生了任何情绪变化。如果有的话，看看能否给它起个名字，或者贴上一个标签。例如：
- 悲伤？
- 困惑？
- 恐惧？
- 如果这种情况带给你很多种情绪，看看你能否给其中最强烈的那种情绪进行命名。
- 现在，请用一种温柔、理解的语气对你自己反复说出那个名字，就像你在向朋友证实他们的感受一样："这是孤独。""这是悲伤。"

专注情绪的身体表达

- 现在，将注意力扩展到你的全身。
- 再次回忆那个困难的情况，如果它已经开始从你的脑海中溜走，你就对自己说出你感受最强烈的那种情感的名字，然后审视你的身体，找出那个你最容易感受到它的地方。
- 如果可以的话，在身体中选择一个感觉最强烈的部位，也许是颈部肌肉紧张、胃部疼痛或心脏疼痛。

·将你的注意力轻轻地向那里倾斜。

·看看你是否能够由内而外地直接体验到这种感觉。如果你觉得这太具体了，看看你是否产生了不适感。

软化—抚慰—允许

·从现在开始，让身体感到紧张的那个部位得到软化。放松紧张的肌肉，感觉它就像沐浴在温水中一样。软化——软化——再软化——记住，你不是在试图改变这种感觉——你只是在用一种更温柔的方式接纳它。如果你愿意，你就可以试着让边缘变软一点。

·现在，回想这段艰难的经历，试着安慰一下自己吧。将一只手放在你身体感到不舒服的那个部位，去感受手的温暖和温柔的触摸。你也可以想象一股爱和善待自我的力量正在通过你的手流入你的身体，甚至可以把你的身体想象成一个心爱的孩子的身体。抚慰——抚慰——还是抚慰。

·你需要听到什么安慰的话吗？想象你有一个朋友也正处在同样的境遇之下，你会对你的朋友说些什么呢？（"你会有这种感觉，我很难过。""我非常关心你。"）

·你能给自己传达一个类似的信息吗？（"哦，这感觉太糟糕了。""希望我能善待自己，支持自己。"）

·最后，允许不适存在，为它腾出些空间，释放那些想要赶走它的想法。

·允许自己做回真实的自己，哪怕只在这一刻。

·软化——抚慰——允许，软化——抚慰——允许。自己花点儿时间去完成这三步。

·你可能会注意到那种不适的感觉已经开始改变，甚至有可能在身体里改变了位置——没关系。坚持住。软化——抚慰——允许。

- 当你准备好了,停止练习,把注意力集中在你的身体上,去感受你所能感受到的一切,并保持此刻的状态。

自我接纳还是自我满足

当阴、阳失衡的时候,温柔的自我关怀就会演变成一种不健康的心态——自我满足。如果你已经5天没有洗澡换衣服了,仅仅是坐在那里"接纳自我",这可真算不上一个好主意。要真正实现自我关怀,我们还必须采取行动保护自己,满足我们的需要,并做出必要的改变。这么做,是为了更好地接纳,而不是否定真实的自我。

自我接纳,还是采取行动?在这两者之间"翩然起舞"还真是有点儿棘手。特别是我们在前面已经提出了——"自我关怀不是为了让我们感觉更好,而是因为我们感觉不好"这么一个极具挑战性的论点。

然而,当阴、阳平衡的时候,采取行动就不再是一种为了抵抗我们的痛苦或操纵我们感受的行为了。相反,它变成了我们敞开心扉后的一种自发流露,并会尽其所能地为我们提供帮助。我们即使采取了行动,也不至于再陷入"这样做了我们就可以控制结果"的幻觉。矛盾的是(再一次谈到了自我关怀的悖论),只有从根本上接受我们自己,我们才有可能获得那种用来改变我们生活的安全感和稳定感。

不同之处在于我们采取行动背后的不同动机。

我们采取行动不是因为觉得我们自己不能被接受，也不是因为我们不能接受自己的经历，而是出于一种对自己的善意和友好。假如我目前的工作压力很大，利用温柔的自我关怀，我可以把这种压力保持在"爱、联结和存在感"的状态中——我会承认困难，记住还有很多人和我一样，并用热情的力量来支持我自己。同时，温柔的自我关怀还会防止我变得焦躁不安和反应过激，以至于把生活搞得比现在还要糟糕。但仅仅做到接受还是不够，事实上，如果这份工作的确不适合我，我还是需要做出点儿改变。这时候，"强悍的自我关怀"就会给我勇气和动力去做出一些不同的事情——例如和老板谈谈，减少工作时间，或者尝试去找一份条件更好的新工作。

对于自我关怀，大家通常会担心的是，接受自我是不是就意味着我们会逃避为自己的过错承担责任。"哦，天哪，我竟然抢了银行。也许我不该这么做……好吧，每个人都不完美。"

当然，只要我们保持阴、阳平衡，这种情况就不会出现。

研究表明，自我关怀并不会削弱我们为自己的行为承担个人责任的动机。加州大学伯克利分校的朱莉安娜·布莱内斯和塞丽娜·陈做过一项研究，要求大学生们去回忆某些他们最近做过并让他们感到内疚的事情——例如，考试作弊，欺骗恋人，或者对别人说了一些刻薄的话。然后，学生们被随机分成3组（自我关怀组、自尊组和对照组）：自我关怀组的学生被要求写下一段话来表达对自己行为的善意和理解；自尊组的学生被要求写下他们自己的优秀品质；而对照组的学生则被要求写下他们的一些爱好。研究结果发现，自我关怀组的参与者更有动力为自己所造成的伤害道歉，也更有决心不再重蹈覆辙。而此时增强参与者的自尊却没有什么帮助，反而会助长他们那种出于自我防御而逃避责任的行为。事实上，匹兹堡大学的研究人员发现，自我关怀程度较高的人更愿意承认错误并为自己的行为道歉，原因之一是他们不那么容易受到羞耻感的影响：他们拥有足够的安全感来承认自己的所作所为。自我关怀，非但不会让我们逃避个人的责任，反而会增强我们承担个人责任的动力。

面对困难，静观觉察主要强调的是接受和寻求内心的平静——对于美国日益兴起的静观觉察运动，也有人提出了强烈的批评。

罗纳德·珀瑟①在他那本颇具挑衅性的书——《麦当念②：静观觉察如何成为资本主义新灵性》中提出了一个论点，静观觉察把巨大的压力都推给了个人。他声称静观觉察运动是在兜售一种意识形态，即压力是一种个人病态——好像学会做几次深呼吸就能解决你所有的问题一样。他还认为，这种静观觉察运动分散了人们对于改变资本主义制度——使它减少剥削，更加公平——这一艰巨任务的注意力。

同样的情况也适用于自我关怀——但前提是你忽略了强悍的自我关怀。举例来说，目前医疗保健机构和学校都越来越重视自我关怀，并将其作为防止员工产生职业倦怠的一种手段。当护士们或教师们对自己在工作中遇到的困难给予关怀时，他们就能够帮助自己减轻压力，从而使自己能更有效地应对工作中的挑战（关于这一

---

① 罗纳德·珀瑟：旧金山州立大学的管理学教授。他的文章《超越麦正念》为正念反弹打开了闸门。其著作包括《正念手册：文化、环境和社会参与》和《正念伦理基础手册》。

② 麦当念：McMindfulness，在部分文章中被译为麦正念或快餐正念，讽刺正念正在变得和麦当劳一样无处不在，变成了美国的一种快餐式文化。

点，我们在后面会讲到）。但这是否就意味着，只要对教师和护士投入一点儿自我关怀，机构就可以继续让他们超负荷工作、付给他们低工资，还要让他们保持高效运转？如果这就是他们秘而不宣的目标，那么医院和学校推广的就不是真正的自我关怀，而是它邪恶的孪生兄弟——自我满足，并以此来转移人们对眼下恶劣工作条件的注意力。

温柔的自我接纳并不会阻止你去努力改善自己的生活。事实上，这也是你采取行动所必需的第一步。当与保护自己、满足需求和推动改变的强烈愿望相结合时，它就为我们提供了一个稳定的情感平台，而这正是改变社会所需要的。接纳意味着我们已经放弃了那种"我们可以控制一切或者生活本应完美"的幻想，但我们仍然需要尽我们的力量使事情变得更好。我们接纳不是因为我们要去抵抗那种真实的痛苦，而是因为我们在乎。

在接纳与改变中起舞才是自我关怀的核心所在。

第六章

女性爱自己的勇气

> 女人就像茶包——除非把她扔进开水,否则你永远也不会知道她有多"浓烈"。
>
> ——爱尔兰谚语

作为女性,我们无意识地将文化传递给我们的信息内化了——我们是弱势的性别,无助的少女,需要一个高大强壮的男人来拯救我们。长久以来,我们一直被教导,对于女人来说"依赖"比"独立"更重要;拥有吸引力和保持性感,不是作为一种自我表达的方式,而是作为一种吸引能够保护我们的男人的手段很重要。

事实上,我们并不需要男人来保护我们,我们需要的是自己保护自己。

女性是强大的——我们可以承受生孩子的痛苦,我们能够将家庭团结在一起,我们能巧妙地处理人际冲突,我们能化解人生逆境。但是,除非我们能够学会如何利用那种我们用来关心他人的强大能量来保护我们自己,否则我们就依然没有足够的能力来应对这世界上的种种重大挑战。

有些人担心自我关怀会让我们变得软弱,但它实际上给予了我们难以置信的力量。那些认为自我关怀代表软弱的观点都是一维的。如果只考虑事物温柔、养育的一面,就意味着女性要对生活始终保持一种温柔、顺从的态度。由于养育本身就是女性性别角色（公共社群性）的一部分，而且女性被赋予的权力通常又比男性少，因此自我关怀通常与缺乏权力有关。因此，倡导和塑造女性强悍的自我关怀很重要，这样我们才可以从这种社会误解中解放出来，并让我们内在的坚强战士挺身而出。

减轻痛苦一样需要极大的勇气！

想想那些冲进火场或在洪灾中帮助别人的紧急救援人员，他们可并不只是坐在那里与受害者共患难，他们会立刻采取迅速、有效的行动来营救那些被困在屋顶上的人。让我们面对现实吧，从很多方面来说，我们每个人的生活都不啻一场灾难。尽管也许不如卡特里娜飓风①或911事件那么严重，但有时候它们的确会给我们带来同样"大难临头"的感觉。我们的痛苦可能是大自然造成的，可能是他人造成的，也可能是我们自己造成的——有时三者皆有！为了实现充分的自我关怀，我们需要做任何必要的事情，让自己从这些灾难中坚强地站起来。作为女性，这种力量早就已经存在于我们体内，只不过始终被一些刻板印象掩盖着。这些刻板印象在不断地对我们说："哦，不！强悍这事可和我们女人无关。"

来自北科罗拉多大学的奥利维亚·史蒂文森和北卡罗来纳大学的阿什利·巴茨·艾伦针对200多名女性自我关怀和内在力量之间的联系开展了相关研究。她们发现，自我关怀量表得分越高的参与者就会感觉自己越有力量：她们感觉自己更强大、更能干；她们更加肯定自己，也能够更自如地表达自己的愤怒；她们更了解文化歧

---

① 卡特里娜飓风：发生于2005年，至少有1833人丧生，整体造成的经济损失可能高达2000亿美元，成为美国历史上破坏力最强的飓风。

视,并更多地致力于投身社会活动。这些发现在其他研究中也得到了印证。那些研究表明,具有自我关怀能力的女性在需要的时候更有可能挺身而出,也更不害怕面对他人及冲突。

在保护我们自己的时候,自我关怀的三个要素——善待自我、共通人性和静观觉察——每一个都扮演着重要的角色。

当我们为自己的安全而战的时候,这三个要素就会体现为——勇气、力量和洞察力。

勇气

在为了保护我们不受伤害的时候,善待自我就会变成一种强大、勇敢的力量。

面对危险需要勇气和决心——就像我们爬出窗户逃离燃烧的大楼,或者接受化疗对抗癌症一样。当我们处于心理危险中,例如当有人不尊重我们或侵犯我们的隐私的时候,我们也同样需要勇气去和那些冒犯我们的人划清界限。而当我们遭遇不公的时候,善待自我则会迫使我们采取各种手段——投票、撰写评论文章、罢工或静坐去讨回公道。这种积极、投入的善待自我可不是柔软、蓬松的"棉花糖"。

女性所熟悉的母性保护本能就是通往这种力量的一扇门。

如果一个恶霸在辱骂我们的孩子,或者哪个陌生人威胁到了他们的安全,我们都知道我们的"熊妈妈"可以有多厉害。为了保护我们的孩子,这种爱的力量可以是爆炸式的。事实上,通常与温柔的母性纽带相关的催产素,在母亲保护幼崽时,也会促使她们发起防御性攻击。心理学家将其称为"照料与防卫"反应。

我永远也忘不了我自己的那一次本能反应。

在罗文大约9岁的时候，我和罗文还有他的父亲鲁伯特一起到罗马尼亚去考察野生动物。其实我们就是去找棕熊的。我们在乡下的一家小客栈逗留了一晚，然后搬进了一个小房间。在旅店老板——一位中年罗马尼亚妇女和我们的当地向导交谈了一会儿以后，向导希望能和鲁伯特单独谈谈。

没过多久，鲁伯特就心烦意乱地回到了房间。

"向导说我们不能待在这里，旅店老板很担心罗文的孤独症会给她惹麻烦，"他告诉我，"她担心罗文会在墙上乱写乱画，从阳台上往下跳，或者打扰其他客人。"

我简直是目瞪口呆。对，没错！罗文是有很明显的孤独症，但是他从来不会捣乱。"我再去跟她说说。"鲁伯特说着走出了房间。这时就像有台机器在我的身体里开始轰隆隆地启动了——一种比我大得多的原始能量先是从我身体中心聚集，然后不断上升，最后充满了我的整个身体。

在我确保了罗文的安全之后，我立刻冲下楼去找店主对质。我不知道当时我要做什么，但那股力量实在是太强大了。当我冲进厨房时，她吃了一惊，当时她和鲁伯特还有向导正站在那里。我伸出胳膊指着她的鼻子："你这个固执的怪物！就算你给我们钱，我们也不会住在你这里！"她虽然不会说英语，但是她也明白了我的意思。她被我的愤怒吓坏了，缩在角落里。"我们这就走！"我一边说着一边砰地摔上了厨房的门。

这是我被"熊妈妈"附体的最生动的回忆。

那种力量的确令人生畏！我希望我当时能更巧妙地把强悍和温

柔结合起来，这样我就能专注于旅店老板对罗文的不公平对待，而不是把它变成我和她的私人恩怨，但我还是没有做到。那时候我还没有学会如何利用这种力量，所以当我表现出我的"凶悍"时，那其实也是一种关怀。尽管如此，它还是让我看到了一位母亲保护自己孩子的原子力；它也帮我看清了如何利用这种力量去推动这世界所需要的改变。但重要的是，要记住，这种力量不是由我们渺小的自我产生的。

当你是为了减轻痛苦，出于对自己以及他人的关怀，那力量将因爱而迸发。

力量

因为关怀，所以保护。

将我们对于共通人性的认识用于保护，是我们被赋予力量的重要来源。

巴基斯坦致力于争取妇女受教育权利的社会活动家、最年轻的诺贝尔奖得主马拉拉·优素福·扎伊说："我提高我的声音——不是为了让我自己可以大喊大叫，而是为了让那些没有发言权的人能够听到……如果我们中有一半人止步不前，我们就不可能确保所有人都取得成功。"事实上，当我们在保护自己的时候，我们也在保护着其他人。

人多力量大！与我们的兄弟姐妹们站在一起，我们就会知道自己并不孤单。

但是，如果我们忘记了这一点，当我们因为恐惧或羞愧而感到自己被孤立的时候，我们就会觉得自己是如此无助，我们就会认为我们根本没有办法改变任何事情，因为这些问题比我们自己大得太多太多了。当感到孤独的时候，我们也很难保护自己。从进化的角度来看，作为个体我们甚至都不可能生存下去，人类的进化使得我们必须生活在彼此合作的社会群体中。人类的一个核心特征就在于，我们的繁衍归功于我们共同努力的能力。记住这个事实，并采取行动，共通人性就会赋予我们力量。

当我们认同那些和我们一样遭受痛苦的人——女性、有色人种、残疾人、产业工人、移民……这个名单在快速地变长——我们就会感受到我们的共通人性。当我们采取行动去保护我们所认同的群体时，强悍的自我关怀就会开始行动。

尽管传统的权力概念通常与控制金钱、土地和食物等资源，或通过扭曲信息，或通过军事力量胁迫行为来支配他人有关，但一些现代社会心理学家认为，实际上，群体身份才是权力的基础。正如澳大利亚大学的约翰·特纳所写的一样："群体身份和影响力赋予人们集体行动和合作努力的力量，这种影响整个世界和追求共同目标的力量比任何成员单独行动所发挥出来的力量都要大得多。"当我认同一个更大的整体，并相信"我们"可以保护"我们自己"的时候，作为群体的一员，我就会变得更加强大。

共通人性的智慧不仅可以让我们感觉到自己被赋予力量，它还可以帮助我们理解身份认同的复杂性——我们可以根据性别、种族、民族、阶级、宗教、性取向、残障状况等来认同许多群体——而所有这些身份都是共存的。通过我们的共同身份来尊重我们与他人的联系，同时也通过我们表达出来的特定身份的交集来尊重我们自身的独特性，这让我们能够在更大的网络中以一种真实的方式定位自己。

对共通人性的理解还可以激励我们去反抗不公正。意大利的研究人员发现，自我关怀的这一方面可以增强我们接受他人观点的能力，并促进我们针对"外部群体"[①]的积极态度（通过参与者对诸如"我们的社会应该做更多的事情来保护无家可归者的福利"等陈述的反应来衡量）。理解我们的相互依赖性可以使人们更容易看到歧视和不平等特权造成的令人不安的现实。

共通人性还能帮助我们在遭受歧视时保持坚强。如果有人侮辱我，而我认为这是针对我个人的，我可能会感到害怕。如果我忘记了自己也是更大整体中的一员，当受到威胁的时候我就会感到一种与他人的隔绝，而在这种隔绝的状态下危险也就会让人感觉更加难以抵挡。但是，如果我能够记住，我和所有人一样都拥有受尊重的权利，并将此作为原则，我就将有更大的勇气去捍卫我们的共同权利。

[①] 外部群体：outgroup，相对于内部群体而言，泛指内部群体以外的所有社会群体，是一个人没有参与也没有归属感的群体。内部群体又称为"我们群体"，简称"我群"，是指一个人经常参与的，或在其间生活，或在其间工作，或在其间进行其他活动，并且具有情感认同和强烈归属感的群体。

当罗莎·帕克斯①在公交车上拒绝给一名白人乘客让座时,她说:"我觉得自己有权待在原地。这就是为什么我告诉司机我不打算站着了,虽然我知道他会逮捕我。但我这么做是因为我想让这位司机知道,我个人和我的民族都受到了不公平的对待。"在那一刻,她并没有感到孤立无援,她和她的社区站在一起,社区成为让她表明自己立场的关键动力。

不用说,帕克斯的这种行为就是极其勇敢的强悍自我关怀。

洞察力

在自我保护的过程中,静观觉察可以帮助我们洞悉真相。

有时候,其实是我们自己不想承认自己受到了伤害。例如,在一个主要由男性同事组成的会议上,当老板问你:"亲爱的,能给我们倒点儿咖啡吗?"这个时候,你一笑置之肯定比直言不讳更容易。我们中的一部分人知道这是不对的,但我们可能会欺骗自己,告诉自己这算不了什么大事,这样我们就不必面对我们被一屋子同事巧妙贬低的事实,也不必去处理直言不讳可能会带来的后果。

有时候我们避免面对问题是因为这样做会更容易,这种倾向在

---

① 1955年12月1日,时年42岁的裁缝帕克斯在一辆公共汽车上就座时,司机要求黑人给白人让座。帕克斯拒绝了司机的要求,尽管当年早些时候,蒙哥马利就有两名黑人妇女因同样的遭遇而被捕。这次也不例外,帕克斯遭到监禁,并被罚款10美元。她的被捕引发了蒙哥马利市长达381天的黑人抵制公交车运动,即蒙哥马利巴士抵制运动。组织者就是马丁·路德·金。这场运动推动了1956年最高法院裁决禁止公车上的"黑白隔离",1964年出台的民权法案禁止在公共场所实行种族隔离和种族歧视政策。

我们的社会中普遍存在。比如，由于全球变暖，世界正加速走向一场危机，这场危机不仅威胁着人类的生存，也威胁着整个地球的平衡。然而，许多人忽视了这种威胁或不去关注它，因为正如阿尔·戈尔①所说，这是一个让人难以忽视的真相。同样，许多白人不愿意承认种族不平等的残酷现实，原因之一也是它实在太令人不安了。承认有色人种，以及承认我们作为白人在这个系统中的同谋角色——实在是太痛苦。为了保持内心的平静，我们选择了回避，这也意味着我们同样不必怀疑我们从系统性种族主义中获得的特权。这样，我们就可以继续假装一切都没有任何代价或后果。

为了保护我们，静观觉察并不能为我们的心灵提供安宁，而恰恰相反，静观觉察照亮了我们所受到的伤害，并暴露了我们需要改变的东西，它迫使我们看到并说出真相。静观觉察可以使我们保持客观和平衡，对待问题既不会避重就轻，又不会夸大事实。无论痛苦有多难忍，静观觉察的清晰和博大都足以让我们经受住它的考验。静观觉察既不会通过忽视不愉快的事实来抵制它们，又不会夸张地放大它们，它能够让我们看清事物的真面目。

假设你的相亲对象无故迟到了45分钟，面对这种情况你可能会产生三种反应。第一种反应是忽略它，因为你真的希望这场约会可以顺利进行。但如果你这么做，你可能就错过了一个潜在的重要信号———一个你应该注意的警告：这个人也许不可靠。第二种可能的反应是你会变得非常沮丧，并且开始杜撰出一个关于这个"冷酷、

---

① 阿尔·戈尔：即小艾伯特·阿诺德·戈尔，简称阿尔·戈尔。1948年3月31日出生于华盛顿，美国政治家，曾担任美国副总统，后来成为一名享誉国际的著名环境学家。

冷漠的自恋者"的故事情节。这也不一定是事实：他们的迟到可能的确有正当的理由，而且与自我中心无关。第三种反应是，利用静观觉察，我们先去了解到底发生了什么，然后冷静而直接地询问，并对他们的解释保持一种开放的心态。这种洞察力可以为你下一步做出明智的选择提供所需的平静和稳定。

无论是直言不讳，还是保持有尊严的沉默，我们都可以使用强悍的自我关怀来保护自己免受伤害，并同时保持开放的心态。禅宗冥想老师琼·哈利法克斯[①]曾将这种强悍的立场比作"柔软的心、强健的背"。当我们挺直腰板，不封闭，不设防，不僵化，我们就能采取最有效的行动。

练习12　保护性自我关怀

这个版本的自我关怀训练，旨在以自我保护为目的激发出一种包含着勇气、力量和洞察力的强悍自我关怀。

▶▶ 练习指导

想一想，生活中让你觉得需要去保护自己、和别人划定界限，或者与他人对抗的某件事——也许是你正在被一个同事利用，也许你的邻居在大半夜播放音乐，又或者你的某个亲戚总是试图把他的政治观点强加于你。

---

① 琼·哈利法克斯：人类学家、临终关怀领域的先行者、美国国会图书馆杰出访问者，著有《与死亡同在：在死亡面前培养同情和无畏》等。

同样地，还是请选择一个你感觉温和到适度，而不是真正危险的威胁。这样，你就可以把注意力集中在技能学习上，而不至于陷入强烈的情绪，让自己崩溃。

在脑海中回想一下当时的情况。尽量不要过多地把注意力放在造成这种情况出现的某个特定的人或群体身上，而是去关注伤害本身。当时发生了什么？到底是怎么回事？边界是什么？侵害是什么？不公又是什么？

允许自己去感受此时出现的各种情绪。生气？害怕？还是懊恼？看看你能不能先把那件事放下，仅仅用身体来感受这种不愉快的情绪，并让这种不适的身体感觉停留在那里。

现在，请坐着或站着，将肩膀向后打开，这样你的姿势就会体现出一种力量和决心。接下来，你要对自己说一段话（大声地或默念），用一种积极的保护形式把自我关怀的三个组成部分带进来。（虽然我们会在这里提供一些建议，但找到适合你自己的语言才是最重要的。）

· 第一句话是为了帮助你留心正在发生的事情。

关注伤害本身，而不要去关注造成伤害的人。你可以慢慢地、坚定地对自己说："我看清了事情的真相。"这就是静观觉察，让你能够看到事物的本来面目。你还可以对自己说"这样不对""我不应该被这样对待"或者"这太不公平了"。试着找到最适合你自己的话。

· 第二句话是为了帮助你记住共通人性。

记住共通人性，特别是那种彼此联结的力量，这样你就可以从他人那里汲取力量去保护自己。你可以试着说："我不是一个人在受苦，其他人也有过这样的经历。"或者"为我自己，也为所有人""所有的人都应该被公平对待"。你也可以只是简单地说："我也是！"

・第三句话是为了帮助你承诺在确保安全的情况下善待自我。

现在，将拳头放在你的胸口上，用这种姿势象征一种力量与勇气，并承诺在确保安全的情况下你会善待自己。这时候，坚定地对自己说出第三句话："我要保护我自己。"或者"我不会屈服""我有足够的力量来承担"。

・如果你很难找到对自己说的合适的词语，想象一下，如果是一个你真正关心的人正受到像你一样的虐待或威胁，你会对这个人说些什么来帮助他变得坚强，挺直腰杆，鼓起勇气？现在，你可以向自己传达同样的信息了吗？

・最后，用另一只手去温柔地握住你的拳头。这样做是为了将强悍自我关怀中的"勇气、力量、洞察力"与温柔自我关怀中的"爱、联结、当下"连接在一起。允许自己去充分感受自己的愤怒、决心和真实，但也要让这种力量充满关怀。一定要记住，我们的关怀针对的是伤害或不公正本身，而不是那些造成伤害的人。他们是人，你也是人——你能在保持爱的同时，利用你强悍的力量去采取行动吗？

做完这个练习后，你可能会感到非常激动。为了照顾好自己，你要做一些你需要做的事，如深呼吸，伸展，或者做一下本书第39页"感受脚底"的练习。

划清界限

这种强悍的保护能量能够使我们划清界限,勇于说"不"。

在社会化的过程中,女性的身份给我们贴上了"善于给予"和"乐于包容"的标签,我们很多人也相信这就是我们的价值所在——如果我们说"不",人们就会不喜欢我们。我们应该总是面带微笑,友好地说"是"。这种训练从我们很小的时候就开始了。当我们遵从父母的愿望时,他们就会给予我们爱和关怀。同样地,对于我们的老师、老板和合作伙伴也是如此。我们的自我概念都是围绕着这些养育、顺从的品质形成的,以至于在我们成年以后,我们就很难将我们作为女性的价值感与我们需要去讨人喜欢的观念分离开来。

与此同时,这种长期的训练也会导致我们最终无法为了保护自己挺身而出。

的确,有些人可能会因为我们没有给他们提供他们想要的东西而不那么喜欢我们,但当我们拥有了自我关怀,我们就不会再完全依赖于别人的认可和眼光。这让我们能够选择正直,而不是取悦他人;而即使这样做会带来负面后果,自我关怀也可以给予我们支持和关爱。

有时候,难以划清界限是因为我们不想显得粗鲁或不礼貌。

虽然礼貌和相互尊重是维持良好人际关系的必要条件,但我们也不想因此成为受气包。我们希望成为一扇门,这样我们就可以根据我们当时想要什么和需要什么而随时打开或关上。

对于如何能够在不失礼的情况下对他人说"不",朱莉·德·阿泽维多·汉克斯在她的《女性自信指南》一书中提供了一些有用的建议。她建议你可以这样回答:"对我来说,这可能行不通。""我真的很感激你能问我,但我也许做不到。""我现在不能做那件事。"或"我现在只能说'不',但如果有什么变化我会告诉你的"。

当我们毫不含糊地说"不"(而不是模棱两可地回答"嗯,让我想想……")的时候,我们就可以清晰地表明自己的立场,并让别人听到我们的声音。当然,你也可以说:"我真的很想帮忙,但这次我恐怕不得不说'不'了,因为我得先照顾自己一下。"

当说"不"被定义为一种自我关怀的行为,它就塑造并强化了这样的信息:我们最终都要对自己的幸福负责,因此自我关怀就意味着我们有时要说"不"。

当然,它也允许其他人这样做。

自我关怀能够帮助我们在那些我们同意的行为和那些不受我们欢迎的行为之间划出清晰的界限。

如果我们的同事开了一个无礼的玩笑,某个朋友对我们不完全诚实,或者我们的岳母在不需要的地方探出头来,我们就需要告诉这些人,他们的行为让我们无法接受。如果太怕冒犯他们,或者太想取悦他们,我们可能就只能默认现实或者只是无奈地耸耸肩。

值得警惕的是,我们的沉默通常会被别人理解为默许,而这种默许还会助长未来的不良行为。

强悍的自我关怀可以为我们提供保护,让我们有力量和决心对那些我们不喜欢或明知不对的事情说"不"。它是推动我们保持真实自我的力量。

保护自己，免受伤害

有时候我们需要做的不仅仅是划清界限，我们还需要积极主动地保护自己不被那些企图在情感上或身体上虐待我们的人伤害。

但讨论如何具体处理这些问题已经超出了本书的范围，在这里，我只简要概述一些基本原则，告诉你勇气、力量以及洞察力是如何帮助我们确保安全的。

首先，我们需要了解事情的真相。但是，当伤害我们的人是我们所爱的人时，这可能会相当困难，但是将事情大事化小、小事化了只会让它变得更糟。如果我们要保护自己，我们就需要绝对了解正在发生的事情。

"这不对，这是错误的，现在该停止了。"

我们还可以采取参与支持小组或在线交流的方式，和那些与我们有着相同经历的人建立联系。当我们承认我们的共通人性的时候，这种联系也会在我们的意识中产生——我们并不孤单：令人难过的是，无数人也和我们一样遭受过同样的痛苦。我们的处境源于很多我们无法控制的复杂现实，因此我们不需要过于责怪自己或者太往心里去。我们可以从和我们有着相同境遇的姐妹那里汲取力量——保护自己，我们就是在为所有女性挺身而出。

为了获得这种制止伤害的勇气，我们可以唤起我们体内那种"熊妈妈"般的强悍力量，并用这种力量引导我们来采取行动保护自己（请参阅第101页的"处理愤怒"练习、第143页的"温柔的自我关怀训练"或第186页的"挚友冥想"练习）。这个过程可能会包括直面伤害我们的人，结束一段关系，或者面对涉及犯罪的行为，我们就要立刻去报警。在这一系列保护自己的行动中，最关键的一步就是我们首先要做出保护自己的承诺。与此同时，还要记住，脱离一段虐待关系的那段时间往往是最危险的，因此我们也需要聪明一点儿，计划周密。一旦我们内在的智慧不再被恐惧或不确定性阻碍，我们就能够制订出最佳的行动方案。

最后，当我们安全了，我们就可以开始利用温柔的自我关怀进行自我疗愈了（最好是在心理健康专家的帮助下进行，同时第126页的"给自己写一封关怀的信"练习也会很有用）。当阴、阳交融的时候，我们哪怕对自己完全敞开心扉，也不会对那些构成威胁的人放松警惕了。

幸存者创伤

幸运的是，自我关怀为我们提供了从身心伤害中幸存下来所需要的复原力。

研究表明，自我关怀训练可以帮助女性从人际暴力中得到恢复。阿什利·巴茨·艾伦和她的同事们在一项研究中对某个家庭暴力庇护所中的部分女性进行了跟踪。在为期6周的自我关怀支持小组中，这些女性会定期见面。同时，小组主持人会带领大家通过讨论、小组分享、探索自我关怀在负面情绪下的感受、写日记以及其他练习等，教会参与者如何将自我关怀运用到日常生活中。训练结束之后，这些女性都感觉自己更有力量（尤其是在面对他人时感到更自在）、更积极、更自信了，并且感觉自己在情感和身体上都更安全了。

自我关怀可以为那些经历过创伤的人提供一种巨大的勇气——

无论这创伤是来自人际暴力、性侵犯、歧视、自然灾害、严重事故还是战争。在创伤事件本身过去之后，它的余波往往还会持续很长时间，而这也会导致创伤后应激障碍（Post-traumatic stress disorder，即PTSD）[①]的发生。作为一种创伤后心理失衡状态，PTSD患者往往伴有严重的睡眠障碍，他们会不断清晰地回忆起创伤经历，同时对他人和外界的反应变得迟钝。而人们如果在经历创伤后能够及时对自己进行关怀，他们患上这种心理疾病的可能性就会降低，这也使他们能够让自己始终保持在一种相对稳定的状态。

部分针对退役军人的研究很好地证明了这一点。我曾参与过的一项研究表明，在从伊拉克或阿富汗战场归来的美国退役军人中，自我关怀程度较高的那部分人通常较少出现PTSD症状，在日常生活中表现得更好，也不大可能滥用酒精，甚至考虑自杀。部分原因是自我关怀减少了他们的羞耻感和与他人隔绝的感觉。

退役军人事务部的另一项研究发现，预测军人在退役后是否会患上PTSD的一个重要指标，并不是他们在战斗中的参与程度，而是他们在结束战斗任务后对自己所表现出的关怀程度——例如用温暖和支持来对待自己，而不是严厉地批评自己。换句话说，比起这些士兵在战斗中经历了什么，更重要的是他们在战斗后对自己做了什么。他们是把自己当成盟友，给予自己支持和鼓励，还是把自己当成敌人，无情地贬低自己？显而易见，无论在战场上，还是回家后，成为自己的盟友都会使他们更加强大。

自我关怀还可以帮助人们应对偏见和歧视所带来的创伤。一项

[①] 创伤后应激障碍：又叫延迟性心因性反应，是指对创伤等严重应激因素的一种异常的精神反应。

针对370名顺性别①女性的研究调查了性别歧视微侵犯所带来的创伤影响，比如听到男性用身体的某个器官（例如屁股等）来称呼女性、拿强奸来开玩笑，或说些不近人情的话。研究发现，自我关怀程度较高的女性在遇到这些性别歧视微侵犯行为的时候通常会表现出较强的复原力，所经历的负面情绪也更少。

少数跨性别恋爱者，经常因为自身的与众不同而被污名化，自我关怀也可以成为他/她们强大的心理资源。对于这些青年，某些宗教团队会明确地告诉他/她们，他/她们是有罪的，一切都是不对的；而当他/她们被媒体描述的青少年生活排除在外的时候，他/她们也会隐约感到自己是不正常的。与异性恋或顺性别同龄人相比，他/她们在身体和语言上受到虐待的比例要高得多。这种持续不断的虐待和骚扰也导致了在这个群体中更严重的焦虑、抑郁和自杀意念的发生。

在美国中西部的一所高中里，威斯康星大学的阿布拉·维格纳和她的同事针对自我关怀是否可以帮助这些青少年在面对欺凌时坚持下去开展了相关研究。研究发现，那些自我关怀程度较高的青少年通常能够更好地应对被欺负、威胁或骚扰的情况，而且也不大可能因此变得焦虑或抑郁。在第二项研究中，研究人员发现，自我关怀减少了因种族和性取向而受到欺凌的跨性别恋爱者青少年群体的焦虑、抑郁和自杀念头，这进一步凸显了自我关怀所产生的力量可以成为这些青少年自我保护的强大动力来源。

事实上，自我关怀被发现还可以帮助我们实现"创伤后成长"——即从创伤经历中学习和成长。自我关怀程度较高的人通常更能从过去的危机中看到积极的一面，包括与他人的亲密关系，自

---

① 顺性别：指一个人的性别认同与其出生时的生理性别一致。

己生命的价值，以及对自己个人能力的信心。自我关怀会将挫折转化为学习的机会，而不是任由那些挫折将我们毁灭。

通过挖掘内在的勇气、力量和洞察力，我们能够掌控自己的生活，并拥有更多的勇气和决心来应对各种挑战。当我们经历那些在当时看似无法忍受的情况时——不再带着一种冷漠的禁欲主义[①]，而是带着温暖和关怀的心态——我们就会发现一种自己从未意识到的力量。

童年创伤的幸存者

强悍的自我关怀同样会给予我们坚韧的毅力，让我们能够在童年早期的创伤中生存下来，成长为健康的成年人。

那些在成长早期被父母或照料者虐待所留下的伤口，往往会特别深。因为爱与关怀的感觉在早期就与恐惧、痛苦的感觉融合在一起了，这可能会使这些人在成年以后更难拥有自我关怀。在心理健康专家的帮助下，我们可以学会如何抚慰自己早期的创伤，从而获得更多力量来应对巨大的痛苦。

在很多方面，我们就像在重新养育自己——给予自己无条件的爱、关怀和安全感，而这些都是我们小时候所没有得到的。虽然这需要一些时间，但通过持续的自我关怀练习，我们最终依然可以培养出成年人的安全依恋模式。我们可以学会依靠自己给予自己的温

[①] 禁欲主义认为，我们之所以无法获得幸福和满足，不是因为能力不足，而是因为欲望过多。

暖和支持，并将这种温暖和支持作为我们安全感的来源，建立一个稳定的平台来承载生活的挑战。一项针对在童年时期遭受过性虐待或身体虐待的女性的研究发现，那些成年后学会自我关怀的人复原能力更强，她们更容易从挫折中恢复过来，在压力下保持专注，并避免因此变得气馁。

慈悲聚焦疗法（Compassion Focused Therapy，即CFT）专门针对帮助有童年创伤史的人使用自我关怀的方法来应对他们经常感到的痛苦和强烈的羞愧感。CFT的创始人保罗·吉尔伯特[①]早就认识到了"强悍"和"温柔"的自我关怀对于康复的重要性。他写道："关怀需要培养勇气来坦然面对我们的愤怒，而不是仅仅去'抚慰它'。确实……作为一个安全的避风港，安抚是有用的，但我们也要为勇敢投身我们需要做的事情做好准备。" CFT教会客户在经历痛苦情绪或创伤记忆的时候，借助自我抚慰的能力获得安全感，同时也要去发掘那个足以支撑自己的支柱。

研究表明，这种方法可以帮助人们在面对试图伤害他们的人时变得更加自信，而不再是一味顺从。一位英国妇女在参加了CFT支持小组后说："这让我觉得我就像穿上了一身盔甲。这是关怀的盔甲，让我能够更好地度过每一天；这也是安全的盔甲，让我能够关怀我生活的方方面面……它让我感觉自己更强大，更有力量。" 多项研究都已经表明，这种方法非常有效，它可以给人们提供所需的心理资源，让他们从过去的创伤中恢复过来，并勇敢地迈向未来。

---

① 保罗·吉尔伯特：CFT的创立者，退休前为德比大学临床心理学教授。

练习13 挚友冥想

这个练习改编自一种被称为"关怀之友"的冥想练习,最初由CFT项目开发,目前MSC项目也在使用。在这里,我对它稍作修改,希望能够帮助你塑造一个"充满爱心,强悍勇敢"的挚友形象,你可以随时向他求助,让他保护你。

▶▶ 练习指导

· 请找一个舒服的姿势,坐着或躺着都行。轻轻地闭上眼睛,做几次深呼吸,让意识慢慢融入你的身体。

安全的地方

· 想象你自己正处在一个安全且舒适的地方——也许是在一间舒适的房间里,壁炉静静地燃烧着;也许是在一片洒满温暖阳光的宁静海滩上,凉爽的海风拂面而来;又或者是在一片森林空地上;当然,你也可以想象你正飘浮在云上——任何你觉得平静和安全的地方都行。让你自己在这里安心驻留,并去享受那种舒适的感觉。

一位访客

· 这时,想象一位坚强、有力、温柔、充满爱心的朋友来到你的身边,并带来了一种关怀的力量。

· 这时候,什么出现在了你的眼前?是不是让你想起了你过去认识的一位勇敢的、有保护意识的老师或者你的爷爷、奶奶?还是你想象中的战士女神或者像美洲虎这样的动物。它也可能没有任何特殊的形式,只是一个存在或者一道光。

- 请允许这个图像始终浮现在你的脑海中。

抵达

- 你可以选择跟着这位朋友离开那个让你感到安全的地方,或者邀请他进来,如果你愿意,现在就抓住机会吧。

- 想象你和你的朋友以一种合适的方式在一起——在任何让你感觉合适的地方。然后让自己去体验和他在一起的那种感觉:他的勇气和决心,你感觉自己是多么被爱和被保护。什么都不需要做,仅仅去体验这一时刻。

- 这位朋友非常睿智犀利,他完全明白你现在的生活中发生了什么。他也知道你在哪里需要坚定信心、坚持立场或划清界限。你的朋友可能想告诉你一些事情,一些可以帮助你保护自己的忠告和建议。请花点儿时间仔细听一下这个智者说些什么。

- 你的朋友可能也想送你一个礼物,一个象征关怀的东西。想象这个东西现在就在你的手中。

- 即使没有任何言语或礼物出现,那也没关系——继续去体验那种力量、爱和保护。这本身就是一种祝福。

- 多花点儿时间沉浸在这种感觉中。

- 告诉自己:这位强大的朋友其实就是你自己的一部分。你所经历的一切感受、画面和话语都来自你那颗炽热而温柔的心。

归来

- 最后,当你准备好了,让这个画面在你的脑海中逐渐消失,并记住这种关怀的力量总是存在于你的内心,特别是当你最需要它的时候。只要你愿意,你随时都可以去拜访你那位"强悍的朋友"。

勇敢面对内心的恶霸

充满关怀的自我保护不仅可以防止外部伤害，也是防止内部伤害的必要条件。

许多在儿童时期经历过创伤的人会将那些虐待者的严厉批评信息内化为一种自我批评，而这种自我批评则会让他们感到安全。孩子们需要相信他们生活中的成年人告诉他们的一切。一个孩子不可能在她父亲觉得她做错了而对她大喊大叫的时候说："对不起，父亲，你大错特错了！"这样做会使他更加生气，而且鉴于孩子必须依赖父亲为她提供指引和保护，而父亲根本不知道她在说什么，这种情形就更加可怕了。然而，作为成年人，我们有能力对抗自己内心的恶霸。作为成年人，自我批评不可能再给我们提供安全感了，它反而会通过削弱我们支持自己的能力并伤害我们。

自我关怀为我们提供了那种直面我们内心的批评者并喝退他们所必需的勇气、力量和洞察力。

重要的是，我们要意识到，并不是只有那些经历过早期童年创伤的人才会拥有一个严厉的内心批评者，它也并不总是发出来自过去的声音。就像我们在前面讲过的一样，攻击自己似乎是人类面对威胁时的一种自然反应。

你可能会认为我儿子罗文从来不会严格地自我批评。我也希望这是真的。尽管我一直在和他谈论自我关怀，但他依然对自己极其苛刻。像我们所有人一样，孤独症患者在认识到自己的不完美时会感到害怕，因为这提醒他们，他们无法完全控制自己。每当他犯了错误（比如丢了手机充电器或错过了一项重要的学校作业），罗文就会非常沮丧。我经常会听到他大声辱骂自己："你这个笨蛋！"

我无法告诉你每当我听到他这么说的时候有多痛苦。虽然在现实生活中肯定没有人对他说过这样残酷的话，但他喜欢看卡通片，那里面的恶霸经常会这么说。恃强凌弱是一种人类试图控制事情的方式，罗文觉得如果对自己足够严厉，他就能控制自己，从而防止将来再犯同样的错误。

他也害怕别人会因为他搞砸了而生气并对他大吼大叫，所以他通常会先下手为强。虽然从来没有人因为他犯了错误而对他大喊大叫，但他总觉得会有这样的事发生，这让他很害怕。自我批评不仅仅是一种习得的行为，也是人类出于恐惧和保持安全的渴望而产生的行为。

但我们不必成为早期童年创伤、社会文化背景或自然生物特征永远的受害者，我们还有另一个选择——勇敢面对内心的恶霸。

我们可以通过了解真相来获得力量。我们一旦了解了有很多人和我们一样都在忍受着头脑里的那个声音不断地告诉自己"你很坏，你很讨厌"的那种痛苦，我们就会知道自己并不孤单。当我们站出来反对这个内心批评的辱骂声时，我们也为全球各地每天被他们内心的暴君羞辱的数百万人站了出来。

就像我对罗文说的："你用那种方式对我亲爱的儿子说话是不对的。"我们也可以明确而坚定地对自己内心的那个恶霸说："你用那种方式对我说话是不对的。"不用去责备或羞辱我们内心的批评者，我们一样可以拒绝它的欺凌策略，并在沙地上与它划清界限。（第242页的练习"用关怀推动改变"展示了如何采用一种有效的方式与你内心的批评者建立联系，并有效地抑制它的声音。）

从虐待中获得疗愈

温柔的自我关怀在自我保护中也具有同样重要的作用。在竭尽全力保护自己之后，我们需要转向内心，用关怀来抚平伤口，平衡阴阳。

当人们虐待我们的时候——无论是那个辱骂我们的十几岁的女儿、支付给我们不公平工资的老板、欺骗我们的伙伴，还是曾经虐待我们的父母——都会对我们造成深深的伤害。温柔的自我关怀可以为我们提供其他人不能够给予我们的尊重、理解和安全感。

当我们遭受虐待的时候，我们不要跳过安慰自己这一步，这一点非常重要。有时候，当我们对别人生气或对他们采取行动（例如对孩子禁足、提起诉讼、结束婚姻）的时候，我们并没有真正面对自己内心那种潜在的受伤或悲痛的感觉。虽然采取激烈的行动是完全必要的，但我们不能用它来保护我们自己免受痛苦的折磨。

将愤怒集中在造成那些伤害的人身上，比处理那些隐藏在愤怒之下的更脆弱的情感，例如悲伤或被拒绝，要容易得多。而更深层次的问题是，我们关于爱、联结、尊重以及安全的需求通常都没有通过这样的行为得到真正的满足。

我们不能指望那些伤害过我们的人满足我们的这些需求：希望他们改变通常是不现实的。然而，通过温柔的自我关怀，我们可以直接治愈自己，并满足自己许多被他人忽视的需求。

当受到伤害时，我们既需要保护也需要治愈，两者缺一不可。

练习14 应对伤害

下面这个练习改编自MSC项目中一个叫作"满足未被满足的需求"的练习，它可以帮助你在被以某种方式虐待的时候，将强悍与温柔的自我关怀整合起来。通常人们认为像愤怒或愤慨这样的保护性情绪是"坚硬的"，因为它们就像一个盾牌，可以保护我们不用去经受像受伤或悲伤那种更脆弱的情绪。受到伤害后，我们既要尊重自己的"硬"情绪，又要呵护自己的"软"情绪，但它们需要不同的能量来维系。理想情况下，这个练习应该在危险或伤害过去之后，你已经准备好做一些治疗的时候进行。如果虐待还正在进行中，你可能需要在将温柔自我关怀的治愈力量引入之前，先集中精力来停止这种行为。在这种情况下，第175页提供的"保护性自我关怀"练习或者第101页提供的"处理愤怒"练习可能更为适合。如果在这个练习中你开始感到难以承受，请记住，你总是可以随时暂停或者以其他方式进行练习。

▶▶ 练习指导

回忆一个过去你在某种程度上受到虐待的情况。请选择一个对你产生轻度到中度干扰，但并没有造成精神创伤的情境。如果所选的情境让你不堪重负，那么我们在学习这个技能的过程中就会很困难。请试着尽可能生动地去回忆当时发生的一切细节。

感受"硬"情绪

- 看看你是否能识别出任何因自我保护而产生的硬情绪，比如愤怒或痛苦。

- 现在关注这些感觉是如何在你的身体上表现出来的？是肚子里的一种灼烧感，还是脑袋里的一种重击感？看看你能不能体会到这些情感的生理感受。
- 要认识到这些情绪正是来源于自我关怀，它们是为了保护你的安全而产生的。
- 明确承认你被这样对待是不对的。试着对自己说一些简单的话，承认伤害已经发生，比如"这是错误的"或者"我没有受到公平的对待"。
- 现在，让我们唤起共通人性，记住许多人都经历过类似的情况。说一些能体现出你与他人联结的话语，比如"我并不孤单"或"很多人都有这种感觉"。
- 接下来，允许这种情绪像能量一样在你的身体内自由流动，不要试图去控制或抑制它。这样做的同时，去感受自己的脚底正牢牢地踩在地板上，帮助你保持触地和稳定。
- 去充分确认这些保护性情绪所带来的体验。不要太过纠结于谁对谁说了什么或做了什么，而是将注意力集中在那些不好的感觉本身。你也可以对自己说"我需要用愤怒来保护自己"或"我关心自己，所以我才会这么沮丧"。
- 如果确认你的情绪是你现在最需要的，那就没有必要再继续前进了。例如，也许过去你曾经压抑过你的愤怒，那么现在你就需要去充分地感受它。如果是这样的话，那就一边继续让曾经压抑的情绪在你的身体里流动，一边植根你的脚底，不做任何判断。
- 试着通过某个手势来支持自己，比如把一个拳头放在心脏位置上（一种力量的表示），同时用另一只手盖住你的拳头（一种温暖的表示）。

寻找"软"情绪

· 如果你已经准备好治愈自己，首先需要看看在保护性情绪之下的是什么。是否有某种"软"情绪（如受伤、恐惧、拒绝、悲伤、羞耻）的存在？

· 如果你能识别出某种"软"情绪，就试着用一种温柔、理解的声音为它起个名字，就像你在支持一个亲爱的朋友一样："哦，那是受伤了。"或"那是悲伤"。

· 允许自己怀着一种温暖和接纳的心态去感受这些情绪。

发现未被满足的需求

· 如果你准备好继续了，看看你能不能先把那些造成伤害的原因放在一边，哪怕只是暂时的。你问问自己："我有什么基本的情感需求？"或者"当时我需要什么，却没有得到满足？"这种需求也许是被看到、被听到、被重视、被爱、被尊重，还是一种安全感、联结感、特别感？

· 同样地，如果你能识别出一种未被满足的需求，试着用温和、理解的声音说出它的名字。

以温柔的自我关怀回应

· 感受双手在身体上的温暖和支撑。

· 也许你希望从另一个人那里得到善意或公平的待遇，但那个人却出于各种原因无法满足你。但是你还有另一种资源可以依靠——你的自我关怀——现在，你就可以开始更直接地满足你的需求。

· 例如，如果你需要被看见，关怀的你可以向受伤的你说：

"我看见你了！"如果你需要得到支持或与他人建立联系，关怀的你就会说："我为你而来。"或"你属于这里"。如果你需要别人的尊重，你可以说："我知道自己的价值。"如果你需要被爱，也许你可以说："我爱你。"或"你对我很重要"。

- 换句话说，现在就试着告诉自己，你想从曾经虐待你的人那里听到什么。

如果你很难直接满足自己未被满足的需求，或者如果你感到困惑，你能对自己的困难也给予一些关怀吗？

- 最后，看看你是否能够承诺以应有的方式对待自己，并发誓在未来尽量保护自己不再受伤害。

- 现在停止练习，在你的体验中静静地休息，让这一刻完全保持原样，让你自己完全保持原样。

保护还是敌对

当我们在保护自己的时候，如果阴阳无法平衡，自我关怀就可能会以一种不健康的形式出现。

我们会把注意力集中在攻击造成伤害的那个人或那群人上，而不是集中在防止伤害上。因此，我们的强悍就会变成一种可能会导致痛苦的好斗和侵犯，进而使关怀受到破坏。

那么，到底是什么决定了我们的勇气、力量和洞察力最终会表现为爱还是敌对呢？

不同之处在于我们行为背后的意图和动机。是为了减轻痛苦还是为了报复？是来自你的内心还是你的自我？ 如果强悍仅仅是为了维护一个人的自我价值感，它就可能会变成一种情感暴力。当我们用尖酸刻薄的话去揶揄那个刚刚放了我们鸽子的人（"继续翻白眼吧，你可能最终会找到你的大脑的"），当我们把电视里的政客骂成蠢蛋，我们可能认为我们是在为自己辩护，但实际上我们只是在增加房间里的敌意。然而，当我们的动机是帮助自己，爱就会出现在我们的反应中，它就会成为一股强大的、有针对性的力量，为更大的利益服务。借助这样的力量，我们就可以去谴责那些有害的行为，并在不进行个人攻击的前提下采取行动加以预防。

关怀根植于联结，当我们忘记了这一点，并将那些对我们构成威胁的人重新定义为"他们"时，就会制造出一种"我们"对抗"他们"的不利心态。可悲的是，这就是美国目前令人难以置信的政治两极分化现象，这种对抗使得我们的政府几乎无法正常运作。为了让我们的强悍变为关怀，我们要认识到，尽管身体、社会和情感暴力必须被制止，但那些造成伤害的人依然是人。

当然，承认共通人性并不意味着我们要否认人与人之间的差异。有些人曾试图用"所有的命都是命"来反驳"黑命贵"，但这并不是真正尊重共通人性，它只是刻意忽视了种族压迫的历史、警察的暴行，特别是对黑人的非人化对待。强悍的自我关怀在承认连接我们共通人性的强大纽带的同时，也承认了包括每一个个体和群体所经历的痛苦的来源和程度的关键性差异。

但有时候，勇气、力量和洞察力也会使我们变得"自以为是"。如果我们不能开放地接受温柔的自我关怀，我们就会过于相信自己了解真相的能力。当我们过度执着于判断对错的时候，它实际上也会削弱我们看清事物的能力。然而，如果我们能够保持开放的心态，承认自己的观点有可能是错误的，而别人也可能会有不同的观点，我们就能够更容易地识别出有害行为并说出真相。

正像马丁·路德·金所写的那样："没有爱的权力是毫无节制、易被滥用的，而无力的爱则是多愁善感、脆弱无力的。最好的权力是一种为了实现正义诉求的爱，而最好的正义则是去推翻一切反对爱的权力。"

当我们为了保护自己免受伤害，将强悍与温柔合二为一，就会迸发出不可估量的关怀力量。

自我关怀与社会正义

马丁·路德·金曾经受到圣雄甘地的巨大启发。作为20世纪社会变革很有效的推动者之一，甘地将温柔与强悍的关怀融入了他为正义而战的方法中：他提倡一种被称为"非暴力抵抗及不合作主义"（其字面意思是印地语中的"真理的力量"或"爱的力量"）的非暴力抵抗形式，并以此将印度从英国统治中解放出来。同时，甘地将非暴力抵抗与消极抵抗进行了区分，他认为消极抵抗是出于恐惧，而非暴力抵抗作为一种强大的武器则需要惊人的勇气和胆识。

虽然憎恨和攻击迫害自己的人可能更容易，但是以伤害他人为手段去终结自己的痛苦反而会适得其反。

同时，用不公正的手段获得正义，或用暴力的手段去谋求和平，也是自相矛盾的。这就是关怀的力量必须直接针对防止伤害发生，而不是攻击那些造成伤害的人的原因。正如甘地所说："'憎恨罪恶，而非罪人（Hate the sin and not the sinner）'，这句话虽然很容易理解，却很少被人们付诸实践。这就是为什么仇恨的毒药今天会在世界上广泛散播……抵制和攻击一个体系没有问题，但抵制和攻击它的始作俑者就等于抵制和攻击自己，因为我们都是……同一个造物主的孩子们。"

当利用关怀来进行自我保护的时候，我们可能会表现得坚定不屈，但在我们心中始终充满的是爱而不是恨。这种强悍的自我关怀在2017年1月21日，即唐纳德·特朗普就任美国总统的第二天，为在华盛顿举行的妇女大游行奠定了基础。

组织者的目的并不是抨击特朗普，而是希望通过这种传统的非暴力抗议运动，捍卫女性的公平待遇和权利。它还旨在表达对其他因种族、族裔、性别认同、移民身份或宗教而受到歧视的群体的支持。当天，大约有500万人参加了美国各州城市的游行，此次妇女大游行也创下了美国历史上规模最大的单日抗议活动的记录。

同时，由于将关怀与反对不公正的坚定决心相结合，这场运动始终在一种令人难以置信的和平氛围中进行，在美国本土并没有出现任何逮捕游行者的报道。

强悍的自我关怀与反种族歧视

同为受压迫的结果，性别歧视和种族歧视总会交织在一起。
它们虽然不尽相同，但它们始终是相互交织在一起的——女人也可以是种族歧视的受害者，有色人种也有可能遭受性别歧视。

发展自我关怀本身并不能消除根深蒂固的种族不平等的社会机构，但我相信它一定可以发挥积极的作用。正像无意识的性别偏见会使我们与性别压迫勾结在一起，无意识的种族偏见也会导致我们成为种族主义的共谋。作为白人女性，如果希望觉醒且与种族主义作斗争，我们既需要温柔的自我关怀来承受我们作为共谋所带来的痛苦，看清它的本质，又需要强悍的自我关怀来采取行动去阻止它。

在美国，女权主义运动之所以会受到"正确"的批评，往好了说，是因为它没有对种族主义采取足够强硬的立场；往坏了说，是因为它延续了种族主义。像伊丽莎白·卡迪·斯坦顿这样的早期妇女参政论者完全支持白人至上主义。关于"凯伦——装聋作哑的白人女性维护自己的特权"的"梗"[①]仍然非常真实。例如一名叫作艾米·库珀的白人女性在纽约中央公园拨打"911"报警说"一个非裔美国人正在威胁我的生命"，而实际上只是一个黑人观鸟者请她遵守规则，在遛狗时为狗拴上狗绳。

种族主义通常会以更微妙的方式表现出来，比如将白人女性的经历作为女性共同的普遍经历，而忽视其他那些有色人种女性截然不同的经历。在许多女权主义作品中只关注白人女性，甚至从来都没有提及其他种族的女性。

---

① 2020年，几乎每天都会有不同的标记着"Karen"的视频出现在社交媒体的信息流里。"Karen"这个词如今在美国已经成为"某一类型人"的贬义泛指，甚至变成了一种"梗"被网友密切关注。在广义上，它专门被用来指"认为自己有权提出超出正当范围需求的女性"；在狭义上，它有着自带的刻板印象——"带有种族歧视、爱管闲事且以自我为中心的白人女性"。

为了推动社会的可持续性变革，我们需要在所有权力不平等和压迫不被看到的地方大声疾呼。因为除非考虑到种族因素，否则我们反对父权制的斗争将毫无意义。压迫就是压迫，关怀的目的是减轻所有不公正造成的痛苦。当白人女性在努力承认自己的特权以及自己在延续种族主义制度中的作用的过程中，自我关怀将是至关重要的。温柔的自我关怀会帮助我们清醒地认识到身为白人我们都从中得到了什么好处，而不会因为羞愧而移开视线；而强悍的自我关怀将使我们能够承担起责任，致力于做出不同的改变。

作为一名顺性别、异性恋的白人女性，自我关怀帮助我看到了自己在种族主义体系中所扮演的角色。和许多人一样，我认为自己是一个有道德的人，当我被要求审视自己的特权时，我也会感觉非常抵触。"我不是种族主义者！"我的自尊心在呼喊。那种暗示我们自己是种族主义者时产生的羞耻感，实际上干扰了我们承认自己确实是问题的一部分的能力。比如有一次我对酒店为我分配的房间不满意，就去询问那位帮助我的西班牙裔妇女，我提出能不能和她的经理谈谈（实际上她就是经理）。在这种发生轻微冒犯的情况下如果为了自我防卫，我们就不会承认那个被我们冒犯的人的经历，并压制她的声音。对自己的善良和理解使我能够看到，像大多数人一样，我并不是有意识地去压迫别人。仅仅是因为在一个种族主义社会中长大，种族主义已经无意识地影响了我与他人的互动。白人至上的不公正制度并不是我创造的，奴隶制和种族隔离的后遗症在我出生之前就已经存在很久了。自我关怀抵消了那种当我承认自己在这个系统中被动参与时所产生的羞愧感，让我勇于承认自己的确始终从中受益（例如，假设我将受到警察的保护；我在咖啡店之类的地方闲逛时，从来不会承受怀疑的目光等）。

在我小时候，家里没有什么钱，妈妈作为一个单亲母亲靠着做秘书的微薄收入独自抚养两个孩子。而从"缺席"的父亲那里，我们几乎得不到任何经济上的帮助。在我11岁的时候，妈妈带着我们搬到了一个富裕社区边上的一栋便宜的公寓里面，因为那里有一个很棒的学区，我和弟弟可以因此受到良好的教育。在那所学校里，我的成绩都是A，这让我得以获得奖学金去加州大学洛杉矶分校上大学，并最终在加州大学伯克利分校获得了博士学位。在初中和高中阶段我被学校和同学完全接纳了，自己也觉得很适应学校生活。但想想看，我如果是个黑人，一张孤独的黑人面孔混在一片白人的海洋中，我妈妈还会让我只身处在那样的环境中吗？我还会有同样的朋友圈吗？老师们还会同样地支持我吗？这真的很难说。但我的确从来没有浪费一分钟去考虑我的肤色，作为白人，这算得上一种天生的奢侈。

我们需要利用温柔的自我关怀来让自己看清楚我们在种族主义中所扮演的角色，用爱和接纳来面对这个令人不安的真相，这样我们就可以迈出勇敢且艰难的步伐，做出不同的改变。许多变化必须发生在社会层面，而社会重组所需的复杂性足以令人生畏。但我们每个人都可以发挥自己的作用，无论是投票、抗议，还是在听到种族主义言论时大声疾呼，看看我们的互动是否被种族刻板印象扭曲了，或者在无意冒犯某人时去真诚地道歉。说实话，很难说我们到底要怎么做才能使改变真正发生，因此我们还需要保持谦虚，倾听他人并向他人学习。

归根结底，性别歧视伤害了我们所有人，种族主义伤害了我们所有人，对任何群体的歧视——包括那些拥有不同性别身份、性取向、宗教信仰、能力水平、体形的群体——都会伤害我们所有人。

我们减轻自身痛苦的能力与终结所有人痛苦的承诺紧密相连,因为我们的社区、我们的社会乃至整个地球的和平都依赖于此。

只要总是记得培养和整合爱的两种面孔——强悍与温柔的自我关怀,我们改变世界的力量就会比我们想象的强大得多。

第七章

满足自我

> 我就是我自己的缪斯。"我"是我最了解的主题，也是我最想深入探索的主题。
>
> ——弗里达·卡罗[①]，画家

关于自我关怀，最根本的问题就是：我们到底需要什么？

我们要关怀自己，就意味着我们要对自己的健康和幸福负责任。为了消除我们的痛苦，我们就必须认真地去对待自己的需求，并对满足这些需求给予充分的重视。

作为自我关怀的首要原则，一旦我们承认我们自己的需求很重要，当我们再被要求做出牺牲，尤其是牺牲那些对我们来说很重要的东西的时候，我们就能够坚持自己的立场。我们不必再像女性被社会化的方式那样，将自己的需求置于他人的需求之下。如果女性只有在照顾孩子、伴侣、朋友、亲戚、同事——基本上除自己以外的任何人——的时候才能感到自己被重视和有价值，那么我们就是在支持一个被操纵起来对付我们自己的体系。

当然，善待他人是好事，但善良必须是平衡的，这样才能将我

[①] 弗里达·卡罗：墨西哥最受欢迎的现代女画家，主要作品有《我的诞生》《祖父母，我的父母与我》《两个弗里达》等。

们自己也涵盖其中。如果不这样做，这种"慷慨"就将只会服务于男权制度。在这种制度下，即使作为平等的参与者，女性的自身价值也不会真正得到认可。

"女性应该给予而不是接受"——这种"主宰式"的命令才是造成所有问题的根源。即使在全职夫妻的婚姻生活中，女性也往往会承担更多的家务活，会花更多的时间和精力来照顾孩子和老人。这种额外的负担会导致女性产生压力和紧张感。研究表明，女性比男性更容易因为不断牺牲自己的需求来满足家庭、朋友和伴侣的需求而感到紧张。

这种生活模式造成的另一个后果就是女性拥有的空闲时间会更少。马里兰大学的一项研究仔细记录了男性和女性在一天中进行各种活动的时间。女性不仅留给自己的时间更少，而且她们从自己所剩无几的时间里受益也更少。研究人员认为，这是因为女性在空闲时间仍在操心各种家庭问题，所以她们的空闲时间并没有那么令人振奋或让人满足。在理想情况下，空闲时间应该为人们提供一些逃离生活琐事的机会，并为个人成长和反思让出空间。它有助于增加我们的创造性思维和生活的乐趣。没有它，生活就会失去很多意义和价值。

我们一旦把自己纳入关怀的范围内，我们生活中的优先级就会随之改变。

这并不意味着我们要把自己的需求放在"最前面"或"最后面"，而是我们可以采取一种更加平衡的方法。当我们有精力的时候，我们会对别人说"是"，但我们也并不害怕说"不"。在决定如何分配我们的时间、金钱和精力的过程中，我们认为自己的需求和他人的需求同样重要，这样我们就会完全允许自己去照顾自己。

我们可以自己决定什么在我们的生活中最重要，然后按照这个优先级来安排我们的一切活动。

当我们通过满足自己的需求来减轻痛苦的时候，自我关怀的三要素——善待自我、共通人性和静观觉察——就会表现为一种满足且平衡的真实性。

满足

如果我们决定对自己好一点儿，我们就会尽一切努力让自己获得幸福。

我们会问自己，什么对我们的幸福最有意义，然后就会积极主动地来实现它。如果我们热爱大自然，我们就会花时间在大自然中徜徉；如果性快感让我们感到满足，我们就会放慢脚步，细细品味与伴侣之间的爱抚，而不仅仅是做爱；如果艺术表达让我们活了起来，我们就会努力培育自己创造力的火焰；如果灵性是我们内心深处的召唤，我们就不会让日常生活的忙碌阻碍我们心灵的回归。

如果我们在乎自己，我们就必须这样做。因为如果我们的欲望得不到满足，我们就会被困在自己所不满意的生活中，就像一大块混凝土压在幸福之上，我们会因此苦不堪言。

了解自己，理解世界，并看清自己在其中的位置，追求满足感始终与追寻生命的意义密切相关。研究表明，自我关怀型的人通常会报告他们可以体验到更大的意义感，更赞同类似"我的生活有明确的目标感"这样的陈述；他们会经历更多的"和谐激情"，也会更多地参与自己真正喜欢并感到满足的活动。

大多数人在成长过程中并没有过多地去考虑我们情感或心理上的满足，或者去认真思考什么才是我们真正想要过的生活。我们通常都是按部就班地过日子——高中毕业，获得大学学位（如果这是我们所期望的生活），找份工作，寻找生活伴侣，生孩子并抚养他们，在事业上取得进步。通常是直到退休之后，我们才会停下来，有时间去思考到底什么才会让我们真正感到满足。

但是，当我们真正开始关心自己的时候，"我需要什么"就成了我们生活的一部分。我们不会再把这个问题留到退休以后，也不会再去忽略那些我们知道很重要，却总是没有时间去做的事情。现在，我们就要在生活中获得满足感。

对，就是现在！

如何工作以及如何度过空闲时间都与自我关怀息息相关。环境、音乐、学习、多样性、灵性、健康，它们都将成为我们日常生活的一部分，而不再是遥远未来的某个时候才要去实现的目标。

寻找满足感，我们可以在那些自己喜欢的活动中多花些时间，一旦我们的能力在其中得到充分的体现，我们就会拥有一种掌控感。这也使得我们能够有效地参与并影响我们的世界：无论是冥想、马拉松、组织一次全国会议，还是为我们的孩子创造有趣的课外活动，发展潜能可以让我们的每一天都充满意义。

个人的成长需要精力和努力，有时还需要勇气。

尤其是当我们对现状感到舒服的时候，尝试新事物可能会让人害怕。同时，我们也可能会害怕在尝试的过程中遭遇失败。自我关怀的美妙之处在于，无条件的自我接纳可以让我们安全地向前做出这一勇敢的飞跃。我们一旦知道失败是可以被接受的，为了让自己更快乐，我们就能够用崭新的方式挑战自己。

善待自我会推动我们走出自满的"舒适圈",进入成长和发现的全新未知领域。

平衡

把满足自己的需求作为一种自我关怀的行为,这既不代表自私,也不是一种单方面的行为。

作为自我关怀的核心因素,共通人性要求我们既不要仅仅以自我为中心,也不要仅仅以他人为中心。相反,它要求我们运用智慧看到更大的整体,去找出什么是公平、平衡和可持续的行为方式。彼此联结是人类的核心需求,我们的行为一旦破坏了我们与他人的关系,实际上就是在伤害我们自己。

因此,在做我们自己想做的事和帮助别人之间形成一种健康的平衡,就是实现自我关怀的必要条件。

我始终对于人们如何平衡自己和他人的需求很感兴趣。在我从事研究工作的早期,我和我的一个研究生进行了一项研究,主要观察当大学生的个人需求与他们生活中其他重要的人的需求发生冲突时,他们是如何处理这个冲突的,以及这将如何影响他们的情绪健康。举例来说,如果一个学生希望出国留学一年,这也许就意味着要把她的男朋友单独留在国内;再或者她希望和朋友留在校园里过感恩节,但是她的妈妈却希望她回家过节。我们研究的目标是希望确定年轻人的自我关怀水平对于他们平衡自身与他人需求能力的影响。

首先,我们要确定他们是如何处理冲突的。他们是否会屈从于别人的需要？他们是否以牺牲他人为代价优先考虑自己的需求？还是他们能够想出一个创造性的解决方案来满足每个人的需求？其次，我们会要求参与者告诉我们，在想出解决冲突的办法的过程中他们是否很苦恼，以及他们觉得自己的解决方案是否足够真实。最后，我们评估了他们在与母亲、父亲、最好的朋友或亲密伴侣的特定关系中的心理健康状况——在这段关系中他们是否自我感觉良好，还是感到沮丧或不快乐。

我们发现，那些自我关怀程度较高的参与者更有可能想出一种能够顾及各方需求的解决方法，并做出妥协。他们不会放弃那些对于他们个人很重要的东西，但也没有完全把自己的需要放在首位。我们还发现，自我关怀程度较高的参与者在解决关系冲突的过程中报告他们所经历的情绪波动更少，更少感到沮丧，在特定的人际关系中也感到更有价值。

事实上，研究结果表明，自我关怀程度较高的人在冲突发生的情况下通常会有妥协的倾向，这有助于解释他们会感到更加快乐的原因，也进而表明了保持平衡才是我们实现幸福的关键。另一个重要的发现是，在解决关系冲突的过程中自我关怀型的人更多报告他们感觉很真实。

这表明，自我关怀的一大好处在于它允许我们做回真实的自我。

真实

静观觉察通过澄清我们内在的信念、价值观和情感来帮助我们变得更真实。

它让我们转向内在，为了追求真我而进行必要的自省。

我们若过着未经审视的生活，很有可能就会迷失在对更多金钱、物质、赞美的无休止的追求中，但这些都不会给我们带来真正的幸福。许多中年危机的发生都是因为我们有一天终于意识到：我们在错误的地方和对错误的人做了错误的事情，或者就像Talking Heads乐队在歌里唱的那样："你可能会告诉自己，这不是我漂亮的房子！这不是我漂亮的妻子！"按部就班地去生活，总有一天我们会在醒来后发现自己是如此沮丧和无聊。

为了追求"幸福"，也许我们会结束一段婚姻关系，换一辆新车或者去整容。但除非有一天我们开始审视自己并问自己："什么才是真正适合我的？"否则一切都是徒劳。

静观觉察给了我们一种自我反思所需要的视角，这样我们就不会再像"没头苍蝇"一样不顾一切地扎进肤浅的生活。

静观觉察使我们不仅关注我们在做什么，还关注为什么要这么做，这样我们才能真实地去生活。加州大学伯克利分校的张佳伟（Jia Wei Zhang，音译）针对自我关怀的真实性体验牵头进行了一系列研究。在其中的一项研究中，参与者被要求在连续的一周内，每天都要对自己当天的自我关怀程度以及与他人互动时的真实程度进行评分。研究人员发现，参与者每天的自我关怀程度与其真实性感受的变化密切相关。

另一项研究发现，自我关怀的真实性让我们能够承认自己的弱点。

真实性不是一个"优点为真，缺点为假"的逻辑判断过程，它要求我们拥抱全部的自我——好的、坏的，甚至是丑陋的。研究人员要求参与者思考一个让他们自我感觉不好的个人弱点，然后他们随即会被分到不同的情境中。自我关怀组的参与者会被要求："想象一下，你正在从同情和理解的角度同自己谈论这个弱点。"自尊组的参与者被要求："想象你正在从一个肯定自己优点（而不是缺点）的角度来谈论这个弱点。"而在中立组中，参与者根本没有得到任何指示（这意味着他们可能会因为自己的弱点而进行自我批判）。紧接着，参与者被要求说出当他们承认自己的缺点时的真实感受。与其他两组参与者相比，自我关怀组参与者报告的真实性明显更强。

自我关怀使我们可以自由地做回真实的自己，而不必达到那些不切实际的完美标准，这恰恰是自尊所无法为我们带来的结果。

当我们决定采取行动来实现自我满足的时候，很多女性——尤其是那些生下来就被告知"幸福就意味着付出"的女性——却很难从中获得满足感。这就是我们要有意识地反思我们在生活中真正需要什么和看重什么，再致力于满足这些需求的重要性所在。

练习15　满足性自我关怀训练

这个自我关怀练习旨在培养我们的强悍自我关怀，从而使我们能够充分利用满足感、平衡感和真实感来满足我们的需求。

▶▶ 练习指导

回想生活中某种让你感觉自己的需求没有得到满足的情况。

也许是你没有在自己身上花足够的时间，也许是你做了一份自己非常不喜欢的工作，又或者是你把空闲时间花在了让自己不开心的事情上。在脑海中回想一下当时的情况。当时发生了什么事情？允许自己去感受出现的任何情绪。例如，是否会有疲惫、厌倦、怨恨乃至绝望的情绪出现？然后把这种不适的情绪当作一种身体上的感觉来接触。

接下来，把注意力集中在那些没有得到满足的需求上。例如，你是否需要休息？需要平静？需要学习？需要乐趣？还是需要刺激？还是任何你可以确定的需求？抛开当时的具体情况，只关注那些未被满足的需求本身。

现在请坐起来，让你的身体保持一种警觉的状态。然后你要对自己说一段话（大声或默念）以引入自我关怀的三个组成部分，帮助你采取行动来满足你的需求，并为自己提供帮助。虽然我们会给你一些建议，但我们的目标是帮助你找到那些对你来说最有意义、感觉最自然的话。

· 第一句话是为了唤起你的静观觉察，这样你就能够意识到并确认你最深的需求。

有意识地对自己说"这就是我需要的真实感和完整感"或者"这对我来说真的很重要""我的需求很重要""真实的我需要它来帮我实现幸福"。

· 第二句话是为了帮助你记住共通人性，这样你就能平衡自己和他人的需求。

认识到所有人的需求有助于帮助我们保持平衡。试着对自己说"我既尊重别人的需要，也尊重自己的需要"或者"所有人都有重要的需求""我的需求重要，其他人的也重要""生活中既要有给予也要有接受"。

现在把双手放在你的太阳神经丛上，感受你的能量中心。作为一种善待自我的行为，我们可以采取具体的步骤来满足自己的需要。试着对自己说"我会尽我所能满足我的需求"或者"我应该幸福""我会开心地养活自己"或"我会做一些必要的事情来保持身心健康"。

如果你很难找到合适的词，想象一下如果是一个你真正关心的人感到不满足，为了帮助他/她尊重自己的需要，投入时间和精力使自己更幸福，你会对他/她说些什么呢？现在，你可以向自己传达同样的信息了吗？

最后，将一只手放在心口上，将另一只手留在太阳神经丛处。这个动作是为了让你体内那种因满足自己的需求而激发出来的激烈能量，与象征着爱、联结与存在感的温柔能量相结合。在你能够意识到自己完整性的情况下，你能否采取行动来获得更多的满足？

记住，满足自我需求的欲望从来都不是因为匮乏，它只能来自一颗富足的心。

发展我们的潜能

"人类潜能运动"[①]强调了满足自我需求的重要性，它摒弃了心理学对于病理学的传统关注，提出人们拥有未开发的能力，人们利用这些潜能可以发展出充满创造力、意义和快乐的非凡生活。

该运动的创始人亚伯拉罕·马斯洛将其描述为自我实现的过

---

① 人类潜能运动：关于心理治疗的一种主张，认为人表现的行为只显露了人类潜能的一小部分，人的大部分潜能因缺乏有利的条件而尚未表现出来。——译者注

程。当我们注重培养自己的天赋和志趣,让它们不受阻碍地展现出来时,我们就能发挥出自己的潜能。我们也可以接受我们自己和我们作为人类的不完美,积极地去探索我们的内部和外部世界,以便了解我们的能力。马斯洛同时指出,如果我们不能够认真满足我们的成长需求,我们就会停滞不前。

自我决定理论[①]的创始人、心理学家爱德华·德西和理查德·瑞安提出,胜任力、归属感、自主权是人类的核心需求,我们可以根据这些核心需求被满足的程度来定义一个人是否得到了健康的发展。

胜任力使个人在与社会环境的交互作用中,感到自己是有用的,有机会去锻炼和展现自己的才能和价值;有了归属感意味着我们与他人处于一种互惠和平衡的关系中,我们可以感觉到关心他人并被他人关心,拥有一种从属于其他个体和团体的安全感,并能够与别人建立起安全和愉快的人际关系;有了自主权则可以采取与我们的内在价值和欲望协调一致的行为,即个体的行为应该是自愿的且能够自我调控的。

成千上万的研究都支持这样的观点——满足这些核心需求会带来最佳幸福感。还有研究表明,自我关怀同样可以帮助我们做到这一点。例如,一项针对大学第一年本科生的研究发现,自我关怀程度较高的学生同样也可以体验到更强烈的自主权、胜任力和归属感,并且这些需求满足程度的提高也会增强心理健康状况,让他们

---

① 自我决定理论:一种关于人类自我决定行为的动机过程理论。自我决定理论将人类行为分为自我决定行为和非自我决定行为,认为驱力、内在需要和情绪是自我决定行为的动机来源。——译者注

在一年之中都可以感受到更多的活力。

从一位在得克萨斯大学奥斯汀分校修读自我关怀本科课程的学生身上，我真切地看到了满足自我需求的重要性。

塔尼亚是一位年过60、风趣而睿智的非裔美国人。她有时会在我的办公时间过来和我聊聊我们在课堂上讨论的内容，同时她也给我讲述了她成为一名自豪的、65岁的、三年级大学生的过程。

塔尼亚在休斯敦长大，高中一毕业就找了份工作，帮助养家糊口。她在一家干洗店找到了一份稳定的工作，在那里工作了几年，最终成为这家店的经理。在和丈夫早早离婚之后，她靠着他不多的帮助抚养了3个女儿。塔尼亚的孩子们最终也都结了婚，一共生了6个孩子。她们都住在她家附近，周末和放学后都要靠着塔尼亚来帮忙照顾小孩子。但塔尼亚心里一直藏着一个"可怕的秘密"——她根本就不喜欢那些小婴儿或蹒跚学步的小孩子。他们整天哭个不停，照看他们几乎毫无乐趣可言。而且她还特别讨厌换尿布——她不是早就换完了吗？但无论如何，她的孩子们还都依赖她的帮助。"所以我还得尽我的'屎尿'义务，"她开玩笑说，"我的生活简直是一团糟。"尽管她很喜欢开玩笑，但这样的状态最终还是开始影响她的生活，她开始变得有点儿郁郁寡欢。

于是，一位注意到这种变化的老朋友问塔尼亚，她要怎样才能快乐。她告诉我说，老朋友提的这个问题让她停下了脚步。她以前从来没有认真考虑过这个问题——她总是在忙着工作和照顾他人。深思熟虑之后，塔尼亚意识到她想上大学学英语。在成长的过程中，她总是能在书本中找到慰藉和庇护，她也知道她的智慧之火从未被真正地点燃过。她梦想着自己能在晚上或周末去社区大学上学并获得一个副学士学位，甚至还有可能转到大学获得学士学位。但这也意味着，她可能就没有时间照看孙子孙女了，把自己的需要放在第一位是不是有点儿太自私了？

尽管如此，这仍然是一个她从未体验过的学习和成长的机会，这种可能性令她兴奋不已。最终，她还是决定去争取一下。当她告诉女儿们她们必须去找托管机构照看孩子的时候，她们起初有点儿不情愿，但很快她们就改变了主意。因为她们深深地爱着塔尼亚，并对她为她们所做的一切都充满感激。于是，女儿们开始全力支持她们的母亲。

塔尼亚在她的社区大学课程中简直是如鱼得水。即使一边还要管理干洗店，她依然获得了全A的成绩，并以转学生的身份申请进入了奥斯汀分校。她成功了！

这个时候，塔尼亚已将近65岁，她决定就此退休，并用她的社会保障金在奥斯汀租了一间小公寓——从此，她终于成为一名全日制大学生。尽管塔尼亚说她很喜欢我的课，但很明显，她早就已经了解了满足自我需求的重要性。她已经完全沉浸在自我关怀的体验中，那种内心深处的自我欣赏是如此美妙。

当我问她毕业后打算做什么，她只是给了我一个大大的微笑，说："我压根儿就没有想过明天。我只为今天而活。"

现代社会中的女性需求

培养自我关怀对于女性如此重要的一个原因是：父权制的社会规范和期望强烈地反对我们为满足自己的需求而采取行动。

那些坚持"充满善意的男性至上主义"意识形态的人认为女性

天生就是乐于为他人牺牲自己利益的养育者。从这个角度来看，给予就是女性活着的使命。当然，如果这是真的，我们应该会发现自我牺牲是女性真正的成就感的来源。但事实并非如此——尤其是当那种给予仅仅是为了满足社会期望，而不是女性自发、自愿的时候。

我的论文研究是在印度迈索尔进行的，因为我对于文化是如何塑造人们的性别观点以及满足个人需求这一点很好奇。学者们有时会把像印度这样的非西方社会描述为一种基于责任的道德，强调满足他人的需求，而不是像西方社会那样高度关注权利或个人自主权。东西方的这种区别，与那种女性具有以关怀为基础的道德感，而男性则更关心权利和正义的主张非常相似。我的论文导师艾略特·图里尔非常反对这种二元化的简单描述，他认为对于自治、正义和关心他人的关注是普遍存在的。

然而，不同的权利关系部分决定了它们的不同表达。

强调职责的文化通常是等级分明的。在这样的文化里，对下属更加强调照顾他人的责任，而当权者则拥有大量的权利和个人特权。例如，在印度，印度教的女性从小就开始接受一种被称为塞瓦（sewa，锡克教奉献精神）的自我奉献训练，女性要先给男性提供食物，在他们吃完之后女性才开始吃他们的剩菜。传统上，女子结婚的时候，娘家必须为她们准备嫁妆并带到婆家，这就更加深了女子是一种负担，不如男子有价值的社会观念。结婚以后，女性的任务通常就是照顾丈夫和孩子，而在食物、衣服、保健和教育等社会资源方面，女性往往比男性要占有得少得多。我猜想，在印度，当妻子和丈夫之间发生冲突的时候，人们通常会认为妻子就应该履行自己的义务，而丈夫则有权利做自己想做的事。

同时我也猜想，作为女性，也许她们看待事物的角度会有所不同。于是，我邀请两位来自当地大学的优秀研究生苏史密斯·德雷瓦和马尼马拉·德瓦卡普拉萨德，为我的研究在当地开展了一系列采访。

作为坚强的年轻印度女性，她们帮助我理解了印度性别角色惊人的复杂性，并用实际案例表明，印度女性并不满足于被压制的社会现状。她们谈到了印度传统的根深蒂固，在这样的传统中作为女性要想逆流而上非常困难。她们指出，印度女性往往只能接受她们在生活中处于从属地位的社会角色，因为在现实中似乎根本就没有其他选择。然而，这并不意味着她们认为这一切是公平的。更不用说，在印度历史上，还产生了像英迪拉·甘地①这样伟大的女性领导人。作为世界上在位时间最长的总理，在1966年至1984年间，她以铁腕统治著称，因此也被后人称为"印度铁娘子"。

这些对于女性性别角色各种各样的、看似矛盾的观点，会在人们的道德推理中出现吗？

于是，我招募了72名印度青年参与我的研究（包括儿童、青少年和年轻人），其中男性和女性人数相同。研究人员会给参与者们看一系列关于已婚夫妇的小短文，这些小短文描述了夫妻双方的需求和愿望相互冲突的情况。这项研究是这样设计的：在每种情况下，主角要么是丈夫，要么是妻子。例如，有一个故事是关于一个叫维杰的丈夫，他想学习七弦琴（一种印度弦乐器），但他的妻子

---

① 英迪拉·普里雅达希尼·甘地：印度政治家，印度独立后首任总理贾瓦哈拉尔·尼赫鲁的女儿，是印度现代最为著名及存有争议的政治人物。她分别担任两届印度总理，1984年10月31日遇刺身亡。

却希望他在家做些杂活。而一个类似的故事，讲的是一个叫苏玛的妻子想去上古典舞蹈课，但她的丈夫却希望她留在家里做家务。参与者被要求决定主角应该做什么以及解释为什么这么做。

不出所料，我发现参与者的回答从整体上更倾向强调满足丈夫的需求而不是妻子的。然而，即使和传统文化相左，女性也往往认为妻子应该去满足她自己的需求。例如，在那个妻子想去上古典舞蹈课的故事中，她们通常会说苏玛应该去做她想做的事。正如一名少女所说："苏玛应该去上古典舞蹈课，因为这是她满足自己兴趣的唯一途径。她必须做她感兴趣的事情，否则她会很不开心，对生活失去兴趣……传统所要求的东西并不总是正确的。很多时候传统似乎很荒谬，我不会去尊重那些妨碍个人利益的传统。如果传统阻碍了活力，个人又将如何成长？我一定要让苏玛去上古典舞蹈课。" 我的经历告诉我，即使在传统的、高度重男轻女的社会中，女孩和妇女也非常重视自我实现。

即使庞大的社会结构限制了我们满足自己需求的能力，我们仍然渴望着获得平等的幸福。

尽管对于西方女性而言，自我实现的障碍更为微妙，但它们也依然存在。虽然优先考虑他人不再是我们的责任，但是要成为一个"好女人"，依然还是不言而喻地要顺从社会期望。我们被告知，为了表现得更"好"，我们必须同意别人的要求："你介意帮我代个班吗？""我度假的时候，你能帮我遛狗吗？"或者"你能帮我安排一下出差行程吗？"当然，我们如果不介意做这些事情，那么回答"是"会让我们感觉良好；但如果我们介意的话，感觉可能就不会那么好了。每当面对朋友、伴侣、孩子或同事，我们都会不假思索地说"好"，因为我们觉得我们就应该这样做——而没有想想自己，看看这是不是我们真正想要的——事实上，我们都在不断强化着那种"自我牺牲"的性别社会规范。

我并不是说我们应该一味拒绝他人的请求，而只考虑自己的需要。我要说的是我们应该在考虑了所有选择之后，有意识地做出自己的决定，而不仅仅是为了做一个"好女人"。当我们意识到某个选择不适合自己的时候，自我关怀要求我们尊重自己的需求，如果可能的话，试着去做些其他的事情，以尊重自己的需求。

发现什么会让我们幸福

当我刚在得克萨斯大学奥斯汀分校获得教职的时候，我当时的丈夫鲁伯特和我在乡下买了一套7英亩①的房子。新房子位于埃尔金小镇，距离奥斯汀市中心和得克萨斯大学校园大约需要45分钟的车程。我们搬到那里是因为作为一个骑马爱好者，鲁伯特想养马。

后来，鲁伯特在我们这片土地上创建了一个马匹治疗中心——新步道学习中心，我们的儿子罗文就是在那里接受了家庭教育。

在鲁伯特和我分手之后，我继续在埃尔金住了很多年（我们仍然是朋友），因为罗文在那里似乎很快乐。但说实话，作为一个城市姑娘，我真的不喜欢马。在埃尔金，几乎没有什么可以闲逛的咖啡店，食物的选择也非常有限。这个小镇主要以香肠而闻名，而对

---

① 1英亩=4046.86平方米。

于一个像我这样对麸质和乳制品不耐受的鱼素者①来说，那可真不是一个美食天堂。同时，埃尔金还属于极端保守的特朗普阵营，在那里，一切都与自由的奥斯汀文化恰恰相反。为了让你更直观地了解这个地方，这么说吧，在疫情防控期间，埃尔金的一家酒吧因为禁止顾客戴口罩而上了全国的新闻头条。但是为了满足别人的需要，我在这个"陌生"的、远离我的舒适区的地方，一住就是将近20年。

几年前，我们终于搬到了奥斯汀市中心。一部分原因是为了让罗文得到更好的教育，但也是因为我实在是厌倦了埃尔金的生活。直到现在，我才意识到，生活在一个对我来说不真实的文化环境中，我究竟放弃了多少。现在的我5分钟就可以拿到一杯椰子牛奶抹茶拿铁，10分钟就能到达学校，这让我太开心了。我并不后悔当初在埃尔金待的时间比我想的要长得多，但我更清楚地认识到，那种能够真正满足自己需求的生活是多么重要。

从今往后，我绝对不会再为了向他人妥协而住在不适合我的地方了。

当我们真正关心自己的时候，我们的需求就会很重要。它们也必须很重要。我们希望成为充满爱、关怀以及乐于给予的女性，而在这样的理想中必须包含我们自己，否则那就不是真正的爱。否认了我们自己的真实性和满足感，在精神和心理层面上，我们就限制了一个独特而美丽的生命的自然表达，而她的故事无人能讲；在政

---

① 鱼素者：指以戒食红肉、禽类肉食，但仍进食海鲜（以鱼为主）的饮食方式为主的人，他们放弃畜牧类红白肉，改以鱼类取代，通过鱼类和蔬菜来获取膳食营养平衡。鱼素的英文单词是一个新词汇，源自意大利语里鱼的单词pesce。

治层面上，我们也在不知不觉中维持着父权制。幸运的是，如果我们能够积极地质疑这些所谓的"社会规范"，找到勇气推动改变，我们就有机会打破这种现状。

作为改变社会偏见体系的第一步，自我关怀为女性提供了一种实现自我价值的方式。这种改变将在集会和投票站发生，而当我们问自己"现在我需要什么"的时候，这种改变也会在我们的内心发生。

它会帮助我们区分什么是"欲望"，什么是"需求"，以及什么是"目标"，什么是"价值观"。

一方面，"欲望"是指一种对于令人愉快或向往的事物的渴望，比如渴望经济上的成功，一所漂亮的房子或一辆车，外表上的吸引力，或者一顿大餐。而"需求"则对我们的情感或生存至关重要，比如安全、健康、与他人的联结或生活的意义。需求往往是泛泛的，而不是具体的（例如，我需要一个和平的家庭，而不是希望我那爱争吵的室友搬出去）。

另一方面，"目标"是指我们想要达到的特定目的，比如获得硕士学位，结婚，减重20磅或者去非洲旅行。而"价值观"是一种引导我们朝着目标努力的重要信念，并在目标实现后推动我们继续前进。价值观赋予了我们生活的意义和目的。例如，慷慨、诚实、学习、友谊、忠诚、勤奋、和平、好奇心、冒险、健康以及与自然的和谐。简而言之，"目标"是我们要做的事情，而"价值观"是我们生活的意义。正如托马斯·默顿[①]所写的那样："如果你想了解我，不要问我住在哪里，我喜欢吃什么，我怎么梳头；而是要问

---

① 托马斯·默顿：美国作家。

我为什么而活,是什么阻碍了我尽情生活。"

那怎么才能知道我们的行为是否符合我们的真实需求和价值观,而不仅仅是为了取悦他人或满足某些社会理想呢?一种方法就是去感知我们的行为所带来的情感后果。举例来说,假设你从小就重视为他人服务,在每个星期天教堂活动结束后,你都会制作三明治送给社区的无家可归者。如果这是你发自内心的行动,在你花了一天的时间制作火腿和奶酪三明治,并在街上派发完它们之后,你会感到心情愉快、精力充沛。但如果这不是你发自内心的真实行为,你这么做只是因为你觉得"这是一个好人应该做的",当这个派发三明治活动结束时,你只会感到筋疲力尽、心烦意乱。

弄清楚我们在生活中真正需要什么和看重什么,并采取必要的行动与这些重要的东西和谐相处,这就是自我实现的核心所在。

练习16 充实生活

本练习改编自我们在 MSC 项目中的一项名为"发现我们的核心价值"的练习。它借鉴了史蒂文·海斯及其同事开发的接纳与承诺疗法[①],该疗法强调致力于我们最重要的价值观而采取坚定的行动,是过上满足而真实的生活的基础。

本练习是一个书面反思练习,请拿出你的笔和纸。

---

① 接纳与承诺疗法:由美国著名的心理学家史蒂文·海斯教授及其同事于20世纪90年代基于行为疗法创立的新的心理治疗方法,是继认知行为疗法后的又一重大的心理治疗理论。

▶▶ 练习指导

回首过去

想象一下,几年以后,你正坐在一个可爱的花园里思考着你的人生。回头看看这段时间,你会有一种深深的满足感。尽管生活并不总是一帆风顺,你还是努力去做真实的自己,尽可能多地花时间去做那些让你感到幸福的事情。

让你感到满足的深层需求是什么?你所尊重的价值观是什么?是什么让你如此满足?是冒险、创造力、学习、灵性、家庭、社区,还是花时间与大自然相处?请写下是什么使你感到如此满足。

聚焦当下

目前,你在多大程度上满足了自己对幸福的需求?你的生活是否失去了平衡?你是否花费了太多的时间来满足别人的需求,还是因为太忙而无暇顾及自己?请写下任何让你不满意的地方。

障碍

总有一些阻碍我们满足自己需求的障碍。其中一些可能是外部障碍,比如说没有足够的钱或时间。通常,有些障碍也来自我们身上所承担的义务,例如,我们可能需要供养一个家庭或者照顾生病的人。请思考片刻,然后写下你认为的任何外部障碍。

还有一些内在的障碍也会阻碍你满足自己的需求。比如,你是否太过谨慎,你是否想取悦别人,你是否害怕自己变得自私,或者你是否觉得自己不配得到幸福?请深入内心反思片刻,然后写下你认为的任何内部障碍。

注意你内心深处那种对快乐的渴望,如果你的需求没有得到满足,你是否会有某种悲伤或沮丧的感觉。

唤起强悍的自我关怀

现在请写下任何你认为强悍的自我关怀可以帮助你克服满足需求阻碍的方法。它能带给你说"不"的勇气吗？它能带给你足够的安全感和自信心，让你冒着不被认可的风险去采取新的行动吗？它能让你放下那些对你无益的事情吗？你能做些什么来让自己更快乐、更满足呢？

如果此时你感到犹豫不决，请记住：越去满足自己的需求，你就越有精力去帮助别人。你能保证采取行动照顾好自己吗？

唤起温柔的自我关怀

当然，有时候要去真正实现梦想，你会遇到不可逾越的障碍。作为人类的一部分，我们不可能完全按照自己的想法拥有一切。

所以，现在请闭上你的眼睛，把你的手放在你的心口或其他让你感到舒适的地方。你能接受我们不能总是得到满足，我们不能总是按照我们的想法实现梦想的现实吗？

面对人类的局限性，请写下一些善意和接纳的话。

平衡阴阳

最后，请试着将强悍和温柔的自我关怀融合在一起。在接受当下处境的同时，我们也可以通过善意的努力来改变我们的现状。你能想到什么你从未想过的方法来让自己得到满足吗？即使这种想法现在还是不完整的？例如，如果你热爱大自然却又整天在办公室里上班，你能不能用走路代替开车上班？你能不能用一些植物装点环境，让它看起来更加生机盎然？你能通过做一些小事来满足自己吗？如果能，请把它也写下来。

自我关怀还是自我放纵

有些人担心利用自我关怀来实现自我满足会变成自我放纵的幌子。

如果某天早上我给单位打电话请假,也许是因为自我关怀而需要补个觉。但我如果一周连着几天都这么干呢?会不会太过于自我关怀了?我们如果真的关心自己,就不会做出看似"感觉良好"实际上却在"自我伤害"的事。自我放纵会以牺牲长期利益为代价来换取短暂的快乐,而自我关怀则永远着眼于回报:减轻痛苦。

首先,静观觉察能够让我们看清楚我们真正"需要"的东西,而不仅仅是我们"想要"的。我真的"需要"把闹钟关掉吗,还是我只是"想要"再次享受进入梦乡的那种短暂快感? 其次,我们可以利用善待自我来确保我们的行为真正符合我们的最佳利益。上班迟到真的会有帮助吗?尤其是在考虑到它肯定会产生负面影响的情况下。还是说早点儿上床睡觉,确保自己得到充足的休息会更好?最后,共通人性的智慧会让我们看到更大的图景,以及一切事物是如何相互关联的,从而确保我们的行为是平衡且可持续的。我的行为会不会影响我的工作或同事之间的合作?

自我关怀会以一种"减少自我放纵"的行为方式来帮助我们回答这些问题。

研究表明,自我关怀型的人会做出更健康的自我照顾行为,而不是放纵自我。例如,他们更有可能会去阅读食品包装上的营养标签以做出更健康的选择;定期进行体育锻炼,并保证更加充足的睡眠。而对于那些在与纤维性疼痛、慢性疲劳综合征或癌症等疾病作斗争的人们来说,无论是按照医嘱服药,改变饮食,还是更经常地进行锻炼，自我关怀都使他们更能够遵从医嘱并坚持治疗计划。那些自我关怀的老年人则更愿意定期去看医生，并使用类似助行器这样的辅助工具。同时，一项针对艾滋病患者及艾滋病病毒携带者的大型跨国研究发现，自我关怀程度较高的人更有可能在性交时使用安全套来保护自己和他人。

在研究人员探索为什么自我关怀的人更愿意做出照顾自我的行为的过程中，他们发现这直接源于他们所谓的"善意的自我暗示"。这些人会用鼓励和支持的方式与自己对话，并不断地强调善待自我的重要性。

自我关怀还是自私自利

对于自我关怀的另一个误解就是"自私自利"。这给我们这些几乎从出生起就被培养成照顾和满足他人需求的女性造成了非常大的障碍。

的确，如果我们不能确保强悍和温柔自我关怀的元素都到位，满足自己的需求就很有可能成为"以自我为中心"的伪装。如果对于人类的联结性和相互依赖性没有清晰的认识，我们就很有可能把事情变成一种零和游戏[①]：满足我的需求就必须以牺牲他人的需求为代价。零和游戏对于我们来说，毫无幸福可言。就好像我的一个好朋友正在经历着失恋的痛苦，需要我拿出时间来陪伴她、关注

[①] 零和游戏：又被称为零和博弈，源自博弈论。"零和游戏规则"越来越不容忽视，因为人类社会中有许多与"零和游戏"相似的局面。

她，可是我却因为忙着自己的事而忽视了她，我也会为此感到很糟糕。当她为此责怪我的时候，我就会感觉更难过，我们的友谊质量也会下降。而且在将来，如果我遇到了和她一样的问题，我也不可能再指望得到她的支持。

但是当阴阳平衡的时候，事情就不会是这个样子了。我们知道，爱是我们最深切的需要，给予自己爱的同时当然也会给予他人爱。事实上，满足且平衡的真实性可以使我们的慷慨之心常在。我们不会耗尽自己，在面对自己和他人的需求时一无所有，有心无力。相反，我们会通过滋养我们的人际关系来滋养自己。

自我关怀不是自私，已经有足够多的研究支持了这一观点。例如，自我关怀型的人在他们的亲密关系里往往会设置更多的关怀目标，这意味着他们更愿意向亲近的人提供充分的情感支持。他们的伴侣也反映这些人在他们的关系中表现得更加体贴和乐于奉献。同时，他们也更善于接纳他人的缺点和短处，更愿意换位思考或考虑外界的观点。

你可能会惊讶地发现，自我关怀和关怀他人之间并不存在很强的联系。

换句话说，自我关怀程度高的人往往比自我关怀程度低的人对他人的关怀程度高一点儿，但也不会高太多。这是因为绝大多数人对别人都比对自己更关心。有很多人，特别是女人，对待别人总是那么富有同情心、慷慨大方、心地善良，对待自己却无法做到一碗水端平。如果说，在自我关怀和关怀他人之间存在很强的联系，那就意味着缺乏自我关怀的人也会缺乏对他人的关怀，但事实并非如此。

尽管如此，学会自我关怀的确能够提高我们关怀他人的能力。

在一项研究中，我们发现MSC项目的参与者在参与项目后对他人的关怀程度平均增加了将近10个百分点——对于大部分人来说，他们从一开始对他人的关怀程度就很高（在5分制中，他们开始时关怀他人的平均分是4.17，最后是4.46，所以MSC项目对于关怀他人的能力并没有很大的提升空间）。

与此同时，参与者们自我关怀的程度则增加了43%——在开始时参与者的自我关怀平均得分为2.65，而结束时则达到了3.78。这表明，自我关怀水平的增长并不意味着你对他人的关心减少了——恰恰相反。更重要的是，自我关怀可以让我们有能力更加持之以恒地去关心他人，而不会耗尽自己或精疲力竭（这一点我们将在第十章进一步进行讨论）。

自我关怀不是自私自利的另一个原因在于：它可以让他人也以关怀的态度对待自己。

在一项题为"自我同情会传染吗？"的研究中，滑铁卢大学的研究人员针对自我关怀如何影响他人展开了研究。学生们被要求回忆自己某次学业失败的经历，然后被随机分配去听音频剪辑。这些剪辑都是另一个学生在对自己谈起学业失败体验时的录音。在其中的一个音频里，学生以一种自我关怀的态度对自己说："我知道你很失望——在经历了这样的过程后，这是很自然的……"而在另一个音频中，学生则以一种中立的态度对自己说："我算是勉强通过了，好在过线了，虽然也没有过太多……"那些听了自我关怀音频的参与者随后对自己的学业失败表现出了更大的关怀。研究人员将这一发现归因于社会化建模的过程，在这个过程中，我们会通过观察他人的行为来习得自己的行为。

因此，通过对自己表现出关怀——尤其是在当我们有意为之的时候——我们也正在帮助其他人这样去做。

因为人类都是相互联系的，所以当我们面对生活中的痛苦的时候，在我们和他人之间武断地划出一条分界线毫无意义。阿尔伯特·爱因斯坦有句名言："我们的任务是必须通过扩大我们的关怀圈来解放自我，从而去拥抱所有生物和整个大自然的美丽。"我们自己其实就处在这个关怀圈的正中心。我们既不想把关注的范围仅仅限定在自己身上，也不想把自己排除在这个圈子之外。因为如果这样做，就是在背叛我们自己的人性。

当马斯洛在描述自我实现的时候，他强调"放弃自我关注"是自我实现的核心。他认为，要认识到我们的真实本性，我们必须发现一个比渺小的自我更为宏大的召唤或目标。事实上，在说起自我关怀以及自我实现的时候，使用"自我"这个词是带有误导性的，因为真正的自我关怀和自我实现反而会削弱人们对于以"自我"为中心的关注。

真正美好的事实是，充分开发我们的潜能可以让我们更好地帮助别人。

作为一名教育工作者，当我在努力提高自己技能的同时，我就能够为我的学生们扩展出更大的可能性。我培养出来的人才，无论他们未来是成为主厨、古典歌手还是医疗直升机飞行员，都会为更多的他人创造出更美好的生活。当我不断地扩展自己的内心世界，使自己更加投入、更有活力的时候，我就会把这种活力带给每一个与我接触的人。

满足我们自己的需求，就是我们给这世界送上的一份宝贵礼物。

第八章

成为最好的自己

当我们真正关心某件事的时候,改变就会发生。

——梅根·拉皮诺,美国女子足球队队长

如果我们真正关心自己,不想让自己再承受痛苦,我们自然就会有动力去实现我们的梦想,并放弃那些不再对我们有用的行为。但是,练习自我关怀的一大障碍在于:我们总是会担心如果不对自己"狠一点",自己就会变得懒惰并失去动力。

这种担心来自一种对于自我关怀中阴和阳的误解。的确,自我关怀温柔的一面可以帮助我们接受自己所有"光荣"的不完美。它提醒我们,我们没必要为了变可爱而做到完美无瑕。我们不需要去改变自己,现在的我们已经足以值得被关心和善待了。

但是这也代表我们就不需要试着去改变我们的坏习惯吗?不需要去实现我们的目标或完成我们的使命了吗?当然不!

减轻痛苦的欲望驱使着我们去追求我们想要的生活,不是因为我们觉得生活还不够好,而是出于爱自己。当我们犯了错误或经历失败的时候,自我关怀让我们不会再严厉地批评自己,而是关注我们能从这种情况中学到什么。利用强悍的自我关怀来激励自我,我们可以将其视为一种"鼓舞人心、充满睿智的远大愿景"。

鼓励

"鼓励"这个词来自古法语"振作精神"。在引导自己成长和改变的过程中,通过自我关怀,我们就可以让自己振作起来。

鼓励意味着,如果没有实现目标,我们就不会再威胁着要惩罚自己,而是肯定我们的内在潜力,善待和支持自己。鼓励并不是自我欺骗,或者使用类似于"每一天,每一年,我都会变得更强大"这样的积极肯定,因为事实可能并非如此。事实是,一旦超过了一定年纪,我们就不可能变得越来越强壮(至少在身体上如此)。此外,研究表明,如果你不能肯定自己,即使别人给出积极的肯定,也无济于事。在怀疑自己的情况下,那些积极的肯定听起来是如此苍白空洞,往往还会适得其反,只会让你感觉更糟。但是"鼓励"能让我们走得尽可能远一些,即使结果也许并不像我们希望的那么远。

当我相信,即使搞砸了,我也不会残酷地背叛自己,而是会全力支持自己,这就建立起了我们承担风险所需要的安全感。我会从自己充满爱的内心里汲取灵感和能量——更加努力,是因为我"想"这样做,而不是我"必须"这样做。

马克·威廉姆森是英国幸福行动组织的负责人,他说在听了我关于自我关怀和自我激励的演讲后,他发生了很大的变化。他意识到,每当他犯错的时候,他总是在责骂自己,好像责骂自己就会让他下次更加努力。习惯成自然,以至于慢慢地,他几乎都意识不到自己在骂自己了,但它的负面影响却并没有因此消失,他的自信心依然在不断受到自己无情责骂的打击。

因此,每当他注意到自己又在因某次失败而责骂自己的时候,他就开始进行一项有意识的练习，把F开头的那个词改装成一个缩写：友好（Friendly）、有用（Useful）、冷静（Calm）、善良（Kind），以此来代替它原本的意思，从而去纠正自己咒骂自己的"本能"。

比起原来的那个词，这个新的缩写形式显然更具有建设性和激励作用。

善待自我并不意味着我们要宽恕自己所做的任何事，当然，那么做也不会有什么帮助。

有时候，我们还是得对自己"狠一点"，用严厉的爱来制止那些不健康的行为。如果我们的确是在伤害自己——例如沉溺于酒精，或者陷入一段"有毒"的关系——我们可能就需要坚定地对自己说"不"。严厉的爱是强悍的，但也是善意的，它会向我们给出明确的信息，比如"你需要离开，因为如果你留下来，你就会继续伤心"。

"鼓励"清楚地告诉我们，对改变的渴望来自关心和承诺，而不是责备或判断，所以最终它会更有效。

智慧

共通人性的智慧可以让我们看清楚决定成败的复杂条件，也可以使我们从自己的错误中汲取经验教训。我们都知道——"失败是成功之母"，就像托马斯·爱迪生所说："我没有失败，我只不过是找到了一万条行不通的路。"我们也都知道，错误的信息往往比正确的信息更有价值。

那为什么我们失败的时候还是会垂头丧气呢？因为我们总会下意识地相信我们不应该失败。一旦失败了，我们就会认为一定是我们哪里出了问题。伴随着失败而来的羞耻感和自责感让我们不知所措，以至于看不清楚真相，同时也抑制了我们成长的能力。

研究表明，自我关怀程度更高的人更加睿智，从所处环境中学习到的知识也会更多。面对问题，他们更倾向于考虑方方面面的相关信息，而不大会因为无法想出解决方案而沮丧。自我关怀型的人更容易把失败看作自己学习的机会，而不是死路一条。他们不太害怕失败，即使失败了，他们也不大会因此一蹶不振，更有可能会去再次尝试。自我关怀帮助我们专注于从失败中收集到的信息，而不是关注失败这件事会对我们的个人价值产生的影响。我们不会用挫折来定义自己。相反，我们能够看到其中所蕴含的巨大潜力——那些我们成功所需要的信息。

当然，有时候最明智的做法是，我们如果已经尽了最大努力，但还是没有实现某个目标，就继续前进。如果你多年来一直想做一名单口喜剧演员，而你的笑话到现在换来的依然是观众鸦雀无声的"欢呼"，那也许是时候换种职业，尝试一些不同的东西了。在日本开展的一项研究中，研究者请人们回忆一下近5年来对于他们来说很重要却始终没有实现的目标。那些自我关怀程度较高的人不仅被证明对令人失望的结果不会那么沮丧，他们还更有可能放弃那个特定的目标，转向别的方向。自我关怀为我们提供了更广阔的视野，通过它我们可以确定如何做才能最好地利用我们的时间和精力。

苛刻的判断和具有辨别能力的智慧是有区别的，分辨这种区别对我们将会很有帮助。

苛刻的判断主要是指给自己贴上狭隘且苛刻的"好"或"坏"的标签；而具有辨别能力的智慧在充分了解影响情况的复杂动态因素的情况下，能够识别出来什么是有效的，什么是无效的，什么是健康的，什么是有害的。在不考虑个人因素的情况下，我们一样可以判断自己的表现是"好"还是"坏"——但是上次失败了并不意味着我下次就一定会失败，或者我就是一个"失败者"。

了解我们的个人经验，对于整个人类来说，意味着在这样更大的背景下，我们就可以获得学习和成长所需的洞察力。

远见

当我们在试图做出改变时，静观觉察可以使我们专注，并忠于我们的愿景。

我们关心自己，追求幸福，因此我们就不大可能在真正重要的事情上分心。当我们错失目标时，我们往往会沉浸在一种失败的感觉中。而当我们的意识一旦被"羞耻"这个强盗劫持了，我们就没有办法再去留意继续前进所需要走的每一步。

也许你正在尝试创立一个为低收入的职业母亲提供儿童保育的慈善机构。一开始，你向几个基金会申请资金，但都被拒绝了；然后你又试图从朋友那里网罗些有钱的潜在捐赠者，但也一无所获。如果你被这些前期的挫折分了心，对你自己以及自己完成这个"宏伟"项目的能力丧失了信心，恐怕你就永远也不可能获得成功了。但是如果你能坚持你的愿景，将每一个挫折视为前进道路上的短暂颠簸，你就总会有机会成功。保持清醒的头脑和坚定的决心，你就有可能会看到一些本来也许会被错过的机会,例如发起在线筹款活动或采取其他有创意的方式进行筹款。

失败后重新振作,继续前进,再次尝试,并专注于我们的目标——我们将这种能力称为"毅力"。作为一位著名学者,安吉拉·达克沃思让科学界关注毅力的概念以及毅力的作用。她曾对我说,她认为自我关怀就是培养这种品质所需要的关键因素之一。

自我关怀为我们提供的安全感、支持和鼓励,使我们在前进的过程中能够始终保持坚定——即使道路上充满了障碍。研究证实,自我关怀型的人具有更强的毅力和决心,不管遇到什么困难都能够坚持下去。

与此同时,自我关怀还为我们提供了一个清晰的愿景,帮助我们认识到什么时候需要改变路线以到达我们的最终目的地。

练习17　激励性自我关怀训练

这个版本的自我关怀练习旨在利用强悍自我关怀所激发的能量,以一种鼓舞人心、充满睿智的远大愿景来激励我们自己。

▶▶ 练习指导

试想生活中一个想要改变的现状。也许你想多做些锻炼,但似乎自己做不到;也许你被困在一份无聊的工作中,想要脱身,但就是没有足够的勇气做决定。现在,试着去想象另一种更好的现实——每天早上做瑜伽,或者做个自由撰稿人。当你想到自己要做出这种改变的时候,你会有一种什么样的感觉——沮丧?失望?恐惧？还是兴奋？把这种情绪当作你的一种身体感觉来面对它。

找个让你舒服的姿势坐着或站着，确保这个姿势让你全身充满活力，而不是无精打采。接下来你要对自己说一段话（大声或默念），目的是唤起自我关怀的三个组成部分，通过鼓励和支持来激励你自己做出改变的决定。和以往一样，我们的目的是帮助你找到那些最适合你自己的话。

·第一句话将为你引入静观觉察，以便让你对需要改变什么有一个清晰的看法。

·提醒自己想要的新生活，然后缓慢且坚定地对自己说："这就是我对自己的期望"，或者"这就是我想要在这个世界上所展现的样子""这对我来说是可能的"。

·第二句话将唤起共通人性的智慧。

·试着记住，每个人都会陷入困境或犯错误，但我们都可以从经验中学习。你可以对自己说："这是一个终身学习的机会"，或者"成长的痛苦是人类的一部分""我们通常都是先错后对""我不是唯一面临这样挑战的人"。

·现在做出一些支持性的手势，比如将一只手放在另一侧的肩膀上，或者捏成一个小拳头来表示鼓励。我们需要利用善待自我来支持自己做出必要的改变：不是因为我们不够好，而是因为我们想减轻自己的痛苦。试着满怀热情和信心地对自己说："我想帮助自己实现目标"，或者"我是你的后盾，我会支持你的""是的，我可以""尽你所能，看看会发生什么""我相信你"。

·如果你很难找到合适的词，想象一下：一位你所真正关心的朋友也和你在同样的情况下苦苦挣扎，你想鼓励和支持他做出改变。这个时候，你会对他/她说些什么呢？你会用什么样的声音和音调来说这些话呢？你能提出什么建设性的意见吗？现在看看，你能向自己传达同样的信息了吗？

· 最后，让这种令人鼓舞、充满睿智的远大愿景所激发出的强大能量，与那种无条件自我接纳的温柔能量融合起来。我们可以尽最大努力做出必要的改变，但最重要的是要承认现在的我们也很好，就算不完美也没关系。我们会尽我们所能让自己快乐，减轻自己的痛苦，因为我们在乎，但我们不需要把一切都做到尽善尽美。

为什么我们对自己如此苛刻

研究表明，人们对自己如此严苛的首要原因是，他们认为自我关怀会削弱他们的积极性。

一个原因是他们认为自我批评是一种更加有效的自我激励方式，通过贬低自己、辱骂自己，他们下次肯定会更加努力。另一个原因是打击自我会带给我们一种"控制"的错觉。每当我们批评自己的时候，我们都是在强化这样一种观念——只要我们把每件事都做对了，下一次就有可能避免失败。第三个原因是我们想保护自我。我们会安慰自己，就算达不到要求，但起码我们的标准很高。我们高度认同自己理想中想要成为的那个样子，即使我们现在还没有达到那个要求。

正像我们在前面讨论的那样，自我批评是人类的一种基本安全行为。

你可能会想，因为在一个重要的工作任务上拖延，就骂自己是个"无所事事的懒鬼"，这怎么能让自己感到安全呢？只因为我相信这么做会让自己振作起来，这样我就不会失败，不会失去工作，更不会无家可归。

那责骂孩子后的深深自责又怎么会让我感到安全呢？只因为我相信这么做将帮助我在未来成为一个更好的母亲，这样我的孩子就不会恨我，也不会在我老了的时候抛弃我。

还有，对着镜子里的自己骂自己又老又丑，怎么会让我感到安全呢？因为我相信"先声夺人"可以减轻来自他人的真实判断带给自己的刺痛感：可以这么说吧，抢先一步就不至于被动挨打。

在某种程度上，我们内心的那位批评者一直在努力躲避可能对我们造成伤害的危险。

我们必须承认这种策略是"有效"的。很多人就是通过这种不懈的自我批评最终完成了他们在医学院或法学院的学业，或者取得了其他里程碑式的成就。但是它的工作原理就和那种烧煤的老式蒸汽机车一样——它能把你带上山，但一路上也会吐出大量的黑烟。虽然自我批评有时候的确可以激励自己，但这种"恐吓策略"也会产生许多适应不良的后果：它会让我们害怕失败，导致拖延；削弱我们的自信心，导致焦虑。这些都与我们取得成功的能力背道而驰。

我们还是面对现实吧！羞耻感并不能培养出我们积极向上的心态。

虽然我们内心的批评者时常会伤害我们，但我们还是要尊重它。因为尽管痛苦，但是它的确真实反映了我们人类想获得安全感的一种自然又健康的愿望。我们不是因为想要自责而自责！在某些被误导的情况下，我们可能会认为自我批评也是一种关怀。就像我们在前面讨论过的那样，有时候我们内心的批评者传递出来的，是小时候那个并不想保护我们，而是在伤害和虐待我们的人的声音。在这种情况下，为了帮助自己，我们内心的那个小孩只能选择内化这个声音——为了好好活下去，作为孩子的我们可能并没有其他选择，只能把责任揽到自己身上。即使这些批评不是来自小时候虐待我们的那个家伙，而只是因为我们自己想要做得更好，又怕自己做不到（就像我儿子那样严厉的内心对话），这一切也都是源于我们对安全感的一种"天真"渴望。

有时候，我们需要利用强悍的自我关怀来对付那个内心的批评者，坚定又友善地告诉它不要再使用这种霸凌的手段。但与此同时，我们也要对它抱有一种温柔的关怀，承认它正在尽力保护我们免遭危险。只有这样做，我们才能真正地感到安全。

当我们利用关怀而不是批评来激励自己的时候，我们就会通过哺乳动物的照护系统，而不是威胁防御系统来获得安全感。这对于我们的身体、精神和情绪健康都将发挥重要的作用。通过自我批评频繁地激活交感神经系统会使我们的皮质醇水平升高，从而导致高血压、心血管疾病和中风的发生——这三者之间关系密切，被认为是美国人的主要死亡原因。同时，自我批评也是导致抑郁症的一个主要原因。相比之下，自我关怀激活的则是我们的副交感神经系统，而这会使我们的皮质醇水平降低，并增强我们心率的变异性。它能增强我们的免疫功能，减轻压力，并一直被证明可以缓解抑郁。

学习如何利用自我关怀而不是自我批评来激励自己，这是我们为了自己的健康和幸福所能做的最好的事情。

爱，而不是恐惧

当我们犯了错误或者没有达到自己的目标的时候，自我关怀会让我们感到被关心和被支持。正是这种安全感和自我价值感给我们提供了一个稳定的平台，让我们可以再次尝试。自我关怀让我们出于爱而不是恐惧来激励自己，而且它会更有效。

想想我们以前是如何激励孩子的。曾经人们还普遍认为"孩子不打不成器"，严厉的体罚是防止孩子成为懒汉的唯一方法。虽然惩罚在短期内的确会让人顺从，但从长远来看，它反而会削弱人们的自信心和成就感。但是，我们今天还在用"棍棒"鞭挞着自己。在子女养育的背景下思考这个问题是很有帮助的，因为从很多方面来说，自我关怀就是一种我们重新养育自己的方式。

为了有效地激励我们的孩子，我们需要在"完全接纳"和"过度苛求"之间找到一个合适的平衡点——这是我作为母亲的亲身经历告诉我的方法。我们之所以让罗文在家里接受教育，是因为埃尔金小镇的公立学校无法满足他的需求。我们确实尝试过，但有一天当我们去幼儿园看他的时候，我们发现所有有特殊需要的孩子都坐在一旁无所事事，而老师的助手们则在看电视和喝苏打水。于是我们就把他从公立学校接了出来，而他的父亲则创建了新步道学习中心，希望用马匹和大自然来帮助罗文和那些有特殊需要的孩子。中心里的大部分工作人员主要专注于为其他孤独症儿童提供马匹治疗，而其中一位员工则经过培训在家为罗文教授得克萨斯州的课程。在他学习的过程中，我们有着很多美好的经历——户外活动、骑马、旅行和基于项目的学习（比如我们去罗马尼亚的野生动物保护区探险）。

但是，当罗文长大后，我开始意识到他没有接受足够的挑战。该中心的理念是创造一个说"是"的环境，使那些孤独症儿童不会因为有人对他们说"不"而产生压力，从而触发他们那特别敏感的、容易焦虑的大脑，导致学习中断。举例来说，罗文从来都不会参加学习测试，而是由他的老师带着他去"寻宝"，这样他的老师就能够从他猜出宝藏线索的过程中，了解他是否已经掌握了所学的内容（比如，如果亨利八世生活在中世纪，请向左；如果他生活在文艺复兴时期，请向右）。就这样，罗文从来没有经历过被明确评估或打分的过程。

在罗文小的时候，这套方法的确帮助他有效地减少了焦虑感，但随着青春期的到来，这种方法对他已经不再奏效了。他需要开始学习如何应对失败和压力，因为说实话，我很担心他在学业上无法取得太大的进步。

当罗文16岁的时候，我和他搬到了奥斯汀，并把他送入了一所以孤独症教育而闻名的优秀公立学校。因为在学业上有些落后，所以罗文需要先进入一年级。在新学校，面对着每个教室里不同的老师，学习着新的课程，罗文就在这种外界环境的刺激下茁壮成长着。在家里接受教育的好处就在于，罗文的精神从来没有被击垮过。他是个快乐、自信的男孩子，而且完全能够适应他的孤独症，而正是这一点帮助他很快适应了新环境。但是当他参加第一次考试的时候，他的劣势暴露了出来。他感到很困惑，也不大清楚到底应该怎么学习。不出所料，罗文的第一次世界地理考试考砸了——毫不含糊地得了个F。

当他回到家和我说起这件事的时候，我本可以试着用罗文在自己身上常用的那种方法来"鼓励"他。当然了，我们很多人对自己也是这么干的。"你这个没用的失败者,我真为你感到羞耻。下次考试你最好考好点儿,不然的话……"当然,我没有那样做。那么做不仅很残忍,而且一定会适得其反。严厉的斥责只会让他对自己的失败感觉更糟,而且会造成他在下一次考试中的极度焦虑。给他贴上"无能"的标签只会削弱他取得成功的能力,也许还会让他彻底放弃"世界地理"。

相反,我给了他一个大大的充满爱的拥抱。我告诉他,我同情他所经历的痛苦,也让他知道在尝试新事物的时候遭遇失败是再正常和自然不过的事了。我要让他明白,失败并不能说明他的智力水平,或者他作为一个人的价值。那接下来,我该怎么办呢?停下来,回到寻宝游戏中去?当然不!止步于此,仅仅接受他的失败,而不去帮助他努力克服这种失败?这也是残酷的。

于是,我去见了他的所有老师,并一起仔细观察了罗文的学习情况。然后,我们想出了如何通过定制学习材料来支持他。我鼓励罗文继续努力,因为我相信他,我知道他能做到。到了第一个学期结束的时候,他不仅在考试中取得了好成绩,而且他也真的开始享受学习的过程和成功所带来的成就感。

我们也可以采用类似的方法来激励自己。我们并不想继续维持现状,因为那样我们就无法学习和成长。我们需要冒险,但冒险也意味着我们将不可避免地失败。如何应对不可避免的失败,决定着接下来将会发生什么。打击自己并不会推动我们前进,它只会让我们想要放弃再次尝试;而我们接受我们在不断发展、不断努力的事实,就意味着我们将更容易克服挫折。

在我们失败的时候,温柔的自我关怀可以给我们带来安慰,而强悍的自我关怀则会推动我们再次尝试。

练习18　用关怀推动改变

这个练习将利用鼓舞人心、充满睿智的远大愿景来帮助我们改变一个坏习惯，它改编自我们MSC项目中一个叫作"寻找你的关怀声音"的练习。我们花了好几年的时间完善这个练习。以前，我们会让人们先看看他们内心的批评者是如何"刺激"他们做出改变的，再让他们直接转向自我关怀的方式。然而，大多数人都在转换时遇到了困难。在对"内部家庭系统"疗法更加熟悉之后，我们又在中间增加了一个步骤，那就是欣赏内心的批评者为保护我们的安全所做的努力。一切就位之后，现在这个练习是MSC项目中最强大的练习。因为它涉及要直接审视我们内心的批评者，如果你知道这个批评的声音是来自过去某个虐待你的人，那么最好谨慎行事。在这种情况下，你可能需要在治疗师的指导下完成这个练习。记住，如果需要，你也可以随时中止练习。

这是一个写作练习，现在请拿出你的纸和笔。

▶▶ **练习指导**

· 想一想某个你希望改变的行为——某个给你的生活带来麻烦的毛病，也是你经常会为了它而批评自己的毛病。请选择一个轻微到中度的毛病，而不是某个极其有害的行为。

· 比如"我吃得不健康""我锻炼不够""我爱拖延"或"我很没有耐心"。

· 别选择那些你没办法改变的东西，例如你总是骂自己怎么长了这么一双大脚。重点是那些你想要改变的毛病。

· 把那个坏习惯写下来，也写下它所带来的那些麻烦。

寻找你内心的批评者

· 现在想一想，每当这个习惯性行为出现的时候，你内心的批评者会如何表现？他/她会严厉地斥责你吗？如果是，请把你能想到的那些最典型的话逐字逐句地写下来，尽可能地写完整。还有，那个批评者是用什么口气说的，也写下来。

· 对于有些人来说，内心的批评者在使用那些刺耳的语言时，传达出一种失望、冷漠甚至麻木的感觉。每个人都不一样，你内心的批评者是怎么表现的？

同情自己被批评的感觉

· 现在，请换个角度，试着去接触那个受批评的自己。挨骂的感觉是什么？这对你有什么影响？后果是什么？把这些都写下来。

· 这时候，你可能想要唤起一些温柔的自我关怀来安慰自己一下，因为被这样残酷地对待实在是让人很不舒服。试着写一些温暖和支持的话来安慰自己，比如"这真的很伤人""我很抱歉""我为你而来"或者"你不是唯一的那个人"。

理解你内心的批评者

· 现在，看看你能不能用一种好奇的目光来审视一下你内心的那位批评者。反思一下到底是什么激发了你内心的这种批评的声音。它是不是在试图以某种方式保护你，让你远离危险？即使结果是徒劳的，它是不是也在想帮助你？你的那位批评者可能还很年轻、不成熟，对于如何帮助他人理解有限。然而，它的意图也许是好的。

· 写下你认为可能会激发你内心批评的东西。如果不确定也没关系，那就考虑一些可能性。

感谢你内心的批评者

· 如果你能够确定你内心的批评者可能试图保护或帮助你的某种方式，并且如果这样做是安全的，那么看看你是否可以承认它的努力，甚至可能写下几句感谢它的话。（如果你找不到内心的批评者试图提供帮助的任何方式，或者如果你觉得这是过去虐待你的人的声音，就请跳过这一步——你不用去感谢那个伤害你的人！相反，要么针对过去那些自我批评所造成的痛苦去给予自己关怀，要么就继续下一步。）

· 让你内心的批评者知道，即使它现在不再能够很好地帮助你，但是你感激它为了保证你的安全所做出的努力——它已经尽了它最大的努力。

注入智慧

· 既然你的自我批评的声音已经被听到了，也许现在可以让它挪挪窝，为另一个声音腾出点儿空间——自我关怀所带来的智慧、关怀的声音。

· 不像我们的内心批评者总是把我们的毛病看作"坏的"或"不恰当的"行为的后果，那个具有同情心的自我总是能够了解驱动我们行为的复杂模式。通过看到更大的图景，它可以帮助我们从错误中学习。

· 你能找出某些导致你这种不良习惯，并且让你沉溺其中，不能自拔的原因吗？也许是因为你很忙，压力很大，还是这么做会让你觉得舒服？在过去的失败中有没有什么值得吸取的教训来改变你自己？把你的见解写下来。

寻找关怀的声音

· 看看你是否能找到想要改变的那部分自己，不是因为你这个人不可接受，而是因为它希望你能够得到最好的。很明显，这种行为会给你带来伤害，而你内心的关怀想要减轻你的痛苦。

- 试着重复一句能够抓住你同情心的话。例如，"我非常关心你，所以我想帮助你做出改变"或者"我不想让你继续伤害自己""我在这里支持你"。
- 现在开始用关怀的口吻给自己写一封短信，自然而然地告诉自己你想要改变的行为。在那种鼓舞人心、充满睿智的远大愿景之下，你会写下哪些激励自己的话语呢？
- 也许一些保护性自我关怀的话也与此相关，这样你就可以去勇敢地面对你内心的批评者，或者和它划清界限。
- 如果你不知道该说什么，可以试着就像对一个和你有着相似问题的好朋友，写下一些你发自肺腑的话。

融强悍与温柔的关怀为一体

- 最后，要记住：即使原地踏步也没关系，毕竟改变需要一个过程。我们既不需要做到尽善尽美，也不必要求万事如意。看看你能不能让那种温柔的自我接纳与积极的自我完善并存。

写下一些肯定的话来提醒自己，无论改变成功与否，你的价值都不会改变。我们可以尽力而为，但我们无法完全掌控所发生的一切。

我的MSC工作坊的一位参与者曾经说，当她了解到自己内心的批评者和自我关怀者其实都想为她做同样的事情（尽管它们表达自己的方式是如此不同）的时候，她是多么惊讶！这位女性一直被自己在工作当中所产生的被动愤怒困扰（类似于我内心的那条斗牛犬），并希望能够改善她与同事之间的互动。她告诉全班同学：

"我内心的批评者总是对我说，'你这个婊子'。而在这个练习中，我内心的自我关怀者则只会说，'哇，老虎来了！'"我们都笑了，我当然能感同身受。这是一个很好的例子，它说明在学习如何将强悍与温柔的自我同情结合起来这一具有挑战性的技能时，我们需要鼓励和支持自己。

设定正确的目标

在心理学中，以"学习（learning）"为目标和以"表现（performance）"为目标通常是有区别的。

那些以学习为目标的人会被一种发展新技能、完成新任务的愿望驱动，他们更倾向于将犯错误视为学习过程的一部分。而那些以表现为目标的人则更多的是为了捍卫或强调他们的"自我"。他们会认为失败是对他们自我价值的一种诋毁，必须比别人做得更好才能让他们自我感觉良好。这就是自尊所表现出来的"丑陋"一面：仅仅尽我所能是不够的，我还必须比别人做得更好才行。

研究表明，自我关怀程度较高的人基本上不大会以表现为目标，因为他们的自我价值感并不是建立在社会攀比的基础上的。他们更倾向于为自己设定学习目标，把那种因失败导致的消极情绪（"真不敢相信合同是怎么落到简手里的，我真是个失败者"）转化成让自己成长的机会（"我想知道简是怎么得到这份合同的？也许我可以请她喝杯咖啡，好好请教一下"）。

麦吉尔大学的一项研究观察了在面对不可避免的失败时，自我关怀是如何影响大一新生们的幸福感的。研究表明，那些自我关怀型的学生，通常会为自己设定更多的学习目标而不是表现目标。当他们没有实现目标时，他们通常也不会那么沮丧。因为他们更关心的是，自己设定的目标对于他们的发展是否有意义，而不是那些目标是否能够实现。

自我关怀帮助我们专注于我们"为什么"想要去做某件事。当这样做是因为我们想要让自我得到发展的时候，是否成功或其他人怎么看我们就显得不是那么重要了。而重要的是，就像毛毛虫结茧一样，我们要通过不断发挥自己的优势和才能，最大限度地去激发自己的潜能。

研究表明，自我关怀带给我们的另一个礼物是它能够促进我们的成长心态而不是固化心态的形成。斯坦福大学的心理学教授卡罗尔·德韦克是第一个创造出这些术语的人。拥有成长心态的人通常相信，他们可以通过提高自己的能力使自己个性中的各个方面得到改变。而那些拥有固化心态的人则认为，遗传基因和成长环境赋予他们的任何能力都无法改变，几乎没有任何机会可以改变他们天生的命运。相比之下，拥有成长心态的人更愿意去尝试提高、练习，努力改变自己，并在遇到挑战时更能够保持积极乐观。

当我们对自己个性中不喜欢的那部分抱有一种关怀心态的时候，我们就更有可能养成一种成长的心态，相信自己可以改变。加州大学伯克利分校的朱莉安娜·布莱因斯和瑟琳娜·陈的一项研究很好地说明了这一点。研究人员要求学生们找出他们最大的弱点——主要是指他们身上像缺乏安全感、社交焦虑或缺乏自信这样的问题。然后学生们被随机分成三组：一组被要求以自我关怀的口吻写下自己的弱点，一组被要求以一种捍卫自尊的口吻将弱点写下来，剩下的那一组则什么都不需要写。

接下来，所有参与者都被要求写下他们认为自己的弱点是"固化的"还是"可塑的"。与其他两组相比，那些被告知要对自己的弱点表现出自我关怀的人，更多表现出了一种成长的心态（"通过努力，我知道我可以改变"）而不是固化的心态（"这都是与生俱来的——我没有什么可以做的"）。具有讽刺意味的是，与一味地强调自尊相比，对自己的弱点报以关怀反而会让我们对于完善自我的能力更加自信。

我会不会失去动力

自我关怀不仅让我们相信成长是可能的，还能够促进我们成长。

虽然有些人害怕自我关怀会让他们丧失斗志，但事实恰恰相反。人们学会自我关怀之后，他们的个体能动性水平——也就是说，那种掌控和实现生活梦想的欲望就会大幅提高。自我关怀并不意味着我们会像陷入懒人沙发那样，陷入一种被动接受的状态。其实当我们接受我们有弱点这一事实的时候（谁又没有呢？），我们也在试图克服它们。

在布莱因斯和陈的另一项研究中，伯克利分校的学生们接受了一项难度较大的词汇测试，而在这次测试中他们的表现都很差。其中第一组学生被鼓励对他们的失败进行自我关怀（"不是你一个人在刚刚参加的考试中遇到困难，学生们在这样的考试中遇到困难是很常见的"），第二组学生被要求去捍卫自己的自尊心（"别担心，能进这所大学，你一定很聪明"），而剩下的第三组则什么都没有被告知。接下来，学生们被告知他们将很快参加第二次词汇测试，并获得了一份单词和词汇定义表，在下次考试之前，他们可以想学多久就学多久。研究发现，那些在第一次考试失败后被鼓励去进行自我关怀的学生比起其他两组的学生会花更多的时间去学习，而他们花在学习上的时间最终体现在了他们的成绩上。

令我们表现不佳的另一个常见原因是：拖延。无论是第七次按下闹钟延时按钮，推迟与工作不称职的员工进行一场艰难却有必要的谈话，还是拖着不去看牙医，拖延都会让事情变得更糟。虽然人们会将事情推迟，有的时候就是为了避免做这件"不愉快"的事所带来的压力和不适，但讽刺的是，拖延本身就是造成我们压力和焦虑的罪魁祸首。拖延者会经常进行"自我论断"，觉得自己没有能力实现目标，而这只会导致更多的担心和拖延，最后让他们进入一个难以逃脱的"死循环"。

研究表明，自我关怀有助于打破这种"死循环"。它不仅可以减少拖延行为本身，还可以减少因拖延造成的压力。温柔的自我关怀可以使我们能够接受某项"讨厌"的工作所带来的不适感，并不去对我们那种想要推迟它的心态加以论断。与此同时，强悍的自我关怀则会促使我们采取行动，去做我们需要做的事情。

自我关怀就像火箭燃料一样，推动着我们将事情完成。

想做就做

自我关怀可以为我们增加动力，并帮助我们有效地应对失败，因此它也开始逐渐在体育界流行起来。运动员的失误往往代价更大，一次失败的投篮或罚球都有可能让球队输掉整场比赛，也会让成千上万的球迷大失所望。而失败所导致的自暴自弃会让运动员无法重新开始。失败本身就是比赛的一部分，正确应对失败则是一名运动员能够保持竞争力的关键。

人们那种对于"自我关怀会削弱动力"的普遍误解，在那些靠自己在赛场上的出色表现生存的运动员当中尤为明显。在一项关于自我关怀的定性研究中，一位年轻的女篮球运动员说："如果你太过于关怀自我，你就会觉得自己已经足够好了。这样，你就不会去努力让自己变得更好。而对于一名优秀的运动员来说，这是绝对不应该的。我就是要严格要求自己，如果我不这么做，我就只能甘于平庸。"听到运动员说出这样的话，我的心都碎了。苛责自己并不能帮助你超越平庸，它只会让你陷入无尽的压力和焦虑之中。你可以认为自己的表现还不够好，并努力去做得更好，但你不必为此苛责自己。就算你的表现不算好，那种知道自己没事的"安全网"也能够帮助你坚持下去。

事实上，越来越多的研究表明，在运动生涯中遇到情绪困难的情况下，那些自我关怀型的运动员对于失败往往会做出更多建设性的反应。萨斯喀彻温大学的一项研究发现，在经历了表现不佳或场上失误后，自我关怀型的运动员通常不会小题大做（"我把生活彻底搞砸了"），或感情用事（"为什么这些破事总是发生在我身上"），而更有可能保持平静（"每个人都会时不时地遭遇糟糕的一天"）。他们进行的另一项研究发现，自我关怀型的选手在比赛时会感到更有活力，也更有动力成长为一名专业运动员。当被问及如何面对自己的失误导致球队失利时，他们也更愿意承担责任，然后继续努力提高自己的技能水平。

研究中，自我关怀型的运动员报告说，他们在比赛时不会感到那么焦虑，更能集中注意力，身体也不那么紧张。曼尼托巴大学的研究人员对近100名大学生运动员或国家级运动员进行了一项关于自我关怀的研究。他们为这些运动员安装了一个生物反馈系统，以测量他们在回想自己过去的失败表现时的反应。研究发现，那些自我关怀型的运动员在生理上表现得更加平静，心率变异性较高，在应对突然变化（类似于那种在快速运动条件下可能发生的变化）时也更加灵活。健康的心态创造健康的身体，这就是自我关怀能够帮助运动员创造最佳表现的部分原因。

幸运的是，一些教练也开始跟上了这一潮流。几年前，奥斯汀大学男子篮球队的主教练沙卡·斯马特在读了我的第一本书后，对自我关怀产生了兴趣。他邀请我为他的球队做了一个简短的工作坊，以帮助球员们更有效地应对失败。篮球比赛是一项如此高强度的比赛，球员们不断地投篮，当然也会不断地失误，一旦因为某个失误而造成卡壳就意味着输球。因此，沙卡认为自我关怀会对球员们有所帮助。

我担心球员们也许会对"自我关怀"这个词不大感冒，所以我并没有使用它，而是主要和他们谈起内在力量训练的重要性，而这实际上也就是自我关怀所赋予的意义。我提醒球员们，他们需要保持身心健康才能更有效地去处理失误。为了打消那种"自满"神话对他们的影响，我和他们讨论了一些研究，这些研究表明，在失败之后支持自己会增加人的动力和持久性。然后我问他们："你想要一位什么样的教练？一位对你大喊大叫，打击你，让你精神崩溃的教练？还是一位鼓励你，有足够的智慧，能够告诉你怎样才能做得更好的教练？你们觉得哪位教练会对你们更有帮助？"在使用了恰当的沟通方法之后，球员们最后还是选择了"自我关怀"这位内心教练。

随后，我教了他们一些练习，比如通过塑造出一个鼓舞人心、充满睿智的远大愿景的理想教练的形象，来引导他们发挥出自己最好的水平（幸运的是，沙卡本身就是一个很好的榜样）。我向他们展示了当他们需要鼓励和支持的时候，如何通过激励性自我关怀训练，让自己在场上和场下都能够保持情绪上的稳定。这个团队至今仍在实践着这些自我关怀的基本原则。

我们的长角牛①，冲啊！

自我激励还是完美主义

虽然强悍的自我关怀可以激励我们不断提高和改善自我，但如果不能和自我接纳相平衡，它就很有可能会演变成一种不健康的完美主义。社会已经给了我们太多压力，要求我们把事情做好。但如果我们不能充分利用爱、联结和存在感，在充分接纳自我的前提下激励自己做出改变，就有可能会陷入一种"不断自我完善"的恶性循环中。我们可能会带着一种试图弥补错误的心态去要求自己变得更聪明、更健康、更成功，甚至更加关怀自我。

完美主义分为两种——适应性完美主义和非适应性完美主义。适应性完美主义是指我们对自己采取一种高标准，而这种高标准的设定有助于我们提高自己的成就和毅力水平。而非适应性完美主义

---

① 长角牛（longhorn）：奥斯汀大学吉祥物。

是指我们一旦达不到自己设定的高标准，就会批评自己，导致我们始终会觉得自己"已经做到的最好"还是不够好。这不仅会让我们变得沮丧，更讽刺的是，它还会削弱我们获得成功的能力。

与自我批评的人比起来，自我关怀型的人在表现方面的目标也一样高。他们也有很大的梦想，也想和其他人一样取得成功。不同之处在于，当没有达到目标时，他们对待自己的方式是不同的。

面对失败，自我关怀型的人不大会把自己弄垮，出现那种非适应性的完美主义的水平也要低得多。阴阳平衡使那些自我关怀型的人即使遇到挫折也能继续追求自己的梦想。例如，一项针对医学实习生（他们往往都会给自己设定很高的标准）的研究发现，自我关怀程度较高的实习生不大会对失败产生适应不良的反应，也更有可能顺利完成他们的学业。

在像奥斯汀分校这样的顶级大学，我也遇到过很多完美主义的学生。那些在我的本科课程中得了A-的学生，通常会在我的办公时间来和我讨论如何才能获得额外的学分。很多研究生也是完美主义者，事实上，追求高标准往往是这些学生在学术上能够取得成功的原因。但是，当你面对一项类似于撰写硕士论文或学术论文这样具有挑战性的任务的时候，追求完美主义反而会适得其反，因为创新和创造力往往源于勇于试错的充分安全感。

在我的实验室里有一位名叫莫莉的研究生，她非常热衷于自我关怀的研究。在得克萨斯农工大学读本科的时候，她就已经对我的工作很熟悉了，并说这从根本上改变了她的生活。

人们很难不被莫莉迷住——她聪明，风趣，灵巧，而且是个积极进取的人。无论是滑翔伞运动（她最喜欢的爱好）、说日语（她说得很流利），还是为正义而战（她和得克萨斯农工大学的学生团体组织了一场骄傲游行），她做的每一件事都是如此出色。起初，她对自我关怀也持怀疑态度，认为这可能会削弱她的动力。但很快，她就发现这会让她更容易得到那些她过去得到的全A的成绩。莫莉非常聪明，以至于直到进入研究生院，她在学业上始终一帆风顺。一个非常聪明的本科生变成了一个普通的研究生，尽管在大多数课程中她仍然能够得到A，但"高级统计"这东西却始终让莫莉很抓狂。她在完成一篇论文的过程中，需要专业的统计技能。额外的辅导，学习到深夜，鼓励自己更努力地工作，做得更好——尽管莫莉全力以赴，但她的论文最后还是得了C（在研究生院，C-就会被认为是不及格的成绩）。

"我不知道为什么我的成绩没有提高，"她告诉我，"我根本就没有为难自己呀。我的确是很友善、很温柔地鼓励自己更加努力的。" 尽管表面上她的确没有明显地苛责自己，但我怀疑，她的某一部分就是无法接受自己在某些方面做得不好这一事实。她仍然抱有一个不言而喻的信念，那就是她需要完美。"优等生"已经成为她身份中非常重要的一部分，以至于得到"C"这样的成绩对她来说几乎不亚于一种死亡。于是，我帮助她认识到，自我关怀的动机并不意味着我们总是要让自己做得更好。在激励自己不断努力改进的同时，我们也需要温柔地接受自己的局限性。就算她不擅长高级统计，难道那就是世界末日了吗？ 为了完成论文，她完全可以去寻求统计顾问的帮助。最终，莫莉平静地接受了这个事实：高级统计的确不是她擅长的领域。幸运的是，这并没有阻止她继续进行她的研究。

我们能够让强悍与温柔的自我关怀保持平衡的时候，不仅能够采取行动不断地完善自己，也可以接受我们作为人类的不完美。对无条件的自我接纳感到越安全，我们就会获得越多的情感资源去努力工作，挑战自己，并在可能的情况下做得更好。

卡尔·罗杰斯，20世纪40年代人本主义心理学运动的创始人之一，他总结得很好："奇怪的悖论是，我越接受自己本来的样子，我就越有可能改变。" 用关怀来激励自己的好处之一是，它可以让我们在努力实现目标的过程中摆脱焦虑和压力。我们不会再为了追求完美或在人群中脱颖而出而殚精竭虑，我们也不必再把超越他人作为衡量自己成功的标准。"我与世界对抗"变成了"我是世界的一部分"。

当我们的个人成就不再那么"私有化"，这就意味着我们可以"鼓励"自己做到最好，而不必"要求"自己总是把事情做到尽善尽美。

女性所面临的挑战

当我们试图在自己的生活中以及整个世界中做出富有成效的改变时，平衡强悍与温柔的自我关怀对于女性来说尤为重要。

一方面，没有"无条件的自我接纳"这样一张安全网，完美主义或过于努力地去追求目标的实现，只会给我们自己徒增压力。另一方面，利用善待自我去突破障碍，就算失败了，我们也会无条件地关心和支持自己，而这将会给我们带来更好的机会。

人类正面临着艰巨的任务。地球正在变暖；在世界上一些地方，人们正处在因饥饿而死亡的边缘，而在另外一些地方，肥胖则成为人们的死因；根深蒂固的性别歧视、种族主义和财富不平等似乎永远也不会终结。

当女性接受这一挑战的时候，她们就必须能够利用所有的自我关怀带给她们的工具。

爱、联结和存在感能够帮助我们承受所有的痛苦而不会被压垮；勇气、力量和洞察力将唤醒我们保护自己和我们的人类同胞免受伤害；充实、平衡的真实性将让我们在这个世界上开创出一种全新的可持续生活方式；而鼓舞人心、充满睿智的远大愿景将激励我们为一切所需的变革不断努力。

我们如果能够以减轻内在和外在的痛苦为目标，充分利用并整合强悍与温柔的关怀，谁知道我们能取得什么成就呢？

PART3
强悍的
自我关怀

第九章

职场平等与平衡

> 如果你给我们一个机会，我们也可以表现得很好。毕竟，金吉·罗杰斯只是穿着高跟鞋向后跳而已。
>
> ——安·理查兹，得克萨斯州前州长

在我们曾祖母们成长的年代，女性还没有投票权。她们被要求待在家里，做家务，照顾孩子，而男人则需要出去工作挣钱。现在，在性别平等方面社会已经取得了巨大进步。在美国，更多的女性在大学里获得各个层次的学位——本科（57%）、硕士（59%）和博士（53%）——而且，比起男性，她们的成绩也更好。同时，女性也占据着美国劳动力人口的47%。将近一半管理和专业职务目前都由女性担任，而在教育、医疗保健、房地产、金融、人力资源、社会工作和社区服务等领域担任管理职务的女性人数还略多于男性。

尽管如此，我们还有很长的路要走。

2018年，当美国全职男性每赚到1美元的时候，全职女性只能赚到82美分。在这个数字中还存在着群体差异：当美国全职男性每赚到1美元时，全职亚裔女性可以赚到90美分，全职白人女性可以赚到79美分，全职黑人女性可以赚到62美分，而西班牙裔全职女性只能赚到54美分。造成工资差距的部分原因是显而易见的性别歧视和种族歧视，但同时也是由于女性被分流到了不同的职业中——男性更有可能在工程或计算机科学等高薪领域工作，而女性则更有可能在护理或教育等低收入行业工作。与此同时，黑人和西班牙裔女性则最有可能从事收入最低的服务工作。

此外，照顾家庭在很大程度上仍然被认为是女性的责任。女性成为全职母亲的可能性是男性成为全职父亲的5倍之多。不管职业状况如何，女性花在育儿、养老、家务等方面的时间比男性都要多。其中，无业女性花在家务劳动上的时间最多（大约每周33小时），其次是职业女性（每周24小时）、无业男性（每周23小时）和职业男性（每周16小时）。这意味着，在外工作的女性竟然比不工作的男性做的家务还要多！这样不平等的模式似乎在各个种族和民族群体中都是一样的。事实上，即使作为职业女性，我们也要更多地承担起照顾家庭的责任。这就意味着，女性更有可能会从事兼职的工作；一旦育儿，就要休产假；因承担更多家务，就会要求更加灵活的工作时间——这一切都让我们在薪资报酬和晋升方面处于不利地位。

在财富500强公司的董事会中，女性只占23%，而有色人种女性的比例则仅为5%。与此同时，在这些公司（财富500强）中，只有5%的首席执行官为女性。看来，对于女性来说，职场的"玻璃天花板"似乎还是一如既往地难以突破。

工作中的性别平等问题必须放在更大的背景下去理解。在社会刻板印象中，男性被描绘成更具有个体能动性的人，而女性则被描绘成更具有公共社群性的人。

个体能动性往往被认为与成就、技能、能力、抱负、努力工作、专注和自立有关。这也被看作一种有担当、有主见、能够运用理性和逻辑分析和解决问题的能力。而这种能力正是担任高层有效领导者所需要的品质。

公共社群性则通常被认为与热情、友好和合作的品质有关。它的特征是富有同理心，情绪敏感，以及依赖直觉。它还意味着有礼貌、谦逊和尊重他人。而这些品质在中层管理人员、秘书和服务岗位上会更受重视。

事实是，在过去的30年里，关于个体能动性和公共社群性的性别刻板印象几乎没有发生任何变化，这表明我们今天所处的困境依然棘手。我们如果希望实现公平，就需要重新思考我们对性别的看法，并扩展我们对功能性职场的看法。

失衡的职场

一直以来，以男性为主导的商业世界崇尚的都是"铁腕"手段。人们需要通过自我保护以确保自己的底线得到保障，更不能允许竞争对手占上风。通过不断增加工资和利润来满足个人需求被认为是合理的商业惯例，而成为表现最佳者和追求卓越的动机已经深深融入了企业文化的结构中。

与此同时，在商业竞争当中，善良、接纳和理解这些品质没有多大分量，这也就造成了职场中的阴阳不平衡。通过对《华尔街日报》从1984年到2000年的文章分析发现，类似于"胜利""优势"和"击败"等词出现在数千篇文章中，而且这些词的出现频率在17年的时间里增加了将近400%，而诸如"关怀"和"同情"之类的词压根儿就不存在。一旦对他人福祉的关心损害了自身利润，关怀就会被无情忽视。久而久之，人们就是通过这样一个慢慢形成的扭曲视角来看待这个世界的。

　　这种失衡所造成的一个后果就是职场欺凌。那些对权力持有一维视角的人，总是试图通过批评、嘲笑、贬低或挑剔他人来行使自己的权力。而在那些强调个人成就、竞争激烈的环境中，职场欺凌则更有可能发生。上级更容易欺凌下属，男性比女性更容易做出欺凌他人的行为。研究发现，在美国，大多数员工在职业生涯的某个阶段都会经历职场欺凌，这会导致企业员工离职率和旷工率的升高，员工对于工作的投入度和工作满意度的降低，乃至员工心理健康问题的出现。

　　它会让你很难完成任何事情。

　　这种失衡所造成的另一个后果是贪婪狷獗。以制药产业为例，尽管医学领域本该专注于关怀和治疗，但大型制药公司往往只专注于为股东赚钱，而很少考虑患者的利益。我和哥哥所服用的治疗威尔逊氏症的药就是制药产业牟取暴利的一个典型例子。由于威尔逊氏症非常罕见（在美国只有不到三万分之一的人患有此病），治疗此病的药物几乎没有市场。我们服用的都是一种20世纪60年代开发的螯合剂。2015年，某制药公司购买了该药的专利，并在几年时间里将价格提高到了原来的35倍：过去我们每个人一个月的用药量大约需要600美元，而现在是2.1万美元。随后，又一制药公司在2018年生产了该药的仿制药，并决定每月"仅仅"收费1.8万美元。哇！好"便宜"啊！幸运的是，我哥哥和我的保险计划都很好，因此不需要支付高昂的自付费用。但我们的保险公司仍然不得不每年向这些"药贩"交出50万美元的"赎金"来支付我们两个人的药费，而这笔费用自然而然就转嫁到了其他保险计划成员的头上。

一方面，缺乏同情心和关怀的市场最终一定会伤害其中的每一个人。

幸运的是，在商业世界中，一种将善良、联结的价值观与商业文化融合在一起的新兴运动正在兴起。密歇根大学罗斯商学院的简·达顿博士[①]和她的同事们正是研究关怀对于职场文化影响的发起者。他们认为，那种自私自利、不惜一切代价谋取利润的商业模式是不可持续的；那些不优先考虑员工福利的工作场所很容易变成一种充满敌意，乃至职场暴力的工作环境——自私的老板、腐蚀性的办公室政治，充斥着性骚扰、精神虐待。在这种缺乏关怀的工作环境中工作不仅会降低员工士气，增加员工压力，严重的还会使员工抑郁。根据可以衡量的员工旷工、离职以及医疗、法律和保险费用的增加估计，这种压力所导致的生产力下降每年可造成数十亿美元的经济损失。

另一方面，那些建立起职场关怀文化的组织则会获得切实的利益。例如，发起捐赠活动帮助有需要的员工、奖励好行为、鼓励员工在工作场所表达情感、对欺凌采取零容忍政策的公司，会获得更优质的员工承诺和更高的团队效率，降低员工流失率，进而有效提高企业绩效和盈亏底线。

尽管这一运动为未来带来了希望，但当下的商业文化仍然崇尚强悍，轻视温柔，真正的改变还有待时日。

企业文化中的阴阳失衡也有助于解释为什么女性更有可能从事

[①] 简·达顿博士：密歇根大学罗斯商学院工商管理与心理学杰出教授，她的主要研究方向包括同理心、工作塑造、高品质关系和工作意义等。她也是关怀实验室的创始成员。——译者注

教师、护士或社会工作者等低收入工作。首先，那些男性主导的职业，往往优先考虑的是贪婪而不是关怀，而这样的工作对于女性往往没有吸引力。其次，由于女性从小就已经被培养成了熟练的养育者，她们往往对护理职业更感兴趣，也觉得自己更有资格从事这样的工作。加上很多雇主也更愿意雇用女性担任这些职务，因此减少了女性在这些领域取得成功的障碍。但不幸的是，正因为护理行业被认为是女性化的职业，这也就意味着在这些领域的员工往往会被赋予更低的社会价值和地位，乃至薪水。

兼顾家庭和工作

职业女性往往要在职场和家庭之间进行权衡。

在有孩子的异性伴侣中，通常男性会从事全职工作，女性做兼职的比较多，因为男性的薪水往往会更高。在美国进步中心2018年对近500名父母进行的一项人口统计学多样化样本调查中，母亲们报告自己的职业生涯因育儿问题受到影响的人数比父亲们高出将近40%。而且，即使设法解决了照顾孩子的问题，与全职爸爸们相比，全职妈妈的内疚感也会更高。因为女性总是习惯于将自己的需求置于他人的需求之下，这会让我们觉得优先考虑自己的工作是自私的，而男性则通常不会去关心类似的问题。

在这里，我们所给出的答案并不是要让女性更像男性，以牺牲家庭为代价来优先考虑工作，而是要帮助女性更公平地在工作机会和家庭责任之间做出权衡。这是可以做到的，尽管不可否认的是，对于那些拥有更多社会资源以及家庭支持的女性来说，这会更容易做到。同时，类似于全民幼儿托管和父亲带薪家庭假这样的政府支持项目，也能起到很大的作用。

我的朋友小林，就一直努力地在工作和家庭之间寻找着平衡点。

搬到奥斯汀后不久，我在瑜伽课上认识了小林，课程结束后我们经常会一起喝茶。当时，小林在奥斯汀一家繁忙的广告公司担任平面设计师，她也逐渐开始在她的领域中声名鹊起。然而，作为一个在传统亚裔美国家庭中长大的孩子，在小林30岁之后，她的父母就开始一直催她要孩子。小林想要孩子，但她总觉得自己还没有做好准备——她太享受自己的事业了，还不想因为孩子的到来而中断。但是，因为担心大龄生产可能导致怀孕并发症，小林的丈夫大卫已经不想再等下去了，于是小林同意试着要个孩子。她的公司有一项惊人的家庭休假政策，即使在她8周的带薪产假用完后，她的工作还会继续保留4个月。当她开始备孕的时候，虽然内心很矛盾，但她始终认为怀孕最多只会让她的工作中断6个月。

随着女儿艾米的健康出生，大卫用行动证明了他是个好父亲。他会给艾米换尿布，在她哭闹的时候哄她，几乎每天晚上都推着婴儿车陪她散步——这一切都给予了小林极大的支持。小林喜欢做母亲，但在做了半年全职妈妈后，她准备重返工作岗位。

小林的公司希望员工们都在办公室工作，所以她首先需要解决的就是照看孩子的问题。由于艾米的祖父母都不住在城里，小林设法找到了一家她喜欢的日托中心。但小林的父母坚决反对她回去上班，并把那种内疚感强加在她身上："你不想成为那种不关心孩子的母亲吧？你女儿需要你在家。你就这样抛弃她，会给她留下终生伤疤的。"大卫也不想让小林离开孩子，他不愿意让艾米这么小就整天和陌生人待在一起。对此小林很纠结，但最终还是让步了。她决定在家为一家电话营销公司做兼职工作,这家公司给她提供了工作上的灵活性。她认为在艾米上幼儿园以后,她就可以回去继续做她喜欢的平面设计工作。

小林讨厌做电话推销员,尽管如此,这份工作的待遇还不错,而且她能在通话的间隙照顾艾米。然而,没过多久,小林就开始感到愤愤不平,尤其是当大卫在他的建筑公司工作了一天回到家时,她总是会皱起眉头。为什么他能继续做他喜欢的工作,而她却不能?小林试图平息自己的这些情绪,把注意力集中在她所感激的一切上,比如拥有一个支持她的丈夫和一个健康可爱的孩子。想想看,许多全职母亲即使想待在家里陪孩子,也没有这种奢侈的条件。她告诉自己,把自己的需求放在第一位是自私的。

当艾米18个月大的时候,小林变得更加沮丧。大卫认为那是激素变化引起的产后抑郁症,但小林却怀疑不止如此。当我们谈到她的情况时,我鼓励小林去探究一下她的不满背后到底暗示着什么。她立刻告诉我她恨她的生活,并且因为她恨自己的生活而恨自己。所以我建议她专注于温柔的自我关怀——在这段艰难的日子里善待自己,接受自己。小林很喜欢写作,所以她每天都会写日记。她的经历证实了这样一个事实:尽管她有很多值得感激的事情,但她的不满也是真实的。她安慰自己,在这样的处境中感到沮丧是正常和自然的,事实上许多女性也有和她一样的感受。她开始变得对自己更热情,也更加支持自己,并意识到自己的需求也很重要。

在小林基本站稳脚跟之后,我建议她可以开始专注于强悍的自我关怀,尝试采取些什么行动来做出改变。她意识到做一名平面设计师对她很重要;她喜欢这种创造性和实用主义结合的工作,通过这样的工作她可以将自己的左、右脑融合在一起;从事令人满意的工作对于她的幸福必不可少，她想回归职场。一方面，作为母亲的责任撕扯着她，另一方面，她还担心自己已经离开了职场这么久，很难再找到工作。我建议她可以试着在日记里给自己写一些鼓励的话，就像写给她最在乎的好朋友一样。

几个月之后，小林决定试着找回自己原来的工作。她依靠强悍的自我关怀去接近她的前老板，并在丈夫面前坚持自己的立场，勇敢地去面对自己的父母。她的老板很随和，加上小林也的确很有才华，他说她随时都可以回来。真正具有挑战性的是她的家庭。小林告诉了大卫她的真实感受：这样的安排让她非常不开心。起初，他还是试图说服她放弃，但小林坚持他们应该把各自的事业放在同等重要的位置，并共同承担起照顾孩子的责任。她建议他们应该重新考虑各自的工作安排——也许他们可以分别在办公室和家里工作。经过一番谈判，大卫最终同意了。他们的婚姻一度很痛苦，大卫当然希望小林能够再次获得幸福。同时，让小林印象深刻的是，他也承认这样做是公平的。

然而，小林的父母却依然非常固执。她的母亲一直说，如果艾米不整天和母亲在一起，她幼小的心灵一定会受到伤害。"我不这么认为，"小林告诉她，"艾米长大后，她的母亲会成为她的榜样，一个重视自己，并能够满足自己需求的人。"虽然她的母亲并不同意，但小林也不再需要她母亲的同意了。她对自己很满意！当小林回到工作岗位重拾自己喜欢的工作的时候，她发现自己更加享受与艾米、大卫在一起的时光了，作为妻子、母亲和女儿，她其实可以付出更多。尽管她说，就像大多数女性一样，在工作和做母亲之间找到平衡是一场持续的斗争，但这的确值得我们付出努力。

对于胜任力的理解

不仅是作为母亲的身份会给女性的工作造成障碍，还有一种错误的观点普遍认为，女性的工作能力比男性差。

当然，这种偏见并不是显性的。当人们被问及是男性还是女性更具有专业能力的时候，大多数人的回答都是：他们同样有能力，或者女性更有能力。但在潜意识层面，这种偏见却非常强烈。举个例子，一项研究发现，拥有男性声音的虚拟助理比拥有女性声音的虚拟助理效率更高，尽管那只是电脑，并不是真正的人类。纽约大学的玛德琳·海尔曼是研究内隐偏见如何影响职场性别认知方面最有成就的研究人员。为了胜任其领导职责，领导者往往需要具有一定程度的进取心和情感韧性。但是关于能力的信息往往有点儿模糊，所以我们通常会使用性别刻板印象进行下意识的判断。因为人们对女性的刻板印象是，她们拥有温柔的公共社群性特质，而不是强势的个体能动性特质，所以人们通常会认为她们不具备掌控一切的能力。

性别偏见使得女性的行为不断被误解和扭曲，因此也让我们在工作中处于非常不利的地位。例如，面对同事的批评，激昂地为自己辩护，对于男性来说是力量的表现，而对于女性来说就是"精神错乱"；改变自己所做的决定被视为男性灵活性的标志，但针对女性时却被解释为反复无常或优柔寡断；在男性推迟决策的时候，人们会认为这是一种谨慎，但对于女性来说，人们却会认为这是她们胆怯的一种表现。

实验研究表明，当参与者被要求评估一个名为约翰（男名）或詹妮弗（女名）的虚构的求职者的能力时，即使简历和求职信是相同的，他们也会对名为约翰的申请人的能力做出更高的评价，并为他提供更多的工作机会。即使人们认为他们的决定是基于客观的评估，那些无意识的性别偏见也会导致歧视性的招聘和晋升决定。这意味着，在整个职业生涯中，女性比男性更不容易得到提拔或获得重要的职位。例如，在学术界，即使拥有与男教授相似的资历——同样的经验、同样的论文发表数量和被引用数量——女性管理学教授在系里被授予讲座教授的可能性也要小得多。

很多研究发现，一份同样的工作，如果是由女性完成的，就会得到较差的评价。除非女性的表现非常出色，并且能够被明确的标准评价，否则通常她们就会被视为能力较差者。无论评价女性表现的人是男性还是女性，这个结论都一样成立。这一发现强调了这些刻板印象的潜意识本质——在领导领域，能力意味着个体能动性，而个体能动性则意味着男性。

即使女性在工作中表现出了主动的特质，她们仍然会被视为能力较差者，因为人们认为女性的强悍是不正常的。例如，耶鲁大学研究人员进行的一系列研究发现，在工作场所表现出愤怒情绪的女性比表现出类似情绪的男性获得的地位更低。研究人员要求参与者观看职业男性和女性（实际上均为扮演者）在工作面试中的录像。在视频中，应聘者描述了他们和一位同事失去某位重要客户的情况，当面试官问他们这让他们感觉如何的时候，他们说这让他们要么感到生气，要么感到悲伤。然后，参与者被要求对求职者的能力进行评估，并对他们的薪资水平，以及他们在未来的工作中应该获得多高的地位和多大自主权提出建议。

参与者们普遍认为，与悲伤的男性申请者相比，愤怒的男性申请者更有能力，应该获得更高的薪水、地位和更多的自主权。他们也倾向于认为男性申请者之所以生气是由当时的情况造成的,而这是一个恰当的反应。而对于女性的情况则正好相反,参与者们普遍认为愤怒的职业女性能力较差,因为她们天生就有问题(忽略了情境因素),她们就只配得上一个地位、工资待遇较低和自主权更少的职位。

人们对性别刻板印象的接受程度也会影响他们对工作场所的性别差异公平性的看法。那些强烈认同男性代表个体能动性、女性代表公共社群性观点的人,用这种观点(或借口)来解释为什么有那么多的高级管理人员和执行人员都是男性;他们认为男性天生就更适合担任领导职务,因此他们也更容易获得晋升。

这些刻板印象会产生严重的现实后果。在对不同行业37.885万名员工进行的近100项实证研究的综合分析中,研究人员比较了主管对男性和女性员工的绩效评估,发现女性员工的绩效一直不如男性员工。美国人口普查数据还显示,进入劳动力市场的女性即使与男性资历相同,且从事类似工作,女性在职业生涯的每个阶段的薪酬也都比男性更低。近一半的职业女性报告称,她们在工作中经历过性别歧视;1/4的女性报告称,她们被视为不称职。

· · ·

测试3　你对职场女性的隐性偏见程度

内隐联想测验(IAT)[①]衡量的是你无意识地内化偏见的程

[①] 内隐联想测验(Implicit Association Test,简称IAT)是由格林沃尔德(A.G.Greenwald)在1998年首先提出的。内隐联想测验是以反应时为指标,通过一种计算机化的分类任务来测量两类(概念词与属性词)的自动化联系的紧密程度,继而对个体的内隐态度等内隐社会认知进行测量。——译者注

度，比如认为职场是男性的领域，而家庭是女性的领域。IAT会通过你连接单词的速度来衡量你的偏见程度，例如，将男性或女性的名字与职场词汇或家庭词汇联系起来。

我得到的分数表明我有强烈的性别偏见。我们要记住，如果我们得到的结果不是我们理想中的样子，一定要同情自己。我们没有主动去选择隐性偏见，但其实它们就藏在我们的内心深处，影响着我们对他人行为和决定的看法。在采取行动纠正偏见之前，我们需要首先认识到并清楚地看到我们的偏见。

反弹效应

对于那些既具有个体能动性又具有公共社群性的女性，她们中的很多人会在职场中去刻意提高自己的阳刚气质，降低自己的阴柔气质，以被视为有能力。不幸的是，这种做法使女性更容易受到另一种有害现象的影响。这种有害现象在20多年前就被首次记录在案：反弹（BACKLASH）。"反弹效应"是指与表现出完全相同行为的男性相比，人们倾向于将那种具有强悍气质的女性视为具有社交方面的缺陷——她们还不够好。

以2019年12月举行的民主党初选辩论为例，在这场辩论中，候选人都是在"面试"美国的最高领导职位：总统。在前几个小时激烈的辩论中，每个候选人都在尽力强调自己具备领导这个国家的资格。之后，参加辩论的7名候选人——乔·拜登、伯尼·桑德斯、伊丽莎白·沃伦、皮特·布蒂吉格、艾米·克洛布查尔、汤姆·斯蒂尔和杨安泽被问到，当被要求本着"公平竞争"的精神，在台上给别人赠送礼物或请求原谅，他们作何选择。场上的男性候选人都选择了送礼物——选择的礼物也主要体现了他们自己的政治主张和诉求，如一本他们写的书或一项他们的政策提案。而那晚站在台上的两位女性候选人则觉得有必要请求原谅。伊丽莎白·沃伦说："我会请求原谅。我知道有时候我真的会很激动，有时候我会有点儿过火了。但我不是故意的。"艾米·克洛布查尔则说："好吧，只要你们有人对我生气，我就会请求你们的原谅。我之所以直言不讳，是因为我认为选出合适的候选人非常重要。"换句话说就是，"我内心的凶悍被充分展示出来了，请不要因此而恨我"。这两位女性候选人都觉得自己该为自己的大胆前卫和自信果断而请求原谅，尽管她们的确需要大胆前卫和自信果断才能胜任总统这个职位。但她们也知道人们会因此如何评判她们，所以她们认为自己有必要道歉。而男人们也清楚，同样的品质反而会让他们受到更多的钦佩和尊重。

作为非常有能力和经验的参议员，沃伦和克洛布查尔最终被淘汰出局其实不足为奇。这与希拉里·克林顿在2016年大选中输给唐纳德·特朗普（至少在选举人投票方面）的遭遇简直如出一辙。这些勇于打破性别刻板印象、坚强能干的女性往往会因为被人们认为不够"可爱"，而不足以成为这个强大国家的领导人。

针对职场女性的偏见不仅基于"描述性刻板印象"，即人们认为女性是公共社群性的而不是个体能动性的，还基于一种"规范性刻板印象"，即女性就应该是公共社群性的而不应该是个体能动性的。换句话说，人们就是不喜欢强势的女人——尤其是她们还很有能力——因为人们自然而然地就会认为强势的女人不具备公共社群性，而那些类似于善良、热情、体贴的温柔品质对于女性才更有价值。

与同样成功的男性管理者相比,在传统男性领域中的成功女性管理者则被描述得相当负面(如凶巴巴、爱争吵、自私、欺骗和狡猾)。在一项研究中,海尔曼和他的同事们调查了参与者们对于一家飞机公司销售副总裁(为研究而虚构的角色)的评价。据研究人员介绍,该副总裁的职责描述主要包括培训和监督初级管理人员,开拓新市场,跟上行业趋势,并拓展新客户。接下来,评价者会阅读一段关于副总裁品格和资质的相同描述,但是其中有两个条件会有所不同。

第一,名字不同——两位副总裁分别被命名为安德莉亚和詹姆斯。

第二,业绩描述不同——关于副总裁的业绩信息要么是明确的(在刚刚进行的年度绩效评估中得到了很高的分数),要么是模糊的(即将参与年度绩效评估)。

研究者发现,在成功信息同样清晰的情况下,参与者会认为詹姆斯和安德莉亚同样有能力。而当信息不明确的时候,参与者则认为安德莉亚的能力和效率都不如詹姆斯。这表明了无意识刻板印象在构建我们的感知——尤其是当我们面对模糊信息的时候——过程中所发挥的作用。

然而,更令人不安的是,即使在成功信息很明确,根据绩效评估两位候选人都被认为同样有能力的情况下,安德莉亚还是不如詹姆斯受欢迎。因为她的成功打破了"女性应该是公共社群性的而不是个体能动性的"这一刻板印象,她被评价为"更粗暴、更狡猾、更善于操纵、更爱出风头、更自私、更不值得信任"。请记住,材料中对詹姆斯和安德莉亚的描述是一模一样的,唯一不同的只是他们的名字而已。

与此同时，当两位候选人的成功信息都是模棱两可的时候，他们的受欢迎程度反而没有太大差别，因为尽管人们认为安德莉亚可能不称职，但他们也认为她应该很有教养，因此她也很受欢迎。

类似的现象也出现在我们进行自我推销的过程中。为了在职场取得进步，尤其是在面试更高级别职位的时候，人们经常有必要直接谈论自己的优势、才能和成就。但自我推销也可能会给女性带来"反弹效应"。

罗格斯大学的劳里·鲁德曼进行了一项研究，请参与者们通过观看录像对男性和女性求职者进行评估。这些求职者要么表现得很谦虚（低着头，说一些自己符合应聘条件的话，比如"嗯，我不是专家，但是……"），要么表现得非常自信，积极地进行自我推销（进行直接的目光接触，说一些类似"我确信我能做到……"的话）。结果显示，参与者们更喜欢那些积极而非谦逊的男性求职者，反过来，他们也喜欢那些谦逊而非积极的女性求职者。在研究中，女性参与者们的反应差异甚至比男性还严重——她们是真的不喜欢那些积极进行自我推销的女性。

尽管我们很容易忽略其他人是否喜欢我们，但是考虑到讨人喜欢也是决定人们成功的一个重要因素，人们不喜欢强势女性这一事实就意味着她被雇用或升职的可能性更小。自信的女性面临严重"反弹效应"影响的一个重要表现就是薪资谈判。一个咄咄逼人、要求加薪的女人肯定不会受欢迎，这么做反而会降低她获得加薪的概率。女性们深知这一点，所以她们在薪资谈判中往往表现得不那么自信，也往往最终会接受比她们的男性同行薪酬更少的待遇。得克萨斯大学奥斯汀分校的一项研究发现，由于害怕受到"反弹效应"的影响，女性争取到的薪酬往往会在她们应得的基础上下降20%。一项针对142项研究的综合分析发现，即使男性和女性员工被认为能力相当，男性员工仍然会获得更高的薪酬和更多的升职机会。事实上，薪酬方面的男女性别差异是绩效评估方面男女性别差异的14倍，这在很大程度上也反映出了"反弹效应"现象的存在和影响。

总之，这就是我们所处的尴尬境地：因为我们被认为不够"能干"，所以我们不会像男性那么频繁地被提拔或获得同样多的薪酬；反过来，我们不能像男性那么频繁地被提拔或获得同样多的薪酬，却又是因为我们被认为太"能干"了。

在职场中整合

在职场中整合我们的个体能动性和公共社群性——换句话说，同时利用我们强悍和温柔的一面——就可以帮助我们缓和"反弹效应"所带来的负面影响。

在一项实验中，参与者们被要求观看两男两女求职者在申请一个高压管理职位（这个职位要求管理者能够认真倾听客户的担忧）过程中的面试录像。参与者们会通过录像来判断候选人的能力和他们受欢迎的程度，并建议是否应该聘用他们。所有的求职者在面试中都表现出了很强的进取心和自信心，他们会说，"我能够在压力下成长。在高中时，我是校报的编辑，我必须在截止日期前准备每周专栏……我总能成功"，等等。然而，其中一男一女两位求职者在讲到自己的个体能动性的时候会更加滔滔不绝，并会补充道：

"基本上有两种人——赢家和输家。我的目标就是成为一个赢家,成为那种能够掌控一切并做出决定的人。"而另外两名求职者则添加了更多有关自己在公共社群性方面的评论,比如"对我来说,生活就是和其他人联系在一起……如果我能帮助别人,我就会有一种真正的成就感"。

与之前的研究结果一样,那些仅仅突出自己个体能动性的男性和女性都被认为同样能干,但女性被认为不如男性讨人喜欢,因此也不太可能被推荐获得该职位。然而,将个体能动性和公共社群性结合在一起的女性,被认为和男性一样能干和讨人喜欢,同样有可能被推荐获得这个职位。

在一项类似的研究中,以色列的研究人员发现,当男性和女性同时表现出个体能动性和公共社群性两种特质的时候,他们都会被认为是高效的领导者,但这种差异在女性身上尤其明显。这些发现表明,减少性别偏见、帮助女性在职场获得成功的一个有效方法就是:在职场中充分利用关怀的力量。

在这里,我们就需要借鉴一下加州大学黑斯廷斯分校的法学教授琼·威廉姆斯所创造的"性别柔道"的概念了。柔道是一种在日本发展起来的体育运动,"柔道(judo)"这个词的意思是"温柔的方式"——意味着你要利用对手的冲力来打败他,顺其自然,而不是直接与之对抗。而"性别柔道"一词指的是,女性在从事一些男性化或需要个体能动性的工作时,有意识地引入传统的女性特质,比如温柔或关怀,就能在他人的刻板印象框架下游刃有余。例如,当你作为领导者给员工或团队成员做指示的时候,你如果能够面带微笑或主动询问对方的健康状况,就可以缓和人们对于你"要求苛刻"的负面看法。当然,公共社群性特质的表达方式需要的是真实和自然，所以其表达风格也会因人而异。因为所有人都能接触到阴、阳两种能量，所以有意识地确保阴、阳平衡的确可以帮助减少因性别偏见而产生的影响。

然而，威廉姆斯也同时警告说，当我们在这些情况下表现出热情和关心的时候，我们应该尽量避免做出任何带有顺从意味的暗示，例如道歉和模棱两可（"嗯，我真的很抱歉，但你介意这周末加班吗？"），因为这样做会削弱你的领导力和可信度。我们需要表现得既热情又权威，不管用什么方法都行（比如，"这个周末我需要你加班，但我会尽量不让你经常加班。顺便问一下，你的家人怎么样？"）。同时拥抱自己的多个方面，我们既可以保持自己的真实，还能够在商业世界中找到自己的一席之地。

虽然知道在这样一个不公平的职场体系中还有一些方法可以"奏效"是件好事，但令人沮丧的是我们还是不得不把这些策略放在首位。

但我相信，在面对并最终改变职场性别偏见方面，自我关怀一定可以发挥重要的作用。

温柔的自我关怀能有什么帮助

重要的是，作为女性，我们首先要允许自己去体验这种职场歧视所带给我们的痛苦。

当我们意识到女性在职场中必须面对种种不平等现实的时候，我们可以利用"爱、联结和存在感"来帮助处理我们的悲伤和沮丧——那种胃里的闷堵感或内心的空虚感。

首先，我们必须面对并承认这样一个令人悲哀的事实：女性尚未当选过美国总统，白人男性在政治和商业领域仍然占据着主导地位。一代又一代的女性已经看到自己的天赋、技能和能力，同时也看到了自己所受到的压制和诋毁。这就是我们所继承的世界，不幸的是，今天的我们还仍然生活在这样一个未曾改变太多的世界中。

这种痛苦挥之不去，它也在影响着我们与其他女性的关系。我们需要意识到当女性在职场中压抑自己温柔的一面时所带来的不适，并面对我们要跻身于这个还没有将关怀作为其经济使命一部分的世界所带来的痛苦。

其次，当我们意识到自己强势的一面不能被接受的时候，我们也会感到沮丧——因为自己的能力和自信被别人辱骂和厌恶是很伤人的。但如果我们只是装作这种痛苦并不存在，我们就无法从它所造成的伤害中痊愈。只有当我们勇于承认这种伤害，并以爱来做出回应的时候，我们才能够妥善处理我们的悲伤，也才能从我们自己的温暖中获益。

当思考我们在职场中所面临的种种不公正时，尤其重要的是，我们要记住，它与我们个人无关——这是全球数百万女性都在共同面对的现实。有时候，我们会以自我贬低的方式来内化社会偏见——例如，我不擅长科学，我不是一个有效的领导者，也许他比我更好。但是，当我们能够看到偏见并指出不公的时候，我们就会记得我们并不孤单。我们可以与那些因为性别或其他身份（种族、民族、能力、阶级、宗教）而被边缘化的人们建立联系。当越多的人进入我们的内心，承认人类所共同经历的痛苦的一面，我们就越不会感到孤立无援。

最后，认识到我们自己也在通过无意识偏见助长歧视这一事实，并原谅自己，也同样重要。就像我们前面所讨论过的一样，其实比起男性，女性自身甚至会更加不喜欢那些强势、能干的女人。作为女性，我们都曾经有过某种想要去诋毁某些成功女性的冲动，甚至，我们中的许多人已经在不知不觉中将她们那种"女魔头"的刻板印象内化了。我们往往会无意识地感觉自己受到其他有能力的女性的威胁，从而更进一步加剧了我们对她们的厌恶。但我们大可不必因此批评或责备自己，因为它大多发生在我们的意识之外。如果你身为这个不公平的世界中的一员，你就会不知不觉地把对别人的偏见内化。对于这种偏见，温柔的自我关怀可以给予我们一种无条件承认并接受它们所需要的安全感，这也是改变它们的第一步。

但我们是否就该止步于此呢？感到些许安慰却依然接受被排斥？当然不！

为了真正关心我们自己，我们需要采取行动，为我们所遭受的不公正对待去做些事情。

强悍的自我关怀能有什么帮助

不仅对于女性，对于所有职场歧视的受害者，强悍的自我关怀都为我们纠正不公提供了必要的决心。这是强悍的自我关怀在职场中可以发挥的一个重要作用。

洞察力是关键。研究表明，要减少职场中无意识的性别偏见，最重要的步骤就是看到它。我们可以问问自己："如果她是个男的，我还会对她的能力或可爱不可爱产生同样的印象吗？"我们也可以请其他人来共同思考这个问题。我们可以和人们去开放地讨论无意识偏见在我们的判断中所扮演的角色，即使对于那些坚定的致力于性别平等的人也是如此。当我们这样做的时候，重要的是我们不要去"妖魔化"他人，否则为了自我保护他们就会将我们拒之门外。如果我们忽视了他们的人性——那就与我们所追求实现的目标背道而驰了。

当你无意间听到同事们正在消极地议论一位女性管理者，例如，"我真不敢相信珍妮特怎么可以一直在谈论她自己。她以为她是谁呀？你们看见她是怎么对待她助理的吗？就因为助理没有及时给她拿来文件？她可真是一头母牛"，当你怀疑性别偏见在其中起作用的时候，你就可以适时介入了。你可以这样回答："我在想，如果珍妮特是个男人，她会不会也这样做呢？ 也许我们都被误导了，觉得女性不应该'推销'自己或对他人强硬。咱们就像做个思维实验一样去想想，如果换作市场部的凯文说了这些话，你觉得我们会作何反应呢？" 这时候我们如果能采用一种尽量中立的方式确保任何人都不会感到羞愧，例如使用包容性的语言（如"我们"）而不是排他性的语言（如"你"），可能就有机会驱散这团无意识偏见的迷雾。这时候，也许你会很幸运地听到："嗯，我以前怎么没有想到这一点呢。好主意。"哪怕回应你的只有沉默，你的目的也达到了。

作为女性，我们不能再继续沉默下去了。我们如果要超越这些偏见，就需要先让"无意识"变成"有意识"。

那对于职场中女性所遭受的不公平待遇，我们那压抑已久的愤怒又该怎么办呢？

毕竟，生气本身并没有错。如果我们不生气或害怕生气，事情就永远不会有进展。我们必须先允许自己对不公正感到愤怒，才能利用这种保护性的能量为社会造福。与此同时，我们也需要巧妙地利用这种愤怒的力量——把目标对准伤害本身，而不是那些造成伤害的人。

我们越能摆脱自己和他人的自负，就越有可能得到我们希望的结果。（顺便说一句，我这么说并不是因为我非常善于利用愤怒来取得预期结果，而是作为一个经常犯错的人，我知道什么行不通。）

例如，当某位男同事让我们帮着煮咖啡，做会议记录，安排出差行程，或者做其他不属于我们工作范围的事情，我们就可以利用关怀的力量来维护自己。我们与其发起强烈的人身攻击（你不会自己煮那该死的咖啡吗？），不如眨眨眼睛，莞尔一笑，对他说："我相信你不会是把我们女的都当成办公室助理了吧？"这样的"无罪推论"基本不会造成对他的羞辱，同时也会让他知道他的要求是不合理的。

或者你试想自己身处这样一个场景：一位男同事窃取了你的想法，还四处张扬。研究表明，这在职场中是一种很普遍的现象。《女权主义搏击俱乐部：职场性别歧视下的办公室生存手册》一书的作者杰西卡·贝内特将这样的男人称为"不劳而获男孩"——泛指那些把女性团队成员的功劳据为己有的男性。她建议，这时候我们可以用一种被她称为"感谢和戏谑"的技巧来进行反击。

当你看出一个男人试图将你的想法据为己有的时候，你可以首先感谢他欣赏你的想法，然后明确地告诉他这是属于你的想法。你可以对他说："很高兴你同意我的想法。那么我们接下来要做什么呢？"这样既能给予对方积极的回应，又能保护你的主权不受侵犯。对于那些"爱插嘴的男人"（研究表明，在发言中女性比男性更容易被打断），她也给出了类似的建议。贝内特建议我们可以把

"喋喋不休"当作一种武器——那就是一直不停地讲下去,这样那些想插话的人就不得不住嘴了。这么做,你并不会让那些插嘴的人感到羞愧,而是会让他们烦到极致。同时,通过这样的行为,你也明确表示你不愿意也不会因为他们的插嘴而保持沉默。以上这些都是在职场中我们利用"强悍"来保护自己的方法。

同时,在职场中,女性之间的互相帮助和互相支持对于消除职场偏见也很有帮助。

研究表明,当一个女人站出来为另一个女人说话的时候,两个人都会更受欢迎。虽然一位女性在"推销"自己的时候可能会不受欢迎,但如果她说了另一位女性同事的好话,她就不大会受到"反弹效应"的影响,这是因为她将个体能动性行为(推销)与公共社群性行为(支持)结合在一起了。考虑到女性尤其不喜欢那些自吹自擂的同性姐妹,我们也可以尝试改变一下自己对那些喜欢"把成功归功于自己"的人的看法。我们与其感觉受到威胁,或者屈服于我们的无意识条件反射,倒不如主动为姐妹们的成功欢欣鼓舞,将她一个人的成功看作我们所有人的成功。

强悍的自我关怀在职场中可以发挥的另一个重要作用是可以帮助我们在个人的、职业发展的以及家庭的需求之间实现平衡,从而引导我们走向更加真实和充实的职业生涯。

说到这里,我们可以先思考一个问题:我在生活中到底想要什么?

最令人满意的答案往往是那些可以让我们同时展现出阴柔与阳刚力量,并让我们感觉自己更完整的选择。一方面,我们不需要让自己被失控的贪婪吞噬;另一方面,如果不是受使命召唤,我们也没必要非去选择那些助人为乐的无私职业。

工作和家庭往往会被视为一对冲突，从某种角度来说，这是一种错误的二分法。当我们能够胜任我们的工作，找到目标，并从中获得满足的时候，我们的友谊和家庭生活也会随之变得更加丰富。反之亦然，在职场之外成为一个全面发展的人也有助于我们在工作中更充分地发挥出自己的潜力。事实上，研究表明，自我关怀能够帮助女性更好地实现这种工作与生活的平衡。

一项针对医疗、教育和金融等领域职业女性的研究发现，那些自我关怀程度较高的女性，她们的工作与生活会更加平衡，对职业和生活的总体满意度也更高。与此同时，另一项研究发现，自我关怀程度较高的女性对自己的工作表现更有信心，更忠于同事，职场倦怠和疲惫感也更低。

对于职业女性来说，尤其是那些在男性主导领域工作的女性，经常遇到的一个障碍就是"冒名顶替者"现象[①]。宝琳·克兰斯和苏珊·伊姆斯在1978年发现了这一点，她们意识到她们所研究的那些拥有博士学位的成功女性——每一位都是她们所在领域的专家——总是担心自己会被当作"冒名顶替"的知识分子而被揭穿。这些女性都是超级完美主义者，但她们总是把自己的成功归因于运气。她们一直生活在焦虑状态中，坚持认为自己其实不够"货真价实"，愚弄了那些不这么认为的人，更担心自己有朝一日会被无情揭穿。这种"冒名顶替者"现象可能会妨碍女性在男性群体中获得

---

① "冒名顶替者"现象（imposter phenomenon）：由临床心理学家宝琳和苏珊在1978年发现并命名，是指个体按照客观标准评价为已经获得了成功或取得成就，但是其本人却认为这是不可能的，他们没有能力取得成功，感觉是在欺骗他人，并且害怕被他人发现此欺骗行为的一种现象。在成功的成年人中，有33%的人感觉自己的成功不是理所应得的。——译者注

应有的地位，那些男性其实并不见得比女性聪明，但当他们以专家自居的时候他们却感觉更加自在，因为他们从生下来就已经是"男性专属俱乐部"的一员了。

幸运的是，自我关怀在这方面会有所帮助。在一项针对欧洲一所著名大学一年级本科生的研究中，研究人员测量了男性和女性经历"冒名顶替者"现象的程度。他们还测量了这些学生的个体能动性、公共社群性或性取向，以及他们的自我关怀水平。研究人员发现，女生对于"冒名顶替者"现象的体验程度普遍比男生更强烈。他们还发现，那些具有个体能动性以及双性化的女性自我关怀程度更高，而自我关怀程度更高的女性总体来说不大容易受到"冒名顶替者"现象的影响。通过无条件地接受和支持自己，自我关怀可以让我们对自己的成就拥有一种真实的所有权和拥有感。

强悍的自我关怀也是我们在工作中的动力来源，而这种强大又稳定的动力正是我们取得成功的关键。它不断地激励我们，赋予我们从失败中学习的能力，并帮助我们描绘出一个清晰的未来愿景。

当自我关怀型的人在求职中受阻的时候，他们会表现得更加积极和自信，在面对挑战时也更有可能保持冷静，对他们所追寻的东西保持希望，而不是变得沮丧。不仅如此，自我关怀型的员工报告说，他们在工作中的参与度更高，感觉自己更有活力、更热情，也更加全神贯注。

自我关怀对于应对工作上的失败尤其有用。来自荷兰的研究人员对近100名企业家进行了自我关怀的培训，经过培训后，研究人员发现，他们对于类似"客户需求突然下降"这样的情况变得不再那么焦虑和恐惧，也能够更好地去应对。

自我激励而不是严厉地批评，让我们在工作中遭遇失败的时候能够坚强地站起来，鼓起勇气，继续努力。瑟琳娜·陈在《哈佛商业评论》上发表的一篇文章中阐述了职场中自我关怀的好处。她指出，尽管商业界已经开始接受失败为学习提供机会的观点，但还没有弄清楚如何帮助员工实现这种转变。自我关怀——陈所说的"利用失败的救赎力量（harnessing the redemptive power of failure）"——恰恰有助于培养员工在工作中取得成功和茁壮成长所需要的成长心态。

练习19　职场中的自我关怀训练

我们都知道在工作中休息一下有多重要。无论是喝杯咖啡还是读几页好书，一个小憩就可以帮助你重新充满活力。你也可以利用这段时间做自我关怀练习，帮助你应对任何来自工作中的压力、挫折或你所面对的困难。

你要问自己的第一个问题是："我现在需要做什么来关怀自己？"我是需要温柔的自我关怀（第143页）来平静和安慰自己，去接受该去接受的东西，还是保护性自我关怀（第175页）来让自己说不，划清界限，保护自己？我是需要满足性自我关怀（第209页）来帮助我以一种更真实的方式专注于满足自己的需求，还是需要激励性自我关怀（第234页）来帮助我改变自己或继续前进？

也许你需要的是以上的一些组合。但我相信，通过养成随时关注自己需求的习惯，你可以在职场中极大地增强自己的适应力和提高工作效率。

我的职业生涯

和大多数女性一样，我在工作中也会受到性别偏见的影响。

学术界是一个阳性的世界——我曾讨论过的"规模战争"已经证明了这一点。当然，我当时所表现出来的学术形象也非常强悍。然而，由于违反了性别规范，这也意味着我的一些同行——甚至包括我在得克萨斯大学奥斯汀分校的同事——都不太喜欢我。

唉！这就是我在职业生涯中始终不得不面对的问题。

当然，造成这种后果的部分原因是我在不恰当的场合（比如论文答辩时）表现出来的那种"斗牛犬"反应，这一点我完全可以理解。但还不止于此——如果我在部门会议上提出了一个直截了当的问题，却没有加上那种华丽的辞藻，别人就会认为我太过于咄咄逼人；当人们问起我的工作如何，我会毫不掩饰我的兴奋之情（"太好了，谢谢！""我的文章上个月在《纽约时报》上被提到了两次，这是不是很酷？"），而这又会被解读为我的自恋和自我推销。

有时候我也会想，如果我是个男人，所有这些行为，即使是我内心的"斗牛犬"，应该都不会让人吃惊吧。

同时，由于我的工作重点是自我关怀，我也因为太过于软弱付出过代价。

在我从副教授晋升为教授的过程中，尽管我的文章被引用次数比系里被引用次数第二高的教授还多了50%，但因为我的研究对于一所R1类（意味着顶级）研究型大学来说还不够"严谨"，我还是遭到了拒绝。我的课程侧重于帮助学生学习静观觉察和自我同情的技能，撰写关于在日常生活中应用自我关怀所造成的影响的论文，因此我的教学被认为"不够学术";我帮助创建的"全球自我关怀培训计划"所提供的服务也没有得到真正的重视,因为它是在体制之外完成的(我与他人共同创立了一个非营利组织,并没有申请大笔联邦拨款)。

当然,我已经获得了副教授的终身职位。副教授和教授的工资差距本来就不大,因此被拒绝升职主要是对我的自尊心,而不是我的生计造成了一定的打击。当我毕生的心血被如此轻而易举地抛在一边,那感觉就像被人狠狠踢了一脚。我致力于研究和教授自我关怀,是因为它能够帮助人们。我没有把时间用在那些"传统学术界"看起来很有价值的事情上——例如自愿参与额外的委员会工作,组织和参加学术会议,写拨款报告——因为这些实际上帮助不了任何人。换句话说,我就是那种学术界所不喜欢的、在体制外运作、一意孤行的女人。

感谢我的自我关怀练习,在被拒绝升职后,我感到沮丧和气馁,特别需要温柔和强悍的自我关怀来帮助自己渡过难关。

那一刻,我需要确保允许自己充分体验那种被忽略的失望和悲伤,以及那种不被欣赏的感觉。我记得当时我躺在床上,双手放在胸口,哭了整整一夜。我告诉自己:"这真的很疼。我感觉如此地不为人知,如此地不受重视。但我看到你了,克里斯汀。我珍视你,尊重你为这个世界带来更多关怀所做的努力。很抱歉,你们系、你们大学和你的价值观不同。但这与你的个人价值或你的学识毫无关系。"那一夜,我就躺在那里,任凭狂风、暴雨和雷电倾泻而下,然后继续前行。

到第二天早上,我开始为自己受到了不公平的对待而气愤。

于是,我去见了院长、大学申诉专员以及终身教职和晋升委员会主席。我写了一份报告，将我的学术严谨程度与最近两位晋升为教授的人（均为男性）在类似领域的严谨程度进行了比较。很明显，如果不是用绝对标准来要求的话，我的方法至少是严谨的。但当时大学做出的决定已经是最终决定了，我唯一的选择是几年之后再申请一次。要做到这一点，我就需要以一种学校更喜欢的方式来玩这个游戏，而我不想那样做。我不想让自己在工作上分心，也不想把太多时间浪费在大学看重但我自己却认为无关紧要的事情上。

所以我决定做出改变，并计划在2021年底提前退休。

当然，退休后我仍然可以作为名誉副教授进行研究工作，目前我也正在与各大学讨论未来在研究方面的合作。但我今后将主要专注于帮助"静观觉察自我关怀中心"为全球需要它的人——包括那些健康护理人员、教育工作者、社会正义倡导者、父母、青少年，以及任何受苦的人——带来自我关怀。

虽然离开终身职位很可怕，但我知道，这是正确的做法。

作为女性，我们都需要大量的自我关怀才能成功地去引导和改变职场性别歧视。但不幸的是，我们没有任何捷径可走。我们唯一的选择就是不断前行，去伪存真，并尊重我们的阴、阳天性。温柔的自我关怀让我们可以承受不公正所带来的痛苦，而强悍的自我关怀则会促使我们站起来，去实现我们对于未来的愿景。

我们可以共同努力，创造出一个人类的善良价值与商业价值相互平衡的职场，每一个独特的声音都有机会在其中做出充分的贡献。

在攀登成功阶梯的过程中，每一个人都是平等的。

第十章

关心他人而不失去自我

自我关怀是自我保护,而不是自我放纵。

——奥德雷·洛尔德,作家

社会对于女性性别角色的一个核心期待就是我们要去照顾和养育他人。

在履行这种社会角色义务的同时,如果不能同样强调满足我们自己的需求,女性就会冒被"吞噬"的风险。就像那些吞噬母亲的蜘蛛物种一样——新生的蜘蛛会将母亲作为它们的营养来源吃掉。虽然作为人类,我们的身体不会被吞噬,但我们的情感储备和心理储备也一样会被慢慢消耗,直到最后,我们几乎一无所有。

有迹象表明,这样的情况已经开始出现了。

目前,在单亲家庭中,单亲女性占了80%,这意味着单身母亲比单身父亲更多地承担起了抚养孩子的主要责任。即使在双职工家庭(这是当今最普遍的家庭结构)中,在照顾孩子和做家务上,妻子们大概也要承担两倍于丈夫们的工作量。这不仅仅是因为男性往往比女性赚得更多——当妻子的收入开始超过丈夫的时候,为了不破坏自己作为"好妻子"的形象,事实上,她们花在家务上的时间反而会更多,而不是更少。与此同时,她们还会花更多的时间在协调家庭活动、计划庆祝活动、安排看医生、看望亲戚等事情上。结果就是，40%的职场妈妈表示，她们总是感到很忙碌，几乎没有时间留给自己。在照顾孩子、安排约会、洗碗和为第二天的重要会议做准备的过程中，她们疲于奔命，几乎耗尽了所有宝贵的精力。

同时，女性还肩负着照顾其他家庭成员的责任。

女性照顾患病的配偶、患有阿尔茨海默病或癌症的老年亲属的可能性要比男性高出50%。与此同时，女性也更有可能要承担护理责任所带来的负面后果，如焦虑、压力、抑郁、身体健康状况下降和生活质量下降等。尤其是当没有男性可以帮助她们分担的时候，许多女性都会感受到一种不断发酵的怨恨，而这又会加剧她们的紧张和不满。事实上，与那些能够比较平等地分担家务的已婚女性相比，那些觉得家务分工不公平的全职已婚女性会感到更加愤怒、痛苦，也更有可能产生倦怠感。

尽管男性也会去照顾孩子、配偶和亲戚，但人们对他们的普遍期望要低得多。当一个男人站出来承担家务的时候，人们往往会对他大加赞誉，就好像他刚刚自愿捐了一个肾一样。

我的同事斯蒂芬妮，作为3个不到8岁孩子的妈妈，把这一切称为"不可理喻"。她告诉我，一次，她带着两个大女儿去商场购买返校服装，而她的丈夫迈克则待在家里照顾他们的小儿子。很显然，跟着这两个小女孩从一家店逛到另一家店，保证她们别走丢就已经够让人头大了，更何况斯蒂芬妮还要拎着大包小包。在一家店里，她们三个人挤在一个小试衣间里，大女儿正在试衣服，而小女儿则不知怎么悄悄地爬进了她们旁边的试衣间。突然，斯蒂芬妮听到一个女人尖叫着喊道："你就不能管管你的孩子吗？"这让她羞愧难当，就好像自己是一个不称职的妈妈一样。回到家，她已经精疲力竭了。斯蒂芬妮刚进门，迈克就特别得意地和她打招呼。"你今天过得怎么样？"她问道。"太棒了！"他高兴地说，"我用婴儿背带背着泰勒去杂货店购物，在结账的时候，一对老夫妇对我说，我是一个特别伟大的父亲！"斯蒂芬妮告诉我，她必须强忍着才能让自己不冲他翻白眼，"要是我也能这么轻松就好了"！

像斯蒂芬妮这样的经历真的很典型。为了照顾孩子，女人甚至连做3个后空翻都没有人会注意到她们，除非有人发现她们做得不够好；而男人只需要做到一半，就已经被别人誉为"大英雄"了。

虽然关心、照顾他人会给我们带来巨大的意义感和满足感，但如果我们不能在关爱他人和关爱自己之间取得平衡，那关心、照顾他人就不再是一件让人愉快的事了。无论是专业照顾者、家庭照顾者还是照顾我们的伴侣，给予和接受都必须是公平的，这样才能保证一切可以持续下去。

片面关怀

将女性社会化为温柔的养育者，其造成的问题之一就是过分强调女性帮助他人——却忽视了帮助我们自己。

将自己的需要置于他人的需要之下，被认为象征着女人身上一种令人钦佩的自我牺牲精神。也正是这种自我牺牲精神，使女性成为一种"高贵的性别"。这种对于女性的描述将社会资源分配的不平等——男性得到了最大的份额——归咎于女性美丽、慷慨和善良的天性，从而也就助长了我们在前面提到过的"善意的性别歧视"。

而我们却经常上钩。像所有人一样,我们都希望被爱和被认可。当我们发现,一旦牺牲自己,别人就会更喜欢我们,久而久之,我们最终就会陷入一个奇怪的境地:为了保持一种更为积极的自我意识,我们会放弃自己的需求,即使这样意味着我们剩下的价值更少了。

卡内基梅隆大学的维姬·黑尔格森和海蒂·弗里茨将这种关注他人需求而排斥个人需求的现象称为"过度共享①",即在关心他人而不关心自己的情况下出现的一种状态,我将它称为"片面关怀"。"片面关怀"意味着你会不断地赞成你的伴侣想做的事情(去哪里度假,去哪家餐厅,住在哪个城市),而不是关心你自己想做什么。这就像你花了太多时间去帮助家人、朋友或你最喜欢的慈善机构,却没有时间来发展自己的兴趣,最终把自己搞得筋疲力尽。毫不奇怪,女性的"片面关怀"程度往往会高于男性。虽然照顾他人往往与我们的幸福感有关,但牺牲自己的利益则会导致更大的痛苦,因此女性会比男性更加容易抑郁。

有时女性不能满足自己的需求仅仅是因为日常生活没有给她们创造更多的机会和条件。举例来说,一个打两份工养活孩子的单身母亲可能根本就没有多余的时间留给自己。但"片面关怀"也与我们的性格类型或身份认同感有关。一些女性过度关注他人而忽视自己,是因为她们觉得她们就"应该"这么做——她们甚至认为自己不配拥有自己的需求。研究表明,片面关怀者往往沉默寡言,在别

---

① 过度共享(unmitigated communion):指对别人的关心往往到了牺牲个人需要和兴趣的地步。研究发现,过度共享的人往往具有以下特征:缺乏自信,因害怕出语伤人而深藏自己的情感,容易被人利用等。

人面前也会感到压抑，这是因为她们经常怀疑自己要说的话是否有价值。当别人不能体谅她们的时候，她们往往会难以表达真实的自我，也更难以自信地去维护自己的权利。这种不善表达也给她们和伴侣间的亲密关系带来了挑战——你如果认为你要分享的东西不够多，就很难与你的伴侣深入分享。它还使你更难向他人透露你的愿望，或坚定地要求对方也应该适当考虑你的需求。

片面关怀者也并不总是心甘情愿地这样做，她们也会经常对此感到不满。她们既不敢去索取她们想要的东西，同时却又因为别人没有主动给她们想要的东西而心生不快。当然，我们等待别人自发地来满足我们的需求，就像等待我们十几岁的孩子会自觉地去倒垃圾一样。

祝你好运！如果我们不要求，这种事可能就永远不会发生。

以这种方式忽视自己是很危险的，甚至是致命的。研究表明，片面关怀者往往也会忽视自己的身体健康：那些患有糖尿病或乳腺癌的片面关怀者往往不太可能去看医生、锻炼、保持健康的饮食、坚持服用处方药物或者得到充足的休息。一项研究针对因心脏病等冠状动脉问题住院的人展开了调查。研究人员发现，那些片面关怀者因为没有进行足够的自我护理，更有可能会经历持续的心脏病症状，如胸痛、头晕、呼吸短促、疲劳、恶心和心悸等。

我们可能真的会因为忽视自己的需求而"伤透了心"。

测试4 你是片面关怀者吗

你可以通过填写由弗里茨和黑尔格森设计的"片面关怀量表"（Unmitigated Communion Scale）来测试一下你照顾自己和他人的模式是否失去了平衡。

▶▶ 练习指导

请在回答问题前仔细阅读每一项陈述。对于每一项陈述，请考虑你是否同意或反对它，尤其要考虑它是否准确地描述了你与亲近的人、朋友或家人的关系。

使用 1（表示非常不同意）、2（表示稍微不同意）、3（表示既不同意也不反对）、4（表示稍微同意）或 5（表示非常同意）的等级来进行回答。

_____我总是把别人的需要置于自己的需要之上。

_____我发现自己总是会过度卷入别人的问题中。

_____为了让自己快乐，我需要让别人快乐。

_____我会担心当我不在的时候，别人会怎么过。

_____当别人心烦意乱的时候，我晚上会很难入睡。

_____当有人向我求助时，我很难说不。

_____即使筋疲力尽，我也会帮助别人。

_____我经常会担心别人的问题。

在回答完所有问题后，请将总分加起来并除以9，得到你的平均分。得分在3分以上就说明你的关怀已经有些不平衡了。

注：关于片面关怀的典型情况，一项针对361名本科生的研究发现，男性的平均分数是3.05，而女性的平均分数则为3.32。

女性的价值

就像我们在前面讲到的内容，造成片面关怀的一个原因是我们太希望得到外部的认可。

我们都希望别人喜欢我们、认可我们，因此我们的自我价值感也往往依赖于我们是否符合作为一个"好母亲"（自愿在家长教师联谊会晚宴上给大家带去纸杯蛋糕）、"好妻子"（对配偶的爱好表现出兴趣）、"好女儿"（为年迈的父母安排房屋维修）的社会标准。当然，许多这样的行为都是我们关怀他人的真实表达，但如果这些善行被用作一种获得他人认可的手段，它们就会被玷污。为了让他人满意，我们开始把自己的需求置于次要的地位，无法在慷慨行为和自我关怀之间取得平衡，因此很多女性在心里想说"不"的时候嘴里说出来的却是"是"——她们担心，除非先付出她们的关心，否则就没有人会爱她们。

但这种策略往往不会起作用，因为其他人也许会把我们的关心看作理所当然。

他们并不会因此而感谢我们——要么是因为他们不愿意这么做，要么就是因为他们实在是太专注于自己的问题而顾不上这么做。好吧，就算别人确实重视我们了，但这仍然有可能不足以抵消我们的不满足感。我们的伴侣可能会说出那些好听的话——"我认为你很好，你对我很特别"——但我们如果自己都不相信这一点，就很有可能只把它们当作耳旁风。如果我们自己都不能重视自己，我们就永远不会感觉到"足够好"。

正是片面关怀者的这种无价值感，直接导致了他们的不快乐和沮丧。

我们与其从他人身上寻找价值感和认同感，不如向自己的内心深处寻求温暖和善意的源泉。这听起来也许很难做到，但这就是自我关怀的力量。我们拥抱自己，包容自己的缺点，也认识到优点乃至一切，因为我们的不完美去珍视——而不是无视自己。我们尊重自己的长处和短处，我们也不需要做任何事情来赢得认可，因为这就是我们与生俱来的权利。

那么到底是什么决定了我们作为一个人的价值呢？是我们这个人有多好，我们有多能干，多么具有吸引力，还是有多少人喜欢我们？作为人类的一分子，我们的价值只在于——尽我们所能打好我们手中的牌。这种价值源于我们拥有那种能够体验人类全部情感的意识。当我们认识到这一点，我们就能够学会给予自己我们所渴望的爱和关注。

这并不是夸夸其谈，自我关怀与自我价值感的关系已经得到了实证研究的支持。研究表明，植根于自我关怀的自我价值感并不取决于其他人有多喜欢我们，我们多有吸引力，或者我们有多成功。无论我们获得赞扬还是遭到批评，它都是稳定的。这种来自内部而非外部的自我价值感更加稳定，且随着时间的推移也更加持久。

基于这种无条件的自我接纳，我们给予他人是因为我们想要给予，而不是因为我们认为我们应该给予。

当感觉自己精力充沛的时候，我们可以说"是"；而当我们的精力油箱耗尽时，我们当然也可以说"不"。

对别人说"不",对自己说"是"

在关爱他人和关爱自己之间找到平衡,对于我们的健康至关重要。

就算我们有无限的爱可以给予他人,我们也没有无限的时间和精力。如果我们的付出已经到了伤害自己的地步,也就谈不上关怀了。关怀是为了减轻痛苦,从这一点出发,为了减轻他人的痛苦而让我们自己痛苦,这根本就说不通,也行不通。我们如果不去努力满足自己的需求,让自己感到满足,作为照顾者,我们自己首先就会"倾家荡产"。一旦自己"破产"了,我们还有什么可以再去给予他人呢?对于任何人,我们都不会再有多大用处了。

维罗妮卡在参加了我为期一周的自我关怀强化研讨会之后,她开始了解到自我关怀的重要性。一次午餐的时候,我们一群人开始讨论社会对于女性作为照顾者的文化期望。我提到,我做过一项研究,比较了墨西哥裔美国女性和欧洲裔美国女性自我牺牲的模式,发现对于在恋爱关系中为了他人而放弃自己的需求,墨西哥裔美国女性会特别容易感到压力。维罗妮卡,一位40多岁的墨西哥裔美国妇女,对我的这一说法深表同意——实际上,这就是她会被吸引到自我关怀这一主题上的原因。

作为维罗妮卡的老熟人,我对她的故事非常了解。

维罗妮卡成长于加利福尼亚中部一个关系紧密、充满爱心的大家庭。作为6个孩子中的老大,她从10岁开始就负责照顾弟弟妹妹。慢慢地,她的自我意识开始围绕着"成为一个好的照顾者"而形成,而她的这种负责任的行为也得到了来自家庭的奖励。这种状态一直持续到她成年。目前,她的两个儿子都已经十几岁了,而她则管理着一家业务繁忙的会计公司。在家庭中，她是主要的经济支柱；在刚结婚的时候，她的丈夫胡安就因为罹患多发性硬化症失去了工作能力。每天下班回家后，她不仅要为孩子们做晚饭，给胡安提供他需要的任何帮助，还要确保一家人能够在一起度过宝贵的家庭时光。同时，作为一名基督教徒，周末她还会去教堂做志愿者，为大家做饭，组织捐赠活动。任何人需要帮助，都会想着去找维罗妮卡。

但在内心深处，维罗妮卡却几乎要窒息了。她总是一直工作到精疲力竭，并开始对所有依赖她的人感到厌烦。看上去她的生活就像在一件又一件杂务中不停穿梭，她很少有时间去做自己喜欢的事，比如水彩绘画。在大学里，她曾经学过绘画，本来也想成为一名职业艺术家，但最终还是选择了一条相对"安全"的道路，成为一名会计。

一次，胡安计划带着孩子们去他父母家度过3天的周末，维罗妮卡终于可以休息一下了。她打算利用这3天窝在家里，好好画点儿画。直到她的教区牧师在最后一刻打来了电话，问她能否在那个周末的年度夏令营中为一个生病的志愿者代一下班。"这对孩子们来说意义重大。"他说。正当维罗妮卡本能地要答应时，她突然停顿了一下，说她得考虑一下。学习强悍的自我关怀给她留下了深刻的印象，她知道自己身上正需要多一点儿这样"阳性"的力量，而这正是一个很好的实践机会。

挂掉牧师的电话后，维罗妮卡考虑的第一件事就是，如果她拒绝了牧师会发生什么。她意识到自己有点儿害怕。她怎么能拒绝呢？教会的人会怎么看她？他们会不会认为她是个冷酷、自私、无情的人？会不会认为她不算一个虔诚的基督教徒？后来，她向我描述了她是如何利用研讨会上所教的练习方法来帮助自己克服这种恐惧的整个过程。

首先，她让自己去充分体验身体上所体现出来的这种担忧的感觉——一种喉咙后部的收缩感，这让她觉得自己几乎哽住了，说不出话来。她意识到，她所害怕的是"一旦坚持自己的立场，她就将不再值得被爱"。于是，她开始尝试一些她从研讨会上学到的方法，尽管这让人感觉有点儿尴尬。她开始大声地对自己说："我爱你，我珍惜你，维罗妮卡。我关心你。我希望你幸福。"一遍又一遍，最开始，那种感觉有点儿奇怪，有点儿尴尬，她自己也感觉有点儿没法接受；但是，随着眼泪开始不知不觉地从她的脸颊滑过，她成功了。

然后，她试着做了一个"满足性自我关怀训练"，来唤起自己体内那种充实、平衡且真实的力量。

第一步，她用静观觉察来验证了自己的真实需求——这个周末她真正想要做的是绘画和静修，而不是去夏令营做志愿者。接下来，她开始了第二步——平衡。她对自己说："我的需求也很重要。"虽然她热爱教会，也想帮助别人，但她知道除了照顾别人，她也必须开始照顾自己。为了自己的幸福，她迈出了最后一步——向自己做出承诺。她用双手捂着脸，像对自己的儿子那样自言自语："亲爱的，我不想让你感到空虚和疲惫，我只想让你感到满足和完整。你应该拥有自己的时间。"

在做完这个简短的练习后，维罗妮卡感觉自己变得强大了。然后，她给牧师打了一通电话："我很想帮你，但实在很抱歉，这个周末我已经有安排了。"他很不习惯听到维罗妮卡说"不"。"你确定你不能重新安排一下吗？这可会帮我一个大忙。"她热情而坚定地回答:"不,我不能。我真的需要一些自己的时间。"这个时候,她的牧师别无选择,也只能接受她的决定。

世界并没有因此崩溃!

维罗妮卡度过了一个非常愉快的周末——独自在家画了个够。后来她告诉我,她为自己感到骄傲。这一次,她没有再像她一直所做的那样,从他人身上寻找爱和认可。她终于找到了那种"自给自足"的勇气。

• • •

练习20　我现在需要什么

自我关怀有很多不同方式来满足我们的需求。有时候我们需要的是温柔,有时候我们需要的是强悍,而有的时候我们需要的则是改变。现在,你可以对强悍和温柔的自我关怀的不同方面进行一次大盘点,思考一下此刻的你到底需要什么样的自我关怀来关怀自己(也许这些你都需要)!

接纳:你是否觉得自己很糟糕或者在某些方面一文不值?也许你需要的只是用爱和理解来接纳自己,告诉自己就算不完美也没什么大不了的。

安慰:你是不是正在因为什么事而感到心烦意乱,需要一些安慰?你可以试着通过一些舒缓的触摸来让自己的身体平静下来。然后考虑一下,如果面对一个你所关心的朋友,在经历类似情况的时候,你会对她/他说些什么?你会用什么样的语气说?你可以就用同样的语气,把同样的话说给自己听。

验证:你是否觉得自己没有权利抱怨,或者你是否过于专注于解决问题，而完全没有意识到自己在此刻到底有多痛苦？你试着用一种对你来说比较真实的方式来表达出你的感受。你可以试着大声说"这太难了"或者"你当然会有困难了，任何人在你这种情况下都会这样的"。

边界：是否有人越界了，对你要求太多或让你感到不舒服？你试着挺直身子，表现出强悍的自我关怀，勇敢地说"不"。你不必非要用一种刻薄的方式来表达，但要坚定地表达出什么是可以接受的，什么是不可以接受的。

愤怒：有人曾经伤害或虐待过你吗？你对此感到愤怒吗？或者你用了一种不健康的方式压抑了你的愤怒？请允许自己生气，激发出你内心那种"熊妈妈"的力量，她会为了保护她爱的人而发怒。你会想要去明智地表达你的愤怒——确保它是具有建设性而不是破坏性的，但前提是你要允许自己去感受那种真实的愤怒，并让它在你的身体里自由地流动。这种强大的情感也是爱的一种表现。

满足：你有没有问过自己，你需要什么来让自己得到满足？第一步是确定我们需要什么，第二步是采取行动确保我们能够真正得到它。写下任何你认为自己没有得到充分满足的需求：情感支持、睡眠还是欢笑？你要告诉自己，你应该得到幸福。同时你还要提醒自己，别人可能无法满足你的需求。你自己有哪些方法可以满足自己的这些需求？例如，如果你需要触摸，你能给自己做一下按摩吗？如果你需要休息，你能抽出两天让自己放松一下吗？如果你需要的是温柔和爱，你能否承诺给予自己所需要的温柔和爱？

改变：你是否陷入了一种让你感到沮丧的境遇——比如一份工作、一段婚姻关系或一种生活状况？你是否发现自己在重复着某种对你有害的行为，比如吸烟、拖延或看太多电视？你能试着用善意和理解而不是严厉的自我批评来激发自己做出改变吗?你能像一个好的教练那样激励自己,指出你可以改进的方法,同时对自己实现目标的能力表现出支持和信心吗?

共情之痛

作为照顾者,女性所面临的另一个挑战是:我们不得不去承受被照顾者们的痛苦。

照顾他人自然也包括要对他们的痛苦感同身受,而且女性在这方面一直比男性更富有同理心。当我们所关心的人遭受痛苦的时候,我们会去承受他们的痛苦,直到这种痛苦变得让我们自己也难以承受,并开始干扰我们的正常生活。

为了理解这种痛苦发生的原因,我们需要更仔细地去观察一下共情产生的过程。

卡尔·罗杰斯①将同理心(亦称共情)定义为一种"感受他人的世界,就像感受自己的世界一样"的能力。它包括我们能够了解他人的情绪状态,并随之加强我们与他人沟通的能力。同理心主要依靠认知层面上的换位思考来理解他人的想法和感受(设身处地为他人着想),但它也包含了一个在我们意识之外运作的前反思成分。

作为人类,我们的大脑天生就被"设计"成了可以直接感受他

---

① 卡尔·罗杰斯:美国心理学家,人本主义心理学的主要代表人物之一。他从事心理咨询和治疗的实践与研究,并因"以当事人为中心"的心理治疗方法而闻名。他在1947年当选为美国心理学会主席,在1956年获美国心理学会颁发的杰出科学贡献奖。

人情绪的模式。我们的大脑甚至还拥有一种被称为"镜像神经元"的专门神经细胞,它们存在的全部意义就是帮助我们与他人的情绪产生共鸣。这种能力是"置之语前"的,也就是说它不是通过语言产生的。同理心能够让我们"感知"到别人的痛苦,即使对方没有明确地说出来,我们也能感受到他们的痛苦。

我们大脑的这种能力得到发展,是因为它能够帮助我们与他人合作,并在群体中生存下去。虽然在进化理论方面,人们通常认为查尔斯·达尔文提出的是"适者生存"(强调赢家通吃的竞争)的原则,但实际上,他认为合作才是帮助一个物种得以生存的关键因素。同理心正是人类物种可以合作的关键,同时也有助于父母和婴儿之间的沟通。这意味着那些具有更强"镜像"能力的父母能够更好地去满足婴儿的需求,以确保带有这些技能的DNA可以一直被传递下去。

然而,拥有同理心并不总是件好事。有的时候,人们感觉到了别人的痛苦却并不在乎。例如,一个熟练的骗子可能会将他所意识到的他人的恐惧或痛苦作为一种信号,表明现在正是他采取行动的好时机。还有的时候,因为他人的痛苦会让我们觉得不舒服,所以我们就会将他们拒之门外,或者不把他们当人看,这样我们就不必去感受他们的痛苦了。说到这里,西方社会对于无家可归者的普遍忽视就是一个很好的例子。

神经科学研究表明,当我们面对处于疼痛中的人时,我们大脑中的疼痛中心就会被激活。当我们不断地与那些经历身体、情感或精神创伤的人在一起的时候,我们就会受到很大的影响,产生严重的后果。消防员或紧急医疗技术人员等急救人员可能会因为持续接触生命受到威胁的人而患上继发性创伤应激障碍。这些症状与创伤后应激障碍的症状非常相似——对于危险的高度警觉、睡眠困难、麻木、身体紧张或抑郁——即使这些创伤仅仅是他们间接经历到的。很多从事助人职业的人，例如护士、教师、社会工作者和治疗师，都会抱怨自己有类似的症状。它还可能会影响那些必须不断照顾生病的孩子、配偶或年长亲属的家庭照顾者。

我们如果长时间地经历着这种共情的痛苦，最终我们的杯子一定会干涸，我们也会随之精疲力尽。随着身体倦怠而来的是情绪上的疲惫、人格解体（一种麻木、空虚的感觉）以及对于照顾他人的满足感的丧失。职业倦怠是教师、社会工作者和保健专业人员离职的主要原因。但是家庭护理人员可没有"辞职"这一选择，他们不得不在这种环境中长期忍受下去，从而导致他们不得不承受更加严重的压力、焦虑和抑郁。

心理学家查尔斯·菲格利最初把这种照顾者疲惫称为"同情疲劳"，但有些人则认为它实际上更应该被称为"共情疲劳"。当我们经历"共情"的时候，我们会感受到他人的痛苦。当我们经历"同情"的时候，我们虽然也会感受到他人的痛苦，但我们也会用爱来承受那种痛苦。这一点点区别使一切都变得不同。同情会产生一种热情和联结的感觉，可以使那种经历他人痛苦给我们带来的负面影响得到缓冲。同情是一种积极的、有益的、内在充满活力的情绪。我们体验到的同情越多，对我们的思想和身体就越好。研究表明，同情心可以减少抑郁和焦虑，增加希望和快乐等积极心态，并增强我们的免疫功能。

来自柏林马克斯·普朗克研究所的神经学家塔尼亚·辛格和来自日内瓦大学的奥尔加·克里米茨基，针对共情和同情的区别进行了广泛的研究。在一项实验中，他们对两组人进行了为期几天的训练，让参与者分别体验共情或同情，然后观看描述痛苦的新闻片段——例如，人们受伤或遭受自然灾害。随后，在两组受训人员中，这些视频激活了截然不同的大脑网络。研究发现，痛苦视频激活了共情训练者大脑中的杏仁核部分，并与悲伤、压力和恐惧等负面情绪的产生密切相关；而同情心训练者被激活的则是大脑中的奖励系统，并随之产生诸如联结、善良等积极、正面的情绪。

同情和关怀可以防止我们被照顾他人时所经历的那种共情痛苦吞噬。

我们不仅要同情和关怀我们的照顾对象，更重要的是也要同情和关怀我们自己的内心。

当我们对于作为照顾者的不适感拥有了自我关怀能力的时候，我们就会具有更强的复原力。

防止倦怠

防止倦怠的一个常用方法就是利用强悍的自我关怀去划定界限。

一方面，划定界限意味着我们要对自己给予他人的时间和精力予以限制。而做到这一点就需要保护性的自我关怀——勇气、力量和洞察力。无论是对那个向你要私人电话号码，或者在周末给你打电话的客户说"不"，还是对要求你这周第三次开车送她去商店的年长的塞尔达阿姨说"不"，划定界限对于保持我们的理智和"战斗力"至关重要。

另一方面，划定界限也包括保持情感上的距离，这样我们就不会沉溺于别人的痛苦中。有时候,我们不能让自己因为共情而陷得太深,因为这会削弱我们的工作能力。当急诊科医生或护士在照顾那些生命危急的患者的时候,保持情感上的距离才能让他们继续工作而不至于不知所措。当刑事辩护律师回到家的时候,她可能不得不把客户的麻烦留在办公室,这样才不会让它们打扰她的私人生活。我们只要清楚自己在做什么,暂时性地远离他人的痛苦是有必要的,因为这样可以帮助我们更加有效地完成我们的工作。事实上,只有人们那种无意识的情感疏离才会带来真正的问题。如果我们不能意识到我们正在通过关闭自己的"共情阀门"来保护自己,我们就永远没有机会来处理我们所经历的共情痛苦。如果我下班回到家,直接就拿起酒瓶或打开电视来缓解我上班时所遭受的压力和负面情绪,这些压力和负面情绪可能就会被一直锁在我的内心深处。久而久之,它们就会导致高血压、抑郁或药物滥用的发生。但当我们为了自己当下的幸福而有意识地暂时关闭自己的"共情阀门",一旦我们有了更多的资源,我们就可以去战胜那些负面情绪。

关闭"共情阀门",也是我经常使用的策略。当有人在我的课上或研讨会上分享了一个令人心碎的故事时,我可能没有能力当场全盘接受它。为了让自己不受情绪影响,我可能会暂时将我的共情痛苦分隔开来,这样我就可以继续上课。然而,在那天的晚些时候,我会全面检查一下自己,看看自己这一天过得怎么样。如果我发现自己仍然背负着那一天中的某些痛苦,我就会去做些自我关怀练习,比如"温柔的自我关怀"训练或者"面对负面情绪"练习,以确保我能够意识到这种不适并有意识地去处理它。

预防照顾者倦怠最常用的方法是自我照护。这也是一种强悍的自我关怀，旨在通过散步、瑜伽和健康饮食等活动来满足自己。研究表明，定期进行自我照护可以在减少倦怠和增加帮助他人的积极感觉方面产生巨大的影响。自我照护对我们来说非常重要，因为它能让我们有充足的精力去满足他人的需求。研究表明，那些自我关怀型的照顾者会更多地去参与诸如写日记、锻炼或与朋友联系等自我照护活动。

虽然这些预防倦怠的方法都很有用，但它们也都存在着各自的局限性。有时候，在照顾别人的时候，我们很难和被照顾者划定明确的界限。如果你照顾的人是你的孩子、配偶或父母，对他们说"不"并不是一种合适的做法。同时，像关闭"共情阀门"这样的策略，即使是暂时的，也有其局限性。共情能让我们更加理解我们要去照顾的人，对于提供有效的护理是必不可少的。如果一个医生或治疗师为了保护自己，在她的病人面前过于封闭自己，也就限制了她了解如何靠专业知识减轻病人痛苦的能力。

作为一种对抗倦怠的方法，自我照护还存在着一个严重的局限性。我们常常把自我照护比喻成当我们在每次飞机起飞前听到的那种指示——"紧急状况下，请您在帮助别人之前，先将自己的氧气面罩戴上"。然而，真正在飞机坠毁的一刹那，这是不会发生的。它们只可能发生在飞机坠毁之前或飞机坠毁之后。换句话说，它们只可能发生在照护环境之外。如果你是一名护士，正在护理着一位已经上了呼吸机的重症患者，你不可能对他说："喔！伙计，这可吓死我了！我得去打一会儿太极拳！"在空闲时间进行自我照护非常重要，但这依然不够。因为当你面对一个正在遭受痛苦的人，而你的镜像神经元正因他的痛苦而嗡嗡作响时，自我照护此刻对你没有什么帮助。

那么，面对他人的苦难，我们该如何照顾自己呢？我们可以引入温柔的自我关怀。

当从事照顾他人的艰难工作时，我们要学会利用爱、联结与存在感来直面我们的共情痛苦。

首先，我们要承认自己的痛苦："这太难了。我感到困惑和不知所措。"同时，我们也要认识到，帮助他人是人类共同经历中具有挑战性但值得付出的一部分："我并不孤单。"其次，就像很自然地对待朋友一样，我们可以用内心的温暖对话来支持自己："很抱歉，你现在处境艰难。我就在你身边。"在照顾他人的过程中，我们用自我关怀来帮助自己承受共情痛苦，会给我们带来极大的平静、稳定和复原力。

有些人可能会认为，如果我们照顾的是那些比我们遭受更多痛苦的人，那么给予自己关怀是不是不太合适。我们可能会想："我有什么资格抱怨自己连续工作了12个小时？这个可怜的家伙可能都熬不过今晚了！"虽然自我关怀可能会让人觉得有点儿自私，但它绝对不是自私。我们并不会因为关怀自己而把他人排除在外，只不过是要把自己也纳入关怀的圈子里，对自己和我们所关心的人都给予关怀。我们的关怀并不是定量供给的，就像如果我给了自己三个单位的关怀，就只剩下两个单位可以给别人了。当我们敞开心扉关怀自己，就像挖掘出了一个源源不断的关怀之源，注入的关怀越多，自然向外流出的关怀也就越多。

此外，我们还需要记住，我们照顾的人也会与我们的心理状态产生共鸣。共情是双向的，如果我们感到沮丧和疲惫，别人也会对这些负面情绪产生共鸣；但如果我们充满了自我关怀，这种积极的情绪也会影响别人。就像我们会体验到继发性创伤应激障碍一样，我们也可以体验到继发性的爱、联结与存在感。

实际上，在关怀他人的同时给予自己关怀，就是我们带给这个世界的一份礼物。

照顾罗文

从罗文身上，我学到了很多双向共情的知识。

孤独症儿童可能会对周围人的情绪非常敏感，这是他们总是倾向于退缩的原因之一。当罗文还是个蹒跚学步的孩子的时候，我就开始注意到我的精神状态对他的影响很大。如果罗文在发脾气，而我也感到心烦意乱——我感觉他的尖叫声已经刺穿了我的大脑——那他爆发出的音量和强度就会不断增加。但如果我记得要让自己平静下来，并且去关怀自己因为罗文发脾气所带来的痛苦时，他爆发出的音量和强度就会随之减弱。有时候，罗文就像一面清晰的镜子，可以让我瞬间就能看到自己的精神状态。

有一次在飞机上，我就目睹了这样一个完整过程。

那时候，罗文大概4岁，正处在孤独症发作的高峰期。他还没有受过上厕所的训练，不会说话，而且对环境也非常敏感。一次，我不得不带他坐飞机跨过大西洋，从奥斯汀到伦敦看望他的祖父母。不用说，我很害怕在漫长的旅途中将会发生什么。那是一班在晚上起飞的直达航班，因此我希望罗文在旅途中可以尽量睡着。我们顺利地吃完了晚餐，我想也许一切都会好起来。然后，机组人员调暗了客舱灯光，以帮助每个人入睡。结果因为灯光的变化，罗文勃然大怒：他变得怒不可遏，开始尖叫，不停地乱发脾气。我吓坏了。那声音实在是太吵了,颇具毁灭性,飞机上的所有人都直勾勾地盯着我们,我实在很抱歉打扰了他们。我开始想象,人们一定在想:"那个孩子怎么了?他已经超过了该死的两岁了!"更糟糕的是,我还在想象每个人会怎么看我:"那个女人怎么了?为什么她不能让她的孩子安静下来?"

我惊慌失措,但跳出机舱也不是一种选择。于是我有了一个好主意——我抱起罗文,希望穿过过道去厕所,让他在那里发脾气,并希望这样也可以掩盖住他的尖叫声。当我们经过过道的时候,他一边哭一边挥舞着手臂四处打人。这时,我只好打出了我的"A牌"——这是孤独症患儿家长间的一种暗语,用以告诉人们:他们的孩子患有孤独症,并希望得到人们更多的理解。"实在抱歉,孤独症孩子经过,对不起!"我们终于来到了机舱后面的厕所,谢天谢地!当然了,只能如此。

那一刻,生活教给我的不是怎么巧妙地摆脱困境,而是如何渡过难关。

我绝望地倒在地板上,这时候,除了自我关怀,我已经别无选择了。当我确定罗文是安全的,他也不会伤害他自己,就开始将 95% 的注意力放在了我自己身上。通常情况下,当我在公众场合进行自我关怀的时候,我都是偷偷摸摸的——也许是一边不经意地握着自己的手,一边默默地对自己说些什么。但这次我决定孤注一掷,我已经不在乎别人怎么想了,反正一切也不会比现在更糟了。我把两只手放在心脏的位置,身体前后摇晃着,并低声对自己说:"一切都会好起来的,亲爱的。你会挺过去的。你已经做到最好了。"一刹那,我立刻就感到自己平静了许多。我真的被自己的处境打动了,我的心也随之打开了。此后不久,罗文也开始平静下来。当他的哭声渐渐平息时,我终于可以抱着他,轻轻摇晃着,对他说:"没事的,亲爱的。没关系的。"当我们回到座位上后,罗文安安静静地睡了一晚上。

我与罗文的关系反映出了这种对他和我自己的关怀之间的持续相互作用,以及在我们之间情绪来回传递的本质。在我写下这些的时候,罗文已经19岁了,已经成为一个真正优秀、善良、体贴、迷人、负责任、可爱的人。他对食物充满了热情,也很有幽默感,还经常会把这两者结合在一起。有一次,当我被他所喜欢的说唱音乐中的某些歌词吓得倒抽一口凉气的时候,他笑着说:"别担心,妈妈,我不会把他们说的当真。它只不过就像热狗上的洋葱一样为音乐添加了香料。" 前几天,他又想出了两个巧言妙语:用脚能吃什么?炸玉米粉圆饼(tostada)。在北极最受欢迎的食物是什么?墨西哥卷饼(burritos)。尽管他目前仍然在与焦虑症作斗争,但他再也不会乱发脾气了。

最近,罗文拿到了他的驾照。几乎所有教过孩子开车的父母都会意识到,我们的内心状态会影响孩子。当罗文在高速公路上并道或准备在繁忙的马路上左转的时候,如果我表现出哪怕是最轻微的恐惧,他都能感觉到,而这也会让他压力更大。而我处理自己恐惧的方式(有时甚至是那种彻头彻尾的恐惧)使一切都变得不同了。我通常会不经意地抱着双臂,用一个看不出来的自我拥抱来安慰自己,以缓解这种情况给我带来的压力。同时,我也会提醒自己,并不是只有我经历过这样的恐惧,所有的父母都经历过,而且他们都"幸存"下来了。这样做会让我感到更安全,也更加平静,与此同时,这种情绪也会传递给罗文。

感谢我的儿子,是他让我能够亲身体验到:自我关怀真的能让我们更好地去照顾他人。

保持平和

为了在不失去自我的情况下照顾他人，我们还需要保持一种平和的心态，一种即使处在动荡的环境中也能保持的心理平衡状态。

平和不是冷漠的超脱或拒绝关怀，而是一种对于人类"控制错觉"①的深刻洞察。虽然我们想让痛苦消失，但我们无法改变现实。尽管如此，我们还是可以有意识地尽力提供帮助，并希望未来会变得更好。

平和也是"十二步骤"康复计划②中静心祷告的核心："神啊，请赐给我们平静来接受我们不能改变的事情，赐给我们勇气去改变我们可以改变的事情，并赐给我们智慧分辨出两者的区别。"

平和的心态是阴、阳合一为我们带来的礼物之一。它是觉醒与行动、接纳与改变的共舞，并在其中注入了一颗慈悲的关怀之心。作为照顾者，我们可以利用关怀的力量去舒缓情绪和安慰自己，保护自己免受伤害，满足我们和他人的需求，并激励自己时刻保持行动。但与此同时，我们也必须接受这样一个现实——那就是，我们最终无法控制所有发生的事情。

有时候，我们会陷入一个"相信我们应该可以让别人的痛苦消

---

① 人类通常会系统地高估自己对事件的控制程度，而低估机遇或不可控因素在事件发展过程及其结果上所扮演的角色，此现象被称为"控制错觉"。

② "十二步骤"康复计划：在西方国家非常流行且有效的心灵治疗支援团体疗法，旨在帮助人们戒瘾，包括酒瘾、烟瘾、赌瘾、暴食瘾、厌食瘾、储物瘾等。

失"的陷阱。一旦自尊开始卷进来，我们就会认为：如果我们是好的照顾者，我们的付出就应该得到更好的回报；如果没有得到回报，一定就是我们自己出了问题。在这种情况下，医生们的处境尤为艰难。人们总是会在这种"控制错觉"中沉瀣一气——认为医生就应该拥有上帝所赋予的决定生死的权力。但事实是，医生和所有护理人员一样，他们也是人。

我们可以尽我们最大的努力去帮助那些我们所照顾的人，但最终结果谁也无法控制。

当关怀的力量可以在平和的空间中得以舒展，我们就可以放下对于结果的执着，专注于尽我们最大的努力在当下帮助自己和他人。

练习21　平静关怀

我们一般会在MSC项目中教授这个练习，同时这个练习也是针对照顾人员进行适应性训练的一个亮点。作为一个非正式练习，它旨在帮助照顾者利用自我关怀在照顾情境中对于所感受到的共情痛苦做出反应。在将它真正应用于实际照顾情境中之前，自己做一两次练习来学习如何使用它将会很有帮助。

▶▶ 练习指导

· 请找一个舒服的姿势，做几次深呼吸，让身体融入当下。你可以把手放在你的心脏位置或者任何让你感觉安慰和支持的地方，提醒你将温暖注入你的意识。

- 回想某个你正在照顾的人,那个让你筋疲力尽、让你沮丧或让你担心——正在受苦的人。在你的脑海中清晰地去回想这个人和你看护她/他的情况,充分感受你自己身体中产生的那种紧张感。

- 现在默默地对自己说这些话,让它们轻轻地在你的脑海中盘旋:每个人都行走在自己的人生旅途上;我不是造成这个人痛苦的原因,即使我再希望,我也没有能力让这个人的痛苦完全消失;像这样的时刻可能会很难忍受,但如果可以的话,我还是会尽力帮忙。

- 意识到你的身体所承受的压力,通过充分而深入地吸气,把那种关怀的力量引到你的体内,让你身体中的每一个细胞都充满那种处在当下的爱与联结。如果你愿意,你也可以想象你的身体中充满了白色或金色的光。你通过深吸一口气,可以给予自己所需要的关怀,让自己得到抚慰。

- 当你呼气的时候,你想象着自己正在向你所照顾的人释放这种关怀的能量。你也可以想象当你呼气的时候,他们的身体也充满了那种白色或金色的光。

- 你继续有意识地将关怀的能量吸入、呼出,直到你的身体逐渐找到一个自然的呼吸节奏——让你的身体开始自然呼吸:"我一个,你一个。吸气为我,呼气为你。"

- 如果你发现你需要更多地关注你自己和你的痛苦,那就把更多的注意力放在吸气上。同样地,如果你被你所照顾的人的痛苦吸引了,你就可以更多地关注呼气。你可以根据需要来调整关注的比例,但是要始终确保总会顾及你自己和你照顾的人。

- 注意当你呼吸的时候,你的身体是如何被抚慰和爱抚的。

- 你可以想象自己正轻松地漂浮在关怀的海洋上——一片可

以包容所有痛苦的宽广海洋。它宽广到对你和其他人来说都绰绰有余。

· 你只要愿意，就可以一直将这种关怀的呼吸持续进行下去。

· 当你准备好后，你再一次默默地重复这句话：每个人都行走在自己的人生旅途上；我不是造成这个人痛苦的原因，即使我再希望，我也没有能力让这个人的痛苦完全消失；像这样的时刻可能会很难忍受，但如果可以的话，我还是会尽力帮忙。

· 现在，请停止练习，让自己完全成为此时此刻的你。

自我关怀与照顾者适应力

有广泛的研究表明，那些天生（或经过训练的）更有自我关怀能力的照顾者，尽管面临着同样的压力，但他们的适应力通常会更强，心理健康状况也会更好。

一项研究调查了自我关怀如何帮助人们在照顾被诊断出患有肺癌的伴侣时更好地应对。研究人员发现，具有自我关怀能力的照顾者对于伴侣的诊断结果不会那么痛苦，也可以更加公开地去谈论它——与此同时，他们的伴侣也不会感到那么痛苦。在专业照顾者中，如治疗师、护士、儿科住院医师、助产士和神职人员，那些具有自我关怀能力的人会告知研究者，他们的疲劳和倦怠感比较少。即使在工作压力水平相当的情况下，他们在晚上也会睡得更好。自我关怀水平较高的照顾者在工作中会更加专注，也会更有成就感。他们告知研究者，他们会获得更大的"关怀满足感"，即那些与从事具有成就感的工作相关的良好感觉，如快乐、兴奋和对于能够改变世界的感激之情。同时，他们对于自己能够为他人提供冷静、富有同情心的照顾能力也更加充满信心。

专门针对医生、护士和其他专业健康护理人员，我协助开发了一个被称为"医疗保健社区自我关怀"（SCHC[①]）的短期培训项目，并与奥斯汀戴尔儿童医疗中心的康复中心合作开发了一个课程。该课程改编自"静观觉察自我关怀"项目，将原来8节2.5小时的课程浓缩成6节1小时的课程，这种课程安排对于那些忙碌的医疗专业人员来说更加切实可行。

参与者们被要求使用课程中所教的内容，包括"自我关怀"训练和"平静关怀"练习，在工作中去练习自我关怀。他们没有被要求去做冥想或任何的"家庭作业"，因为我们担心那些作业会给他们已经过载的生活增加过多的负担。现在看来，这种最小的剂量似乎也非常有效。我们的研究表明，SCHC培训显著提高了医护人员的自我关怀、静观觉察、对他人的关怀、关怀满意度和个人成就感水平，同时也减少了压力、抑郁、激发性创伤压力、倦怠和情绪衰竭的发生。

我们对那些完成了项目的参与者进行了采访，得到了他们热烈的反馈。一位社会工作者说，自我关怀帮助她与她的病人保持了更好的联系："我在倾听我的病人，我的每一部分都在这里……我在听。"一位语言治疗师说："我认为（自我关怀）帮助我建立了更健康的界限。"一位护士评论道："我认为这（自我关怀）很有必要——每个人都应该这样做。这真的，真的，真的很有帮助。但同时我也感到很惊讶，我工作过的其他医院都没有开展过这样的项目

[①] SCHC: Self-Compassion for Healthcare Communities，医疗保健社区自我关怀。

（自我关怀训练）。"希望这种状况不会持续太久，我相信医疗保健领域未来一定会出现一股新的自我关怀浪潮。

与我们合作开发该项目的医院目前还在继续定期举办SCHC培训。同时，医院的工作人员还要求我们向患有癌症或脑瘫等慢性疾病的儿童患者的父母传授该项目。对于这些父母来说，照顾患儿给他们带来了很多痛苦，面对这种痛苦，赋予他们自我关怀的能力将有可能改变他们的生活。自我关怀可以给予他们一种力量，让他们能够更加开放地面对自己的孩子，而不会再感到自己的生命正在被一点点耗尽。

让我们想象这样一个世界，在那里，自我关怀就像给孩子量体温、进行诊断面谈或帮助有行为问题的孩子一样，被看作人们学习成为专业照顾者的必要条件。我相信，在这样的世界中，照顾他人的重担一定会变得更加容易承受。

还有一群关怀他人的人也特别需要自我关怀，他们就是那些为种族正义或全球变暖等问题而不懈斗争的社会活动家。长期面对那些试图改变根深蒂固的权力结构的艰巨任务，社会活动家们通常会特别容易感到精疲力竭。

如果没有直接影响我们自己，大多数人都会选择回避不公正所造成的破坏性后果。但是社会活动家们会去寻找它，并选择面对它。敞开心扉去面对这个世界的痛苦会导致巨大的共情痛苦，然而现实中的低工资、高压力和长时间的工作又会让这种痛苦变得更糟。与此同时，他们还必须去应对来自那些无情地反对他们努力的当权者的仇恨反弹。所有这些都为倦怠创造了"完美"的条件，导致许多人最终会完全放弃他们的行动主义。

不幸的是，行动主义还有可能会伴随着这样一种信念，即关怀只能是单向的。渥太华大学的凯瑟琳·罗杰斯对某企业的50名工作人员进行了深度采访，发现无私和自我牺牲的文化渗透在该组织中，而这则直接加剧了员工的职业倦怠感。正如一位员工所评论的那样："我们总会有一种内在的内疚感，觉得自己对于那些'值得''需要'或'必须'受到关注的侵权受害者做得还不够。我们没有办法给他们带来他们所需要的每一点关注、每一点能量……因此在某些方面，这有点儿像是对受害者的背叛。"这种观点实际上并没有认识到，自我关怀才是我们帮助他人的能量来源。

自我关怀对于培养应对类似根深蒂固的贫困、性交易或配偶虐待这样痛苦的社会问题所必需的力量和韧性至关重要。作为女性，如果我们要针对一些根深蒂固的问题去伸张正义，我们就需要确保我们的关怀既向内又向外。好消息是，女性的性别角色使我们能够成为强大、有能力的照顾者。我们已经拥有了减轻痛苦的技能和资源，现在，我们只需要允许自己在照顾他人的同时照顾自己就可以了。

依靠凶猛的"熊妈妈"，可以让我们为正义而战，而温柔的妈妈则会在旅途中给予我们滋养。

第十一章

为爱而生

没有正义就没有爱。

——贝尔·胡克斯,作家,社会活动家

受性别影响最大的莫过于我们的亲密关系。为了和伴侣在一起,我们常常会"出卖自己的灵魂"。从出生开始我们就被灌输,没有伴侣的人就是不完整的人,于是我们慢慢开始相信,唯有亲密关系才能使我们幸福。而且,在这一点上,女人们也总是站在同一条战线上。如果你还没有结婚,当你接到老朋友的问候电话,基本上她的第一个问题都会是:你谈恋爱了吗?或者,你们的关系怎么样?好像这就是我们生活中最重要的方面。

类似于大家常说的"我的另一半"这样的说法,也进一步强调了亲密关系的完整需要两个人的合作。之所以会这样强调,一部分原因是阴、阳属性通常会因性别而分开,被社会化为阴性的女性总觉得自己要找到一个被社会化为阳性的男性在一起,才能让彼此的能量得以平衡。

传统上,女性被教导要将她的温柔品质"向外"而不是"向内"释放,只有通过男人的爱和接纳,她才能亲身体验到这种温柔。她会从一个爱她(浪漫地),与她(情感上和心理上)相联结,并且在她身边(处在一段忠诚的关系中)的男人身上来获得那种爱、联结和存在的感觉。

与此同时，她还会被教导，那种保护、供给和激励的强悍品质会来自外部而不是内部。她需要一个男人在身体上保护她，在物质上供养她，并通过赋予她生命的意义来激励她。尽管今天这些传统规范已经不再像从前那样强大了，但它们仍然深刻地影响着我们的婚姻关系。

当这种阴阳合一仅仅发生在一对伴侣之间而不是一个人的身上时，它可能并不健康。与独立且满足的女人相比，处在这种关系中的女人可能会更加依赖他人；她们总是在追逐男人们的关注，以获得自己存在的价值感。她们也有可能会变得被动、顺从或不愿独处，并无法获得自己内在的力量。科莱特·道林将这种情况称为"灰姑娘综合征①"。"灰姑娘"这个词源自格林童话，故事中的女主人公在被白马王子拯救之前都是楚楚可怜和微不足道的。性别社会化告诉我们，唯有找到一位王子，才能让我们感到被爱和被保护——这也扼杀着我们想要学会爱自己和保护自己的理想。

幸运的是，自我关怀为我们提供了一种打破这种幻觉的方法，让我们能够直接去满足自己的需求。它能够帮助我们找到阴、阳合一的内在平衡，而不是外在平衡。无论我们是否处在恋爱或婚姻关系中，自我关怀都能够帮助我们提高感情生活的质量。我们在真正重视自己的时候，就不会再靠依赖他人来获得我们的被爱感、幸福感、存在感或安全感。

---

① 灰姑娘综合征：最早由美国精神治疗师科莱特·道林提出，指代女性"畏惧自我独立，而在潜意识中强制性地认为需要一个男性来照顾"的精神状态。她们往往会出现很多深层次的精神问题，成为抑郁症的高发群体。

因此，无论我们处在独身、恋爱关系中，还是与一个忠诚的伴侣在一起，自我关怀都会给予我们一种难以置信的自由去享受生活，以真实的方式表达自己，并找到生命的意义和满足。

亲密关系中的自我关怀

当我们处在一段稳定的亲密关系中，作为一种宝贵资源，自我关怀可以增强我们的伴侣关系。在遇到困难或感到不安全的时候，自我关怀和支持自己，会让你更容易展示自我和对他人负责。如果我们并不需要伴侣来满足我们的所有需求，而只是希望他们能够在我们需要的时候，以我们需要的方式来陪伴我们，例如先抱一抱我们，然后让我们独处一会儿，这样我们就不会给伴侣增加太大的压力，彼此之间也就更容易和谐相处。

德国哲学家亚瑟·叔本华[①]曾经用"豪猪困境"来比喻人际关系："一个寒冷的冬日，许多豪猪紧紧地挤在一起，以便通过相互取暖来防止自己被冻僵。但它们很快就感受到了它们的刺在互相刺伤，于是不得不分开。过不了多久，当它们再次为了取暖而凑在一起的时候，同样的事情又发生了……周而复始，豪猪们就这样被困在了两种困境之间，直到它们最后找到一种既能彼此忍受又能相互取暖的最佳距离。"就像豪猪一样，我们也会不可避免地伤害我们的伴侣，使我们的亲密关系受阻。我们越是能够通过自我关怀产生

---

① 亚瑟·叔本华：德国著名哲学家，是哲学史上第一个公开反对理性主义哲学的人，开了非理性主义哲学的先河；也是唯意志论的创始人和主要代表之一，认为生命意志是主宰世界运作的力量。——译者注

更多的内心温暖,就越容易在与伴侣的相处过程中找到和谐,也就越能在独立空间和亲密关系之间找到正确的平衡。与"以自我为中心"远远不同,这种内在的资源为增强我们的伴侣关系提供了一种稳定性和灵活性。

研究表明,自我关怀程度较高的人通常也会拥有一种更健康的亲密关系。他们不大会与伴侣争吵,彼此之间有更多充实的互动,也更愿意花较多的时间在一起。对于性生活,他们也感觉更满意。他们由于对自己在婚姻中的身份感觉更好,因此也会更快乐。在冲突发生的时候,他们更容易做出公平的妥协,也会更加坦诚地向伴侣提出他们的需求或想法。

在我们对关系冲突进行的一项研究中,一位自我关怀专业的本科生在谈到她是如何解决与男友的冲突时说:"我总是忙于自己的学校、啦啦队、运动、音乐和工作。在这些事情上,我投入了大量时间和精力,因为它们对我来说真的很重要。我知道我的男朋友想有更多的时间陪我,但在一天当中我们好像总是没有足够的时间相处。"最后,她选择多花点儿时间和男朋友在一起,但也没有放弃任何对她真正重要的东西。"用这种方式处理问题,是因为我们彼此相互尊重。"她说,"我们都有自己的想法和需求。但是我们的关系对我们来说,比我们在某个时间点上遇到的任何问题都重要得多。"能够实现这种平衡,在缺乏自我关怀的大学本科生中比较少见。他们更多的是将自己的需求置于伴侣的需求之下。正像一个年轻女孩所说:"我总是想取悦他,让他高兴。我害怕如果我让他生气了,他就不想和我在一起了。他这个人很有说服力,通常会说服我从他的角度看问题。"强悍的自我关怀让我们在出现分歧的时候能够保持自己的立场,而温柔的自我关怀则能够让我们的亲密关系变得更开放、更亲密，也更加有爱。

这一点在另一项关于亲密关系中自我关怀的研究里体现得更明显。我们调查了100多对生活在奥斯汀地区、保持着长期稳定伴侣关系的成年夫妇。我们评估了他们每个人的自我关怀水平、自尊、在亲密关系中保持真实的能力，以及他们在表达自己观点时的舒适程度。我们还要求这些参与者说出他们伴侣的相关行为。他们的伴侣是温暖有爱的，还是冷漠疏远的？他们是愿意在亲密关系中给予对方空间和自由，还是更喜欢批评和控制对方？他们是否曾经在口头上表现出辱骂或攻击性的行为？最后，我们还会询问参与者们在这段亲密关系中的满意度和安全感。

那些自我关怀程度较高的人说，他/她们在亲密关系中会感觉自己更加真实，更能够在某些重要的事情上说出自己的想法，这也显示出了他/她们利用内心力量为自己挺身而出的能力。他/她们的这种自我关怀能力也会转化为一种更普遍的关怀。他/她们的伴侣通常会更愿意将他/她们形容为热情、更愿意提供支持（比如，"对我温柔善良"）、更善于接受对方（"尊重我的意见"），并且鼓励对方保持独立自主（"我想要多少自由她就会给我多少"）的人。同时，他/她们则不太可能会被看作冷漠疏远（例如，"表现得就好像我挡了他/她的道"）、控制欲极强（"总是希望我按照他/她的方式做任何事情"）或者具有侵略性（"大喊大叫，踩着脚走出房间"）的人。有趣的是，我们发现是一个人的自我关怀程度，而不是他们的自尊心水平，决定了他/她们是否会被伴侣以更加积极、正面的方式描述。换句话说，有的人即使自尊心很强，但他/她们的伴侣对他/她们的描述也相当负面。与此同时，那些自我关怀程度较高的人则"压倒性"地博得了伴侣们的好评。不出所料的是，他/她们的伴侣更有安全感和满足感。这项实验从另一个角度进一步验证，自我关怀并不会导致"以自我为中心"或自私的行为。给自己的爱越多，我们能够留给他人的爱也会越多。

我们的研究所面临的一个局限是研究对象在种族上不够多样化（我们所研究的那些夫妇主要是白人）。但是堪萨斯州立大学一项针对210对黑人异性恋夫妇的研究也同样发现，那些自我关怀程度较高的伴侣之间会拥有更温暖、更有益以及更幸福的亲密关系。他/她们和伴侣之间不大会出现类似于相互贬低或激烈冲突（例如指责、谩骂或提起过去的伤害）这样的消极行为。研究结果再次表明，善待自我有助于我们善待伴侣，从而建立更健康、更可持续的亲密关系。

每个人都有缺陷，但我们尽了自己的最大努力——自我关怀可以帮助我们接受这一事实。我们所有人都曾经在某一时刻对伴侣举止轻率或者做出过让自己后悔的行为。我们对于自己人性上的缺陷越能理解和宽容，我们也就越能理解和宽容伴侣身上的局限性，而这种无条件的双向接受会帮助我们建立更牢固的亲密关系。来自加州大学伯克利分校的张佳伟（音译）和陈若琳（音译）研究了自我关怀和自我接纳在亲密关系中所发挥的作用。研究人员分别招募了本科生和老年人，并要求他们分别描述自己的个人缺点（例如，我很邋遢）以及他们认为的伴侣身上的缺点（例如，他喜欢拖延）。他们发现，自我关怀程度高的人更容易接受自己和伴侣身上的缺点。同时，他们的伴侣也证实了这一点，并表示他们感觉自己受到对方的批评更少，也更能被对方接受。

但是，自我关怀并不仅仅是帮助我们接受彼此的缺点，它还可以促进亲密关系的健康发展。田纳西大学研究人员进行的一系列研究发现，在稳定的长期亲密关系中，懂得自我关怀的女性更善于解决与伴侣之间的问题。第一项研究发现，自我关怀程度较高的女性更多会说，她们会积极解决问题（例如，"我通常会和伴侣立即解决问题"）。在第二项研究中，研究人员要求女性想象自己做了一些后悔的事情，例如在伴侣需要帮助的时候没有支持他。随后，他们指导参与者对自己的错误进行关怀，结果发现这会让她们更有动力去纠正自己的错误。在第三项研究中，他们跟踪调查了女性在婚后头5年的亲密关系满意度。大多数人在婚后5年之内的满意度和幸福感都会下降，而自我关怀程度较高的女性在婚姻生活第五个年头的幸福感还和新婚时一样，这再次表明了自我关怀在创造和维持健康亲密关系方面的非凡力量。

• • •

练习22　用自我关怀面对亲密关系中的挑战

爱情有苦也有甜，当我们在亲密关系中遇到问题的时候，我们可以为自己引入强悍或温柔的自我关怀，这主要取决于我们当时需要的是什么。这个练习专为恋爱的人而设计，你可以把它当作一个书面练习，也可以通过这个练习来进行自我反思。

▶▶ **练习指导**

·回忆一下你和伴侣之间的某个艰难时刻。也许是针对某件事你们不能达成一致意见，或者在某些方面对方让你不满意，再或者你自己或对方做的某件事让你感到很糟糕。尽量具体一些，让当时的情境生动地浮现在你的大脑中。谁对谁说了什么？当时发生了什么？

· 现在看看，你是否能暂时放下那里面具体的"故事情节"，审视一下你现在的情绪。你现在有什么样的感觉？是悲伤、沮丧、孤独、害怕、羞愧，还是生气？还是各种情绪同时交织在一起？试着在你的身体中去定位这种感觉，关注这种情绪所带来的生理反应，并利用静观觉察来面对你所感受到的痛苦。获得这种感觉很难，看看你是否能够允许这种感觉存在，不需要立即去纠正它或让它消失。

· 接下来，利用共通人性告诉自己：每段亲密关系都会面临挑战，你并不孤单。试着给自己释放一些善意。比如，利用一些你觉得合适的抚触方式来安慰或支持自己——可以将一只手放在身体上情绪给你带来生理反应的地方，或者将双手放在心口处，再或者用一个有力的手势，把你的一个拳头放在心脏的位置，将另一个拳头轻轻地放在它上面。

· 最后，对自己说一些你此刻需要听到的善意的话：也许是一些接纳或安慰的温柔话语，也许是一些勇敢的豪言壮语，明确你自己的需求，或者鼓励自己做出改变。你如果找不到合适的词，就可以想象一下，你会对一个和你遭遇同样感情困境的亲密朋友说些什么？你会对朋友自然而然地说些什么？你能试着对自己说出同样的话吗？

很多人告诉我，在开始练习自我关怀之后，他们的亲密关系得到了改善。

米歇尔，一位参加自我关怀高级研讨班的研究生，就是其中之一。她告诉我，过去她很喜欢自我批评，对自己很苛刻。她承认自己是个"控制狂",必须把一切都做好,甚至包括她的恋情。作为一位马拉松运动员和健康狂人,她那容光焕发的皮肤和匀称的身材充分证明了这一点。她和消防员布兰登在一起已经两年了,并且彼此相爱。他们有很多的共同点,都喜欢音乐和徒步旅行,对生活有着相似的看法。

但他们之间也存在着一些问题。

米歇尔是个很守时的人,她要求布兰登如果迟到超过20分钟就要给她发短信。但他经常忘记发短信,尤其是当他和朋友们一起出去玩的时候。独自一个人坐在餐厅里等他,米歇尔总会因为布兰登的不体贴而生气。但每次当他出现的时候,米歇尔又总会假装毫不在意,好像这对她来说无关紧要,因为她不想让布兰登认为她是一个爱唠叨的女人。

另外,米歇尔也觉得布兰登没有她想要的那么浪漫。她希望他能更热情地表达出自己的爱意(作为《外乡人》和《波尔达克》这类历史浪漫故事的狂热粉丝,米歇尔非常希望自己也能体验到那种浪漫的激情)。但布兰登却是个颇为低调的人,他认为那种戏剧性的情感表达方式对他来说很不自然。在他的心目中,英雄应该是那些坚强且沉默的人,他们会通过承诺来表达自己的爱。虽然米歇尔很欣赏布兰登的稳重,但他缺乏激情的一面也的确让她很失望。

同时,米歇尔承认,她和布兰登之间最大的问题是,他总是喜欢在塔可钟和麦当劳这样的快餐店吃饭。每当看到他车后面的快餐包装,她就会发脾气,劈头盖脸地给他上一堂营养课。但事后,她又很快会觉得羞愧难当,狠狠地骂自己太傲慢了。

尽管两个人存在这些问题,布兰登还是很爱米歇尔,并邀请她搬去和他一起住，但米歇尔始终犹豫不决。她不知道到底是她们之间的感情有问题，还是只是她自己太过于挑剔和苛刻了。于是，米歇尔决定学习自我关怀——主要是为了她自己，当然她希望这也可以帮助布兰登。在读了几本书之后，她就来参加了我的研讨会。

米歇尔开始勤奋地练习自我关怀（就像她所做的其他所有事一样），一段时间后，她开始看到自己的变化。她不再那么焦虑，更有动力，控制欲也变少了。在布兰登那边，情况也有所改善。米歇尔意识到她对布兰登做出的许多反应都源于她自己的不安全感。比如，每当布兰登迟到的时候，她马上就会担心他不再爱她，不再在乎她了。这也是她希望他能够以一种让她觉得"自己是戏剧中女主角"的方式来表达感情的原因。她想要百分之百地确认自己值得被爱。甚至她对于自身健康的关注，虽然这在她的生活中通常代表了一种很积极的价值，但部分原因却是她害怕自己体重增加或生病。不知不觉地，她就把自己的这种恐惧投射到了布兰登身上。

当她学会利用自我关怀来面对自己的这些不安全感时，它们就不再那么折磨她了。现在，她可以接受这些自我怀疑存在的事实了。她已经接受了足够多的心理治疗，知道这种不安全感从何而来——她的父母在她很小的时候就离婚了，随之而来的就是一场痛苦的监护权之争。她知道这种心理上的恢复是很慢的，但她下决心试一试。于是当布兰登再次迟到，而她又感到他不在乎自己的时候，她会开始意识到自己的这种恐惧，并给予自己支持和善意。这种担忧很自然，她学会了利用自己的热情和关怀来宽慰自己。当她希望布兰登表现得更浪漫些的时候，她首先会承认失望带给自己的失落感。然后，为了满足自己对于浪漫感觉的需求，她会给自己买一大束花。而当她对布兰登的饮食习惯反应过度的时候，她不会再痛骂自己，而是试着去理解到底是什么导致她产生了这种反应。也许正是她对健康的强烈渴望触发了她的过度反应，这其实也算不上一件坏事。

米歇尔越能给自己提供温柔的自我关怀，越能接受自己本来的样子，她就越能以同样的态度对待布兰登。一旦米歇尔放下了压力，接受了世上本来就没有完美恋爱关系的事实，他们的争吵就开始减少了。

但米歇尔并没有就此止步。她的抱怨有些是合理的，而这些问题还需要利用强悍的自我关怀来解决。现在，她意识到她的确不应该因为布兰登爱吃快餐就去教训他，因为她没有权力告诉他该吃什么，他毕竟已经是个成年人了。但要求布兰登在迟到的时候发短信这件事没问题，她向他解释了这件事让她有多难过，尤其是当他们约在公共场合见面的时候。如果有必要，他也许可以在手机上设置个提醒，因为准时对她来说真的很重要。她知道布兰登迟到并不代表他不爱她了，但这也是一种不体谅人的表现，米歇尔需要布兰登学会尊重她的时间。

更难的是布兰登示爱的方式。他说他没办法改变自己，而她也不应该期望他表现得像那些爱情小说里的主人公一样。虽然米歇尔也认同这一点，但是她对亲昵表达的需求还是没有得到充分的满足。她给自己买花有点儿用，但是还不够。于是他们开始谈论米歇尔该怎么帮助布兰登更安全地敞开心扉，尽管这样做也许会让他变得有些"脆弱"。他们谈到了男性化的消防文化，以及这如何导致他在温柔地表达爱意时会感到不适。尽管这么做的确让他感到有些尴尬，但布兰登还是愿意去尝试一些不同的东西。而米歇尔也学会了如何让布兰登在表达自己感受的同时不会让他感到被别人指指点点。随着时间的推移，布兰登也感觉越来越舒服、自在了。

他们甚至开始坦率地讨论起亲密关系中权力平等的问题。布兰登承认，有时候他会让米歇尔在约会时等着，是因为他不愿意被他的朋友看成一个"怕老婆"的男人。他也意识到，对亲昵表达的抗拒其实也是他获得权力的一种方式，因此米歇尔才总会想要更多。所有这些对话都并不轻松，但是他们始终怀着对彼此的爱、尊重和关怀来共同面对，这也帮助他们聆听到了彼此的心声。当米歇尔在他们的问题中为自己所"扮演"的角色树立起自我关怀榜样的时候，布兰登也开始像她一样，对他自己的角色施以关怀，且更加容易承认自己的缺点。

现在，米歇尔和布兰登已经在一起同居两年了——迄今为止，一切安好。

爱与性别权利

在异性恋的亲密关系中，性别权利往往扮演着重要的角色。

这是因为，爱情和婚姻是在父权制的基础上被塑造出来的。

前工业化时代，婚姻主要被视为家庭之间基于双方家庭地位和财富基础的一种经济安排。一个女人通常不会主动选择她要嫁的男人，这个决定是由她的父母做出的。一直持续到19世纪的保护主义

（The doctrine of coverture）[①]——基本上认为男人可以拥有他的妻子，包括她的身体和她的服务，她的所有财产和收入，以及在当时非常罕见的离婚状况下孩子的监护权。鉴于这一点，女人基本上被看作一种"动产"，她需要一个男人来维持她的生存，而爱情则被视为一个糟糕的结婚理由。

随着启蒙时代的到来，将爱情作为个人追求自由和幸福的表达开始流行起来。尽管那时女性还未拥有投票权或财产权，但简·奥斯汀和夏洛蒂·勃朗特等作家已经开始通过小说将浪漫的爱情美化为女性生命意义和满足感的源泉。无论是在小说里还是小说外，女人们的理想似乎都是希望能够找到一个爱她、珍惜她、崇拜她、保护她的男人，因为幸福、充实的爱情而结合。

但现实中的丈夫们并不总是充满爱，甚至是不安全的。有时候，他们会在情感上表现冷漠，忽视甚至虐待他们的妻子。在1920年之前，殴打妻子都是合法的。而且，虽然浪漫的爱情看起来应该是双方相互尊重的，但妻子还是被认为应该服从丈夫的决定。她需要收敛起自己的智慧，以免威胁丈夫的权威。就像丽塔·鲁德纳打趣说的那样，"当我最终遇到自己的'对'先生（Mr. Right）的时候，我还不知道他姓'总是'（Always）"。尽管如此，嫁给一个能够让自己感到"特别、有价值和受保护"的男人已经成为当时整个社会女性的浪漫理想，即使现实中很少有婚姻能够实现这样的理想。当然，沉浸在一个浪漫的梦境中肯定会比醒来后看到自己的权

[①] 从历史上看，在19世纪晚期之前，保护主义始终是一种处理妇女婚后财产权利的法律原则。根据保护主义，已婚妇女无权拥有任何类型的财产，而单身女性拥有或继承的任何财产在婚后都归丈夫所有。

利被剥夺这一事实让人更容易接受一些。

那时女性在经济上必须依赖男性,除了婚姻,女性在社会上基本没有什么真正的地位,因此她们不得不竭尽全力地守护着这些梦想。由于女性的权利仅仅被限制在家庭范围内,她们不得不在家庭里寻求满足。她们常常不得不对于丈夫的不忠、粗鲁视而不见,还要忍受他们那些居高临下的说教。在不幸的婚姻中,除了装出一副勇敢的面孔,女人们别无他法,因为离婚在当时基本上是不可能的。这种以浪漫理想作为支撑的婚姻观,或多或少地延续到了20世纪50年代的奥兹和哈里特时代[1]。

自20世纪60年代至80年代,情况开始发生变化。离婚和同居现象开始变得普遍,与此同时,更多的妇女开始迈入大学校门和职场。第二波女权运动(第一波是妇女参政运动)向我们袭来。贝蒂·弗里丹的《女性的奥秘》等开拓性书籍成为畅销书,它们对于女性仅仅希望成为一名好妻子和家庭主妇的理想提出了质疑。格洛丽亚·斯泰纳姆[2]拒绝接受一个女人的地位是由其单身还是已婚状态所决定的观点,她与人合伙创办了《女士》杂志,并取得了巨大成功。在这一时期,浪漫爱情的概念也受到了质疑。激进的女权主义者认为,"爱情,在一种压抑的男女关系的背景之下,已经成为一种为夫妻支配-顺从关系辩护的情感黏合剂"。同时,化妆等吸

---

[1] 1952年开播的《奥兹和哈里特的历险记》被称为"用真实家庭构建的虚构家庭",剧中描绘的是一个好莱坞的真实家庭。孩子们长大结婚后,他们真实的妻子也被带到了剧中。这种真实性增加了家庭情景剧中道德规训的元素。那些理想家庭中的规则简单而明确:威严又和蔼的父亲是权力的中心,贤惠的母亲耐心地支持着他,孩子们经常制造麻烦,但也非常明事理。

[2] 格洛丽亚·斯泰纳姆:作家、演讲家、编辑。

引男性的习俗也开始被认为是女性与父权制相勾结的行为。在针对美国小姐选美比赛的抗议活动中，抗议者们将高跟鞋和胸罩扔进垃圾桶，虽然她们实际上并没有焚烧这些东西，却被记者们描述为"焚烧胸罩"。就像当年焚烧征兵卡的行为一样，"焚烧胸罩的女权主义者"成为这一代对女性直言不讳的标志。

在接下来的几十年里，我们见证了针对女权主义运动的社会文化反弹，终结女性在恋爱关系中被压迫的渴望被重新定义为"厌恶男性"。尽管在美国《1972年教育修正案》第九条和女性研究学术背景下成长起来的新一代女权主义者做出了最大的努力，但女权主义始终相对平静——直到在特朗普就职典礼后"我也是"运动和妇女游行的兴起再次引发了激进主义的海啸。"性骚扰"和"将女性排除在权利之外"的问题再次占据了新闻头条，而对于浪漫的爱情在我们生活中所扮演的角色的质疑却迟迟未被唤醒。我所认识的许多精力充沛、积极主动、自给自足的女性仍然相信，她们需要一个伴侣来让她们感受到被爱、满足和被重视。

女性善于奉献自己的真心，但问题是，如果我们相信爱和安全的源泉在于我们与伴侣的关系，而不是我们与自己的关系，那么我们就会自动放弃我们内心的力量。异性恋的女性总是习惯于根据一个男人是否爱自己、是否会对自己做出承诺来衡量自己的价值，以致我们有时会为了实现与伴侣的结合而放弃自我。即使一个女人已经赚了很多钱，既成功又独立，她还是常常会认为她需要一个男人才能让自己幸福。这就使得我们中的很多人总是会泥足深陷而不自知。

想想我们所听到的那些富有的女性名人，她们是不是经常会做出糟糕的恋爱选择；想想你自己的朋友，再想想你自己。虽然在刚开始的时候，谁都很难判断这段亲密关系是否健康，但一旦我们身陷其中，那种"我需要一个完整的伴侣"的坚定信念就总会在一定程度上影响我们的决策。有时候，因为太想让一段亲密关系获得成功，我们甚至会忽视某些危险的警告信号。

是否唯有亲密关系才能让我们幸福

虽然今天的女性已经不再是通过婚姻才能在社会中获得地位，但驱使我们走进婚姻殿堂的动力依然强劲。即使当我们刚刚摆脱了一段糟糕的婚姻，但是那种"除非成双成对，否则人生就不完整"的感觉又会催促着我们快速地与其他人交往。认为未婚女性是"一文不值的老姑娘"的看法仍然存在，即使变得更加微妙，但我们的文化还是在强化着这一观点。男性也会希望通过建立亲密关系而感受到被爱，但是他们实际上却并不"需要"，因为在潜意识深处，男性的价值和安全感并不像女性那样依赖于亲密关系。同时，他们也不会像女性一样因为单身而被怜悯。事实上，在我们的媒体上有很多快乐、受人尊敬的单身男性形象，但对于女性而言，情况就很不一样了。

温蒂·兰福德的《心灵的革命》虽然写于20年前，但至今依然能够引起人们的共鸣。关于亲密关系在女性生活中的地位，她采访了15位女性。其中，单身的汉娜非常渴望一段感情，她说："我感觉在我的生活中有一个缺口……你对某一个人来说真的很特别……我渴望有这样的人出现在我的生命里。在凌晨3点醒来，然后我就会想，哦，你知道，那种亲密的感觉……我真想知道我还能不能再找到一个可以亲近的人。这让我很担心。"

关于女性的另一个主题是,她们需要一个爱她们的男人才能让她们感到自己有价值。

露丝说:"我想,也许我心里是这么想的,你知道,如果我真的是一个受欢迎的人,有吸引力或其他什么,或者人很好,那么周围肯定就该有一个男人。"她们还会将浪漫的爱情视作让自己感觉完整的方式。黛安描述起她上一次陷入爱河时的感觉时说:"那种感觉太美妙了!就像是合二为一,你知道吗?就像是两半胡桃合在了一起。" 你看,在过去20年里,人们对于亲密关系的态度其实并没有发生一丝真正的改变。

如果女性想获得真正的自由,我们就不得不放弃那种唯有伴侣才能使我们完整的想法。

我们要学着从自己的身上获得完整。很多四五十岁的女性(包括我在内)都经历过离婚,并处于单身的状态。我们想要一段感情,却很难找到一个伴侣可以提供我们所需要的那些情商、灵性、自我意识、尊重和平等。最终,有些女性妥协了——她们到头来还是选择了和一个不能让她们幸福的人在一起,而另一些人则因为没有一个伴侣而为自己的独身生活感觉怅然若失,共同点在于她们都始终相信拥有一个合作伙伴才能让她们获得幸福。

不,不是这样的。

幸福的来源有很多,包括我们的友谊、家庭、事业和精神。

其中最重要的是那些无条件的、不取决于外部状况的来源,而最容易获得的来源就是——自我关怀。

与自己建立亲密关系

在亲密关系中，自我关怀可以让我们感到更幸福。即使不然，它也可以为我们带来幸福。

"女性并不需要伴侣来让我们获得满足"——这是自我关怀给予女性最有价值的礼物。在自我关怀之下，我们可以充分发展和获取我们自身的阴、阳能量。

对于女性来说，她们担心培养这种自给自足的能力会在某种程度上让自己变成一个讨厌男人的人，但事实并非如此。如果我们愿意，我们当然可以爱男人，与他们同乐，和他们生活在一起，同他们结婚，或与他们一起抚育孩子。

但关键是我们并不"需要"他们。

温柔的自我关怀可以让我们感到自己被爱和被重视，而利用强悍的自我关怀，我们也可以感到安全和被照顾。

利用爱、联结和存在感接纳自己，建立起与自己相处的能力是我们在亲密关系之外找到的幸福的核心。在内心深处，我们都深切地渴望自己很特别、受人喜爱、有价值、重要和被关心。我们可以直接来满足自己的这些需求，因为当我们的内心被完全打开的时候，我们就会看到自己的美丽。这种美丽并不依赖于身体上的完美无缺，而是作为一个拥有独特历史的独特个体的美，独一无二，与众不同。我们的价值并不取决于我们的成就，也不取决于一定要找到一个说我们可爱的伴侣。我们的价值来源于——作为一个有意识、有感觉、有呼吸的人，作为每时每刻都在展现生命的一部分，我们和其他所有的生命一样珍贵。当我们能够给予自己曾经渴望从别人那里得到的关注的时候，我们就会变得更加自立。

当我们能够完全接触到强悍的自我关怀的时候，我们就可以为自己提供那些以往被告知只能来自男性的关怀。当充满了勇气、力量和洞见的能量在我们的血管中流动，我们就可以在需要时随时召唤出我们内心的战士。拥有为自己挺身而出的能力意味着我们不再需要依赖男人来保护我们自己。如果有人侮辱我们或者突破我们的界限，那么我们完全可以直面那个人。在某些情况下，当我们需要借助体力上的帮助或是身处险境，即使是孤身一人，我们也可以向朋友、家人、邻居或警察寻求帮助。如果有能力，我们还可以聘请他人来帮助我们做以前可能需要依赖丈夫或男朋友做的事情。（例如，通过一些在线服务，你可以计时雇用一个人来帮助你搬运重物、修理房子内外的东西或修剪草坪等。）

我们也不需要男人来养活我们。首先，我们自己就可以满足自己的财务需求。尽管女性的薪水仍然普遍较低——这种情况会慢慢发生改变——但为了增加物质生活的舒适度而与一个我们不满意的男人建立关系是不值得的，这种算计通常对双方都不会有好处。其次，就我们的情感需求而言，比如支持和陪伴，很多都可以从亲密的朋友那里得到满足。越来越多的女性选择将自己的归属感根植于自己的朋友圈，而不是男性，因为她们发现这种联系往往更加深刻、充实，而且稳定。最重要的是，通过自我关怀，我们完全可以给予自己爱、关心和情感支持。

我们还可以把时间花在令我们自己满意和真实的事情上。事实上，在某些方面，如果没有伴侣的羁绊，我们反而能够更自由地学习和成长。女性通常会放弃自己的兴趣，把大部分精力投入亲密关系中，尤其是在恋爱初期。我的一个好朋友，多年来一直想写一本书。她很有才华，我也知道她的书将给这世界带来一份伟大的礼物。当她单身的时候,她的书写得很顺利,而她一旦开始一段恋情,就思考搁置这本书的写作。谁也说不清,我们到底有多少宝贵的时间和精力被消耗在了寻找伴侣、坠入爱河、担心自己是否应该留下、思考这段关系是否适合我们、解决问题的过程中。

当然,拥有一段稳定且牢固的亲密关系,同样可以为我们提供很多自由和支持来完成我们要去做的事情。但我们不想在寻找幸福结局的同时,把其他的一切都抛到窗外。当我们单身的时候,我们有时间和空间去追求我们的梦想。而一旦我们陷入这样一个陷阱——相信生活中唯一重要的目标就是有人陪伴,谁知道我们将会错过什么呢?不管处境如何,自我关怀都能够帮助我们充分发挥自己的潜能。

当我们能够从内部实现阴阳合一,将男性和女性的能量结合在一起,我们就能够从性别角色的许多限制中解脱出来。我们不会再把生命中最重要的一部分"外包"出去,从而实现真正的自我。当然,这并不意味着我们不再想要或需要他人。对浪漫爱情的渴望是我们天性中必不可少的一部分,当我们落单的时候,心中自然会涌起悲伤。不是像灰姑娘一样梦想遇见白马王子,希望有人来照顾我们,而是希望通过两个灵魂的结合来体验爱、亲密和联结,而那才是一种真正深刻的美好心灵体验。

自从1981年出版了颇具影响力的《我不是女人》,贝尔·胡克斯强调浪漫的爱情可以诱使女性接受"在爱和照顾男人"伪装下的从属社会地位。然而,她也承认渴望结合的重要性。在《交流:女性寻找爱》一书中,她写道:"强大、自爱的女性知道我们照顾自己情感需求的能力是必不可少的,但这并不能取代爱的亲密交往和伙伴关系。"

当我告诉女人们，她们可以通过告诉自己那些想从别人那里听到的话，如"我爱你，你很漂亮，我尊重你，我不会抛弃你"，以满足自己对于浪漫的需求时，她们的第一反应是，这和让伴侣说给她们听是不一样的。

是的，那的确不一样。而且，我们也不想假装它们是一样的。

相反，我们可以完全敞开心扉，接受浪漫爱情梦想无法实现的痛苦，像对待一个害怕孤独的孩子那样温柔地拥抱它。我们也可以尊重自己的这个梦想，让希望的火焰继续燃烧，因为有一天它依旧可能会实现。

问题在于，我们总认为浪漫的爱情才是我们幸福的首要来源。我们坚信，唯有这份爱才是最重要的。当伴侣告诉我们，我们是如此珍贵和可爱，哪怕和我们对自己说过的一模一样，我们仍然会认为唯有伴侣的观点才是有效的。当我们这样做的时候，我们实际上就已经放弃了自己的权利，也低估了自己爱的能力。

同时，我们还要随时为心碎做好准备。因为即使找到了"真爱"，我们也无法保证这段关系能够持久。也许我们足够幸运，能够拥有一段甜蜜的关系，但是生活总会给我们设置各种障碍，事情会变，人会离开。想想在你认识的女性中，那些亲密关系能够持续一生的人有多少？她们的确存在，但那并不是常态。大约只有一半的婚姻能够维持20年以上，而且即使许多长久的婚姻，也不能令人满意。我们真的想把我们的幸福建立在如此脆弱、无法控制的东西上吗？

给予自己爱并不能取代浪漫爱情，但实际上，给予自己爱更重要，因为它并不需要依赖我们所处的环境。只有我们自己才是那个可以100%保证相伴一生的人。同时，来自自我关怀的爱也并不仅仅来自我们渺小的自我，而是来自与我们紧紧连接在一起的那个更大的世界。当我们真正活在当下、关心自己的时候，无论快乐还是悲伤，那种与他人分离的感觉都会消失。

我们认识到，我们的意识是一扇通往我们那独特的、不断变化的、不断展开的人生经历的窗口，但透过这扇窗照射进来的意识之光，与透过其他窗户射进来的光，是分不开的。作为人类，我们的经历各不相同，有些人遭受的痛苦要比其他人多得多，但这束光在本质上是一样的。

两个相爱的人的结合如此惊人，是因为我们经历了彼此意识的融合。但是我们没有另一个人的陪伴也可以体验到这束意识之光。

从这束光中，我们一样可以找到合而不同。

我的完整之旅

经历了若干次失败的婚姻后，现在的我已经对于单身甘之如饴。

我也曾经活在这种孤独和恐惧中——如果不找个男人结婚，就"不算回事"。但从中我也领悟到了唯有自我关怀才是帮助自己成功"越狱"的关键。

在这一点上，我可以很自豪地说，我的幸福不再依赖于任何一段亲密关系。虽然我也很想和某人在一起，但这一次我不想再妥协了。我可以让自己幸福，我也知道我才是那个唯一能够让自己感到被爱、被重视、满足和安全的人。

不用说，我也是经历了漫长的旅程才走到今天的。

有些读者可能对我在第一本书《自我关怀的力量》中所讲述的故事很熟悉，在书中我讲述了在印度遇到我的丈夫鲁伯特的经历，后来我们搬到得克萨斯州，并在那里生下了我们的儿子罗文。

作为一位社会活动家和旅行作家，鲁伯特是我见过的最有趣的人。与此同时，他还是我的白马王子。这位来自英国、金发碧眼、身穿闪亮盔甲的骑士，让我如此着迷，与他的相遇似乎真的实现了我还是小姑娘的时候就被教导的关于浪漫爱情的一切梦想。

在罗文被诊断为孤独症后，鲁伯特，作为一名狂热的骑手，发现罗文与马之间有着一种神秘的联系，当他和马在一起的时候，孤独症症状就会大为减轻。同时，在一场旨在提高人们对卡拉哈里沙漠布须曼人困境关注的土著治疗师的聚会上，罗文也积极地回应了萨满的接触。

于是，我们一家三口踏上了一段奇幻之旅，来到了一个萨满教遗存相对较多的地方——蒙古，同时那里盛产马。我们骑马穿过大草原，最终见到了驯鹿人，在那里，驯鹿人为我们的儿子疗伤。这个故事被记录在了纪录片和畅销书《马童》中，一切就像一个童话故事一样。但随着我们的故事被越来越多的人熟知并效仿，说实话，我发现，这些童话故事对我们并没有太大帮助，反而剥夺了我们的一些权利。

鲁伯特是我的第二任丈夫。我的第一段婚姻因为我的婚外情而结束了——这也违背了我所珍视的所有价值观。在这个过程中，我为自己的行为感到羞愧和自责，而这也在很大程度上帮助我理解了自我关怀的治愈功能和复原力。当我决定踏入第二段婚姻的时候，我真的想把一切做好。诚实对我来说很关键，我郑重承诺，无论发生什么事，我都要诚实对待我的感情。我再也不想经历那种内心交战了。同时，我以为鲁伯特也做过类似的承诺。

但是，就在罗文确诊后不久，我开始觉得鲁伯特并没有告诉我所有实情。我也不能确切地说出缘由，只是有那么一种直觉。然而，因为当时我们都在努力应对罗文的孤独症，所以我就把这种烦人的感觉暂时放在了一边。罗文的孤独症是我经历过的最艰难的事情，我已经没有任何余力再来怀疑我的婚姻了。细节就不说了，最终我还是了解到鲁伯特一直在对我说谎，不断地在向我隐瞒他与其他女性的性接触。当我和他对质的时候，他似乎羞愧难当，不断地告诉我他有多抱歉，他多么想挽救我们的关系。

我崩溃了。我们之间的巨大冲突恰好发生在我要去冥想静修之前，因此到那里之后我从始至终都在哭。然而，我相信我的静观觉察和自我关怀练习很强大，依靠它我觉得自己能够挺过去。我试着用一种充满爱、联结以及存在感的姿势坐着，希望自己能够承受住这痛苦而不被它压垮。考虑到我们还有一个有特殊需求的小儿子，我觉得最好的选择还是努力维持婚姻。于是，我们去参加了夫妻心理治疗，并希望情况能够得到好转。

与此同时，我的自我关怀工作正在起步。在我的第一本书中，我浓墨重彩地讲述了我和鲁伯特之间美好的婚姻。我设法说服自己他不会再对我撒谎。事后我才意识到当时有些迹象和危险的信号被我忽略了。坦白说，"假设一切都好"真的比"面对糟糕的事实"要容易多了。

在那本书于2011年出版后不久，我又发现了被鲁伯特隐匿起来的"神秘联络人"——事实上是好几个。我知道，毫无疑问，我必须结束这段婚姻了。虽然我还爱着他，虽然我们还有一个患有孤独症的小儿子，但是我无法允许自己再被如此对待了。这一次，我从朋友那里得到了支持,是她们帮助我找到了力量。当时我还不知道什么是强悍的自我关怀,但我知道离开他的确需要极大的勇气。我内心的"熊妈妈"就在那时被唤醒了,尽管那时我还没有给她起好名字。于是,我在自己的钱包里放了一个铁块,以此来象征我所需要的决心。

当我告诉鲁伯特我要离开他的时候,他又一次告诉我他有多难过、多羞愧,并承认他可能有"性瘾"问题。虽然我也很同情他,但我内心的保护人却站出来说"不"。我不想再等着看他是否能改变。我已经离开他了。因为我们还必须共同照顾罗文,在家教育他,所以我们还是保持了一种友好的关系,我们都努力确保我们的分手不会对罗文造成负面的影响。

虽然我为自己的离开而感到自豪,但我仍然希望自己有朝一日能够再拥有一段令人满意的浪漫关系,也许只是我的灵魂伴侣还没有出现而已。大约一年后,我遇到了一个巴西人。他善良,聪明,善于冥想,而且英俊潇洒。只是他在一开始就明确表示他不想要一段稳定的亲密关系。因为我们在情感、精神和性的许多层面上都能够充满激情地合二为一,所以我还是坚持了很多年,并希望他最终能够回心转意。但是,他从来都没有改变过想法。他始终对我很诚实,但每当他觉得我们太过于认真的时候,他就会开始疏远我。我试着把这种情况归咎于他——他一定是有依恋障碍或者其他什么问题。但事实是,我们只不过是想要生活中不同的东西。好吧。我的自我关怀练习帮助我承受住了面对这个事实的悲伤和痛苦,但对一段亲密关系的渴望仍然强烈地在我的内心燃烧着。

后来,我又和另一个男人开始了一段短暂却激烈的感情,他似乎给了我想要的一切——诚实、激情、爱、友谊、支持,最重要的是，承诺。他告诉我，我就是他梦寐以求的女人，他想要和我共度余生。他和罗文相处得也很好，在罗文的生活中似乎扮演起了一个积极男性的角色。鉴于鲁伯特此时已经组建了另一个家庭，并且搬到了半个地球之外的德国，我的生活也的确需要个帮手了。这个新来的伙计是个音乐家，他承认自己以前曾经是个瘾君子，但现在已经戒掉了，而且很有自我意识。在我们相遇之前，他甚至在戒酒互助会上就已经读过我的书了！虽然我很担心他的过去，但我试着让自己去接受，不做评判。在我们疯狂地相爱之后，他就搬进了我家。

但最终，他的表现还是出现了退步，开始是连续几个小时玩电子游戏，并且表现得像个喜怒无常的青少年。有时在和他说话说到一半的时候，他就会打起瞌睡。我知道这不正常，但我也知道他有失眠症。当我问他这件事的时候，他发誓说是因为睡眠不足。再一次，我又忽略了这种恼人的直觉，转身离开了，因为我重视的仍然是那种爱的幻觉，而不是真相。大约3个月后，当我在谷歌上搜索"人为什么总打瞌睡"时，第一个出现的结果就是，这是药物成瘾的迹象。于是我去质问他，并让他去做个药检。他气坏了，说他不能和一个不信任他的女人在一起，然后收拾起他的衣服就冲出了我家。幸运的是，那时罗文正在欧洲看望他父亲，我立刻就把家里所有的锁都换了。

第二天，他回来了，说想让我再给他一次机会。这次，我连眼睛都没眨一下。这时候，"熊妈妈"已经站了起来，尽管我像同情鲁伯特一样同情他，但我绝对不会再让他靠近我的儿子半步了。我不得不接受一个这样的事实，考虑到他的过去，我本应该更加谨慎，让他搬进来实际上就会让罗文处于危险之中。为了追求浪漫的梦想，我不惜出卖自己的内心，不愿意让自己完全看清真相。

再一次，我需要用温柔的自我关怀来原谅我的错误并承受这一切所带来的痛苦。我那容易相信和接受他人的天性本来是一种美丽的品质，但它与强烈的自我保护之间失去了平衡。

在接受了足够多的心理治疗之后，我意识到自己是被自己内在的那个年轻的、受伤的小女孩驱使，试图通过伴侣关系来获得自己的完整。这个伤口的来源很明显：我父亲在我两岁的时候就离开了我，并且在我的成长过程中也很少出现。在和音乐家分手之后，我去丹麦看望了我父亲，他一直住在那里。（他与一名丹麦女子结婚后搬到了那里，离婚后也一直住在那里。）

这次访问虽然痛苦，却让我对自己的早期成长经历有了新的认识。

我鼓起勇气告诉父亲我所做的所有努力，并告诉他我愿意原谅他当年的离开，不管发生了什么事我都爱他。当时我希望听到的应该是一句"宝贝儿，对不起，我伤害了你，我也爱你"。

但相反，他一边垂下眼帘，一边露出了一副痛苦的表情。"我向自己保证永远不会告诉你这件事。我答应过我自己！"他咕哝着说。

"什么？"我问道。

接下来，他告诉我："当你还是个婴儿的时候，你就很恨我！"

"你说什么？"我惊讶地问道。

"你讨厌我。在你生命的头两年里你甚至都没有和我说过话。你想让我走，这样你就可以完全拥有你母亲了。我觉得离开你们是我当时能做的最好的事情。"

幸运的是，我没有把它当作对我个人的指责。我当时唯一的想法是："这个人难道疯了吗？他怎么会通过把仇恨投射到一个无辜的婴儿身上，来证明他的离开是合理的？这简直太不正常了。"我并没有试图说服他，尽管我很想说："婴儿不会恨。难道你不知道他们头两年都不会说话吗？"相反，我只是说我累了，想去睡觉了。我意识到他现在已经老了，他也在尽他所能地爱我。我能够处理自己的伤口，并接受他本来的样子。他会那么说是他的问题，而不是我的问题。

后来，当我问起我母亲这件事的时候，她说实际上是我父亲在嫉妒我，因为在我出生时她给予了我全部的爱和关注，这也是他离开我们的部分原因。

从中我再一次看到了阴、阳分离的影响。

我的父亲不具备温柔自我关怀的能力（他和父母的关系很糟糕），因此他完全依赖于我母亲的关怀。当她把养育的能量全部给了我的时候，他有了巨大的失落感，觉得自己被抛弃了，于是离开了我们。而这又在我的心里留下了一个洞，我仍在试图用一段浪漫的亲密关系来填补这个洞。

现在，我已经完全不相信"独身的我是不完整的"这种谬论了。即使再也找不到伴侣，我也不会再出卖自己的内心。虽然对于爱情我仍然抱有开放的心态，但我现在更加专注于通过内在阴阳的联结去寻找幸福。我意识到，当那种"在一起"的感觉是建立在一种分离的基础之上——当我们温柔的阴性能量与强悍的阳性能量彼此分离的时候——我们将永远不会完整。当我们认为亲密关系只能发生在我们自己与他人之间的时候，一旦独处，我们就会感到孤独。

那种认为联结只能发生在两个不同的人之间的想法本身就是一种错觉。

事实上，真实的联结来自我们自身由内而外的阴、阳合一，来自对自身真实本性的认识，以及我们与所有生命之间的内在联系。你可以叫它上帝，宇宙意识，爱，自然，神。不管你叫它什么，当我们放弃自我意识对独立自我的认同时——这种认同都会导致我们觉得自己不够好，我们是不完整的——我们能够感觉到它。

在过去的一年里，我的做法是，摆脱这种分离的错觉。

当孤独或对男人的渴望在我心中升起时，我就会利用静观觉察去注意它们。我并没有忽略或轻视这种渴望，我尊重它，也承认它的神圣。同时，我也会问自己我最渴望的是什么。通常的答案是：作为一个女人，我希望自己的价值得到肯定——我是被渴望的，美丽的，被爱的，被重视的。这会让我觉得很安全，不会被抛弃。然后我会对自己大声说出这些肯定的话（当然是在私人空间）。只要我不再执着于一定要从别人嘴里听到这些话，并且能够以一种真实的方式把它们对自己说出来，它们就会令人惊讶地让我自己感到满意。

我知道，我已经完整了，不需要任何其他人让我完整。

我已经与自己、与世界、与意识、与爱、与存在联系在一起。

· · ·

练习23　我在渴望什么

这个练习借鉴了MSC中的几个练习，旨在帮助我们接触我们最深的需求，并通过自我关怀去直接满足自己。它可以简单地作为一种内在反思或书面练习，只要你觉得合适就可以。

▶▶ **练习指导**

・先问问你自己：你对于感情的渴望是什么？如果你现在正处于一段浪漫的亲密关系当中，是否正在渴望一些缺失的东西——例如更多的亲密、激情、认可或承诺？如果你还没有恋爱，你是否渴望生活中出现一个浪漫的伴侣？

・看看你是否能将这种渴望作为一种感觉定位于你身体中的某个部位。可能是内心的灼烧，或者胃里的空虚，前额的压力，还可能是全身的疼痛。是什么身体感觉让你知道这种渴望的存在？你如果找不到任何特定的感觉，那也没关系，只需要注意你身体的感觉。

・现在把一只手温柔地放在你身体上感到渴望的地方（你如果找不到一个确切的地方，就把手放在你的心口上或其他一些让你感到舒适的地方）。

・你认为如果你的渴望能够得到满足（如更多的联系、兴奋、支持、稳定），你会在你的生活中得到什么？

・你认为这种渴望得到满足会让你觉得自己是个怎样的人（如很特别、有价值、珍贵、美丽、被爱、重要、幸福）？

・你是否渴望听到你的伴侣在你耳边低语（你太棒了，我爱你，我尊重你，我永远不会离开你）？

・现在对自己大声说出那些你渴望从伴侣那里听到的话。这听起来可能有点儿尴尬，但没关系，去做吧。如果这些话让你感到虚荣或者出现那种以自我为中心的想法，就看看你是否可以放下这些想法。这就是你渴望听到的话，而这些渴望本身就是有道理的。你能有意义地对自己说这些话吗？

·做几次深呼吸，想象吸气时你正在激发强悍的自我关怀，而呼气时你则在温柔的自我关怀中放松，去感受这两种能量在你体内交融并整合。

·要知道你对结合和联结的渴望是正确的。它可以通过阴、阳的融合而充满你的内心，还可以通过让你自己感受到你与更大的整体的联系而扩展。你可以使用任何你觉得合适的合一的象征。如果你有信仰，那也许是上帝、安拉或某种神圣意识；如果你没有信仰，那也许就仅仅是地球或宇宙。事实上，你并不孤单。看看你是否能感觉到这种与比你自身更大的东西的联结，并尽可能长时间地保持这种意识。

·最后，试着对你生命中所有的爱和联结说一些感谢的话，包括你自己。

我经常这样做，它改变了我。在写这篇文章的时候，我可以诚实地说，我找到了比我想象中更大的爱、快乐和满足。虽然我还没有放弃寻找一个男人来分享我的生活的想法，但事实上，我的幸福不再依赖于它，这是我送给自己的最宝贵的礼物。

Afterword **后记**

成为一团充满关怀的乱麻

> 这么多年过去了,我们仍然会发疯;这么多年过去了,我们还是会生气……重点是不要试图抛弃原有的自己而变得更好,而是要做我们自己的朋友。
>
> ——佩玛·丘卓[①],作家

近25年来,我每天都在坚持练习自我关怀。尽管因此我变得更坚强、更平静、更快乐了,同时我内心的"斗牛犬"也不像以前那样咆哮了,但我依然很挣扎,我还是和以前一样不完美——而这就是我本来的样子。

做人不是一定要把事情做对,而是要敞开心扉接纳自己——不管你做对了还是做错了。

时光荏苒,正是通过在我犯下的所有错误和经历的困难中不断挣扎,我才学会了这样做。

---

① 佩玛·丘卓:又名安·丘卓,作家,著有《转逆境为喜悦》《与无常共处》《不逃避的智慧》等书。

总体来说，我身上的阳刚气质大于阴柔气质。但我一旦陷入麻烦的时候，我就会对自己温柔以待，以便让自己再次恢复阴、阳平衡。在这个过程中，我逐渐学着爱上了自己强悍、勇敢、有时也会显得暴躁和消极的一面。因为我知道，这也是我能够取得如此多人生成就的一部分原因：写书、开展研究、开发培训项目、举办研讨会，最重要的是，抚养我的儿子罗文。这些成就的动力源于强悍，也源于温柔。但即使我并没有完成这一切，即使这一切明天就会停止，我也知道我的人生价值并不会因此受到贬损。

我曾经听一位冥想老师说过："练习的目的就是让自己变得一团糟。"

想想看，如果你的目标只是支持、帮助和关怀你自己，那么无论发生什么事，这个目标都是能够实现的。但是为了体验人类生活的完整表达，你还要学会拥抱混乱。这意味着并不是你达到了一种平衡的状态，就能一直保持下去。我们会不断地、一次又一次地因为失去平衡跌倒，而正是对于跌倒的关怀让我们一次又一次地重新恢复平衡。

现在，当我对那些与我持不同意见的人表现得太过直率的时候，一旦我意识到这一点（通常是在几秒钟内），我就会向对方道歉。同时我也会善待自己，我知道在我过度反应的背后，那燃起的小火花是我内心里非常强悍且美妙的一部分，但我也会因此暂时忽略他人的感受。而当我放任自己这种对于自己或对他人有害的过激行为的时候，我很快就会意识到，这种"过度接纳"源于我内心平和、充满爱心的一面，虽然我知道正是这种能力让我能够充分接受现实的本来面目，但我仍然需要不断纠正自己这种过激的行为。

敞开心扉，面对这一团"乱麻"，我发现自己竟然找到了承受一切的力量。我并不想试图去再改变什么，因为正是这团"乱麻"成就了今天的我。

我相信，这也很普遍地发生在很多女性身上。

当我们重新找回多年来一直被压制的强悍气质，尊重我们的真实本性时，我们就正在恢复平衡；当我们学会养育之道而不顺从，表达愤怒而不咄咄逼人时，我们不仅是在自己内部，也是在整个社会中整合阴、阳。

这段旅程充满挑战，在途中我们肯定也会犯错。

当我们揪出了"掠食者"，在他们被证明有罪之前，我们可能会在保护个人隐私和确保他们被判定无罪方面犯错；当我们朝着性别公正大步前进的时候，我们有可能会忘记对其他受压迫群体的需要给予足够的关注；当我们试图在工作和家庭、个人成就和社会正义之间找到正确的平衡的时候，我们可能会顾此失彼，不知所措；与此同时，在实现我们的目标——平等的报酬、平等的待遇——的道路上，我们将不可避免地一次又一次地失败和跌倒，一次又一次地站起来，纠正不平衡，再继续前行。

我们由于拥有自我关怀技能，的确有可能使纠正不平衡成为一个充满关怀的"烂摊子"。如果我们在整个过程中注入强悍而温柔的关怀，我们就可以始终专注于我们的最终目标——减轻痛苦；如果我们保持心胸开阔，我们就会取得最终的成功。

这种改变需要在个人及社会层面同时发生。虽然我们每个人都是我们自己生命故事的主人公，但我们所有人的故事都是彼此交织在一起的。当强悍而温柔的关怀在我们的血管中流动，并向内和向外奔涌时，我们既帮助了社会，又帮助了自己。跌倒不仅成为我们学习和成长的机会，也让我们与所有同样挣扎的人建立了联系。

今天，一幕令人心碎的戏剧正在个人和全球层面徐徐展开，而这也许可能正是唤起我们觉醒的必要条件。谁知道哪些事件对于塑造我们个人进化——尽管可能会很困难——是必要的？但至少我们的挣扎让我们对于痛苦的本质有了更深刻的认识。带着爱和关怀敞开心扉，我们就能更好地迎接挑战，并做出富有成效的改变。

罗文最终接受了"面对混乱"这个想法，并且把它融入了自己的生活方式。在与痛苦和不完美的现实斗争了多年之后，他现在终于意识到我们的转变是多么地必要。有一天，在忘记做一件重要的家务——一件在过去肯定会导致自我批判的事情——之后他很自然地说："不犯错误的生活就像一顿平淡无奇的饭；一目了然却无聊平庸。唯有加上'不完美'牌辣酱，才能让这顿饭更好吃。"作为孤独症患者，他需要用自己的方式，在自己的时间表里认识到这一点，但现在，这已经在他身上真正开始起作用了。面对疫情，他需要随之做出一系列的改变——居家隔离，在线学习，重返课堂（尽管只有少数其他学生），他在其中表现出的灵活性和韧性都让我惊叹不已。尽管焦虑症发作对他来说仍然是个挑战，但现在他会在焦虑症发作之后把手放在心脏部位，对自己说："没事的，罗文。你是安全的。我就在你身边。"这对于他来说真的是带来了很大的帮助。在罗文很小的时候，他就已经明白，决定他健康和幸福的不是生活中发生的事情，而是他对所发生的一切到底付出了多少关怀。

至于我自己，我目前正进入一个新的人生阶段——这个阶段的女人通常会被人们称为"智慧女性"或"老太婆"。绝经之后，这个年纪的女性已经不用再去担心自己是否会怀孕的问题；这时候，我们的孩子（如果我们有的话），通常都已经长大了，而我们已经在事业上确立了自己的地位，对于我们来说，这是一个智慧不断累积并开始回馈社会的人生阶段。

尽管对于衰老的某些方面——例如皮肤开始日渐松弛、视力开始下降——我们可能还是难以接受，但只要我们不抗拒这些变化，欣然接受它们，衰老的过程也可以是一段美好的时光。因为这正是我们可以真正发挥女性力量的时候，我们已经摆脱了年轻时的许多不安全感和不切实际的幻想。

尽管社会经常贬低年长的女性——因为性吸引力不再是我们的核心价值——但这种扭曲的价值观很容易被强悍的自我关怀摒弃。事实上，随着年龄的增长，我们的灵魂开始得以充分绽放，我们会变得更加美丽。这个阶段令人兴奋无比，会为我们带来根本性的转变——我知道，是因为对我来说，一切就是这样的。

我已经不再试图去理解自己的心理行为模式，并尝试去治愈自己的伤口。因为我已经意识到，我的自我意识和个性已经足够让我发挥自己的作用了。尽管我很感激多年来的心理治疗帮助我走到了今天，但我不再需要去更彻底地理解自己的一切。我开始了解并欣赏自己的方方面面：当我发现有人在违背真理时，我就像一个剑拔弩张的战士；说话真实，不带多少外交辞令；即使在生活中遇到困难，我也能努力工作并继续前进；最重要的是，我可以用爱容纳一切。

现在我的工作主要是致力于消除那些妨碍我的阴、阳能量自由流动的阻碍。当我在冥想的时候，我甚至都不知道自己在放下什么；不掺杂任何故事情节，我只是在心中重复，"让我放下那些不再适合我的东西"，然后我就会感觉到能量在我身体里的转移。因为我的工作会频繁地涉及大量的脑力劳动,所以我已经很习惯那种"未知"的感觉。我不知道我依恋什么,我不知道为什么事情会变成今天这样,我不知道未来会发生什么——如果我能再次拥有一段亲密关系,我也不知道我从奥斯汀分校离开后会发生什么,我更不知道我们的社会和我们的地球会变成什么样。

尽管一切未知,但现在的我专注于平静地面对正在发生的事情,相信自己会接受那些需要接受的事情,并在时机成熟的时候去努力改变那些需要改变的事情。这就好像我——克里斯汀——在自己的生活中已经不再试图去控制什么或做出决定,而是随着生活一刻又一刻地展开,无条件地支持和帮助自己。

放弃那种"想要知道一切、控制一切"的自我认同让我的内心感到更加轻松——今天的我会更少地陷入困境,更多地看到光明。

作为女性,我们也在放弃传统自我认同的过程中让自己慢慢解放。

我们正在放弃对于传统社会性别角色的认同,这些性别角色多年来一直限制着我们——限制着我们的生活,限制着我们的母亲们的生活,甚至限制着我们几代人的生活。当我们的自我价值感不再建立在基于性别的社会认可之上,当我们的安全感不再依赖于男性的保护,我们每个人都能够独特地表达出自己的阴、阳能量。

想象一下——如果我们能够摒弃那种"自己应该成为什么样的人"的狭隘刻板印象;如果我们能够放弃那些不再对我们有用的东西,如自我判断、孤立无助的感觉,以及那些阻碍我们前进、让我们感到害怕和不满足的故事情节或发生过的事情;如果我们能够尊重这样一个事实,哪怕一次次被击倒,一次次站起来对于我们而言都不是问题,因为这就是我们的道路;如果我们能够为自己是一个不断进化、光荣且"混乱"的人而庆祝——作为一个人,无关性别,我们每个人都可以成为什么样的人?

以强悍而温柔的关怀作为生活指导原则,也许我们的确有机会让这个世界更美好。

Acknowledgements 致 谢

这本书是团队努力的成果，在这里，我要感谢很多人。

首先，我要感谢克里斯托弗·杰默，我长期的同事，好朋友，同时也是"静观觉察自我关怀"项目的创始人之一。我们共同发展出了许多关于强悍与温柔自我关怀的想法，同时，本书中的大多数练习也都来自我们的共同工作成果。我常常喜欢开玩笑地说，克里斯托弗代表了我最成功的成年男性关系，这真的是一种令人惊叹的、美妙且富有成效的伙伴关系。

接下来，我要感谢MSC项目的许多教师，如米歇尔·贝克尔和卡桑德拉·格拉夫，他们对于强悍的自我关怀贡献了自己的很多想法和见解。我非常感谢他们，也感谢"静观觉察自我关怀中心"整个团队的支持，包括我们杰出的执行董事史蒂夫·希克曼，感谢他推动了全球自我关怀实践的发展。

凯文·康利对于这本书的贡献是无价的。作为我的第一任编辑，他和我一起起草手稿，几乎在每一页上都可以看到他所提供的帮助。在我们反复交换想法并来回更改草案的过程中，我要特别感谢他表现出来的耐心和幽默。

在这里，我还要感谢编辑凯伦·里·纳尔迪，正是在她的多方面帮助下，这本书逐渐成型。她从一开始就"得到"了这本书，感觉能被如此理解真是太好了。我也要感谢海莉·斯旺森的精心编辑，以及出版社的出色团队，我觉得自己被他们照顾得很好。

我要感谢我的经纪人——伊丽莎白·谢克曼,当我第一次把这本书的大纲寄给她,她就让我相信这是我需要写的一本书。作为一名女性,她对这些想法的反馈就像她对这本书的市场价值的专业反馈一样有帮助,她对我的信任对于我来说意义重大。

这本书在很大程度上要归功于洞见传统冥想中的智慧的老师们,是他们第一次教会了我强悍的关怀。尤其是莎伦·萨尔茨堡和塔拉·布赫——这两位"熊妈妈"作为将强悍和温柔自我关怀完美融合的绝佳典范,她们的指导是无价的。

我要感谢的另一位精神导师是卡罗琳·西尔弗。我和她在一起工作了很多年,她在我的成长过程中给予了我很多非常实际的帮助。在我迷失方向的时候,是她帮我步入正轨,这是一份我永远无法报答的礼物。我非常爱她。

我还要感谢我的好朋友兼同事肖娜·夏皮罗,她是除我之外第一个在研究中使用自我关怀量表的人。多年来,她已经成为我亲爱的、值得信任的知己。

对于这本书同样重要的,是来自我最好的朋友凯利·雷恩沃特的爱和友谊。她引导我了解了神圣女性的奥秘,并在我最需要的时候帮助我召唤这个指引之源。她一直是我忠实的朋友,帮助我度过了生命中最艰难的时刻。当然,我们也在一起庆祝了许多快乐的时光。没有她,我的生活将会不一样。

当然,如果没有妈妈,我的生命就不会存在。我感激的不仅是她在抚养我和弟弟帕克的过程中所做出的不可思议的努力,还有来自她持续不断的友谊。妈妈从不听任何人的废话,也正是她教会了我如何成为一个强悍的女人。

在这里,对我的儿子罗文致以最深切的感谢,他那惊人的勇气和韧性每天都在激励着我。他教会了我很多，我很幸运能有这样一个善良、有爱心和快乐的儿子。

最后，我还要感谢那些在"乔治事件"中经历了集体创伤，并在需要的时候团结起来并相互支持的勇敢女性们。但愿它让我们变得更加强大，并且希望通过我们的声音可以防止这样的事情在未来再次发生。